JN429131

Food Hygiene

식품위생학

허남윤·김창남·이정선·강창수 공저

도서출판 진로
Jin Ro Publishing co.

머리말

오늘날의 식품은 식품제조·가공기술의 급속한 발달로 인하여 보존성, 영양성, 기호성, 유통성 등이 크게 개선되었으며, 식품의 소비형태도 개인이나 가정으로부터 음식점에서 외식, 단체급식으로의 이행이 두드러지고 있다. 또한 국민소득의 증대와 식생활 수준이 향상될수록 식품 및 외식 시장이 확대되고 소비자의 식품 선택 또한 식품 안전을 가장 중요시 하는 방향으로 변화하고 있으며, 영양적인 측면뿐만 아니라 위생적이며 안전한 식품의 확보가 가장 중요한 이슈로 대두되고 있다.

이와 같은 상황에서 식품·영양 및 조리 관련분야를 전공하거나 실무자인 우리의 역할을 다하여 안전한 식품으로 질병과 위해를 방지하고 인간의 생명과 건강을 지키기 위한 지속적인 노력이 필요하다. 국가가 인정하는 자격증으로 영양사, 위생사, 조리사, 식품산업기사, 조리산업기사, 제과·제빵 기능사, 보건직7급 등 식품·영양계열 국가시험의 필수과목으로 "식품위생학"의 중요도는 더 이상 강조할 필요도 없다.

이 책에서는 식품위생의 개요를 시작으로 인체에 위해를 끼칠 수 있는 미생물의 종류와 특성을 알아보고, 위해한 식품을 섭취함으로서 발생되는 전염병, 기생충, 위생에 영향을 끼칠 수 있는 주변 환경과 식품첨가물, 안전한 식품보관, 식품산업에서 중요시되고 있는 식품위해요소 중점관리 제도 등에 대한 내용을 기술하였다.

저자들은 식품, 조리, 외식, 제과·제빵 등의 전공학생 및 이와 관련된 실무자에게 실질적인 도움을 주고자 나름대로 최선을 다하여 자료를 수집하고 원고를 정리하였으나, 내용에 있어 이론상의 오류나 미비한 점이 아직 많으리라 생각된다. 이에 대하여는 앞으로 시간을 두고 수정 보완해 나갈 것을 다짐하며, 이 책이 식품위생분야를 공부하는 학생들이나 실무자들에게 다소라도 도움이 될 수 있다면 저자들에게는 크나큰 기쁨이 되겠다.

끝으로 이 책이 출판되도록 물심양면으로 애써주신 도서출판 진로 임종철 사장님과 여러 직원들의 노고에 깊은 감사를 드리는 바이다.

2019년 7월

저자 일동

목차

CHAPTER 03

식중독

CHAPTER 04

식품과 감염병

CHAPTER 08

HACCP 적용 실무 식품위생

CHAPTER 09

식품첨가물

1.1. 식품위생의 목표

1.2. 식품에 의한 병해

1.3. 식품위생행정과 식품위생감시

1.4. 불량식품과 부정식품

CHAPTER

01

식품위생 개념

1.1. 식품위생의 목표

인간의 생활에는 의식주를 비롯하여 교육, 예술, 생활문화, 산업경제, 통신교통 등 여러 가지 조건과 인자가 직접, 간접으로 영향을 미치고 있다. 우리들은 저마다 인간 생활을 하면서 많은 기대 중 가장 큰 바램은 건강하게 오래 살고 싶은 욕망일 것이다. 사실 인간을 둘러싸고 있는 여러 가지 조건들이 모두 건강과 관계가 있다고 할 수 있다. 그 중에서도 식품은 무엇보다도 건강과 생명에 직접적인 영향을 끼친다고 말할 수 있겠다. 즉 식품은 우리의 일생을 통하여 성장과 건강유지에 도움이 되기도 하지만 반대로 인간의 건강을 해치는 원인이 되는 경우도 많다.

현대의 질병 중에서 가장 사람들의 관심을 모으고 있는 암에 있어서도 그 원인의 첫째는 식품이라고 한다. 이와 같은 상황에서 우리들의 역할을 다하여 되도록 해롭지 않은 식품을 본래의 형태로 보존·유지하고 식품에 의한 질병과 위해를 방지하고, 인간의 생명과 건강을 지키는 것이 식품위생의 중요한 분야이다.

식품위생(food hygiene, food sanitation)은 식품 전체의 안전성을 확보하는데 있어 최우선의 분야이다. 동시에 유익성을 잃지 않도록 애쓰는 점에서는 영양학과 관련을 가지며, 또한 성분의 변질을 방지해서 건강함을 유지하는 분야에서는 식품학과 관련을 갖는다. 유익성의 손실도 성분의 변질도 모두 최종적으로는 식품의 안전성을 위협해서 식이장해를 일으킬 가능성이 있으므로 안전성과 더불어 유익성과 건강함을 확보하는 것이 식품위생의 목표가 된다.

식품위생의 궁극적인 목적은 국민이 건강하고 쾌적한 식생활을 영위할 수 있도록 하여 신체의 보존이나 체력증강 또는 건강을 유지하는데 있다. 그러기 위해서는 식품, 식품첨가물이나 기구·용기·포장 등 식품과 관련성이 있는 것은 건강상 장해 요소가 없어야 한다.

그러므로 식품이 변질 또는 부패되던가 유해한 세균이나 화학물질 등에 오염되지 않도록 예방하여 우리의 건강을 유지하게 하는 즉, 식품을 안전하게 섭취하고자 하는 수단과 기술인 식품위생이 필요하다.

식품위생의 본질은 식품에 의한 위해를 사전에 방지하고 품질을 향상시키며 위해가 발생하였을 때에는 그 원인을 역학적으로 정밀조사하여 규명하고 그 개선 대책을 수립·실천함으로써 국민의 건강을 증진시키기 위한 과학과 그 기술성을 적용시키는 학문과 행정이다.

이것은 1955년 세계보건기구(WHO)의 환경위생전문위원회에서 정의한 바에도 잘 나타나 있다.

"'Food hygiene' means all measures necessary for ensuring the safety, wholesomeness and soundness of food at all stages from its growth, production or manufacture until its final consumption."

즉 "식품위생이란 식품의 생육, 생산, 제조로부터 최종적으로 사람에게 섭취되기까지의 모든 단계에 있어서 식품의 안전성, 완전무결성 및 건전성을 확보하기 위한 모든 필요한 수단을 말한다."라고 표현하고 있다.

그러나 이 목표의 실현은 반드시 쉽지는 않다. 무엇보다도 안전성에 관계되는 영향과 대책은 개인과 동시에 사회집단 전체를 대상으로 하여 생각하지 않으면 안된다. 즉 공중위생학적 시설을 필요로 하기 때문이다.

우리나라 식품위생법에서는 식품위생법의 목적을 '식품으로 인한 위생상 위해의 방지와 식품영양의 질적 향상을 도모하며 식품에 관한 올바른 정보를 제공하여 국민보건의 향상과 증진에 기여한다(제1조)'로 언급하고 있다. 여기에서 말하는 식품이란 모든 음식물을 말하며, 의약으로 섭취하는 것은 제외한다고 하였다(제2조). 또한 식품위생의 대상범위를 식품, 식품첨가물, 기구 및 용기·포장도 모두 포함시키고 있다.

최근 식품의 제조·가공기술의 급속한 발달과 기계화, 자동화 등이 이루어짐에 따라 각종 가공식품, 특히 반 조리나 조리형태의 식품 소비가 급격히 증대되고 있다. 또한 냉장·냉동식품과 즉석면의 보급, 인스턴트식품의 등장 등 식품의 가공, 보존이나 유통기술이 혁신적으로 발전하여 식품의 대량생산, 대량유통이 실시되고 있다. 세계무역기구(WTO) 체제의 출범으로 수입 개방화 추세는 계속 가속화되어 수입식품의 종류나 양은 해마다 증가하고 있으며 수입식품으로 인한 유해물질의 논란은 점점 더 심각해지고 있다. 이러한 수입식품으로부터 국민의 건강을 보호하기 위해서는 수입식품에 대한 관리와 검사를 철저히 하여야만 된다.

식품의 제조·가공·조리에 있어서 식품의 품질보존이나 기호성을 향상시키기 위하여 사용되는 식품첨가물의 종류도 아주 많으며 사용량도 계속적으로 증가되고 있다. 식품의 소비형태도 개인이나 가정에서부터 음식점에서의 외식, 공장·회사·학교에서의 집단급식으로의 이행이 두드러지고 있다.

이와 같이 식생활의 급격한 변화는 필연적으로 식품위생의 새로운 문제를 제기하고 있으며 각종 화학공업의 발달, 인구의 도시 집중화에 따른 공해로 인하여 하천이나 연안해수의 오염, 대기오염 등이 식생활에도 위해한 영향을 미칠 우려가 더욱 커지고 있다.

이러한 여러 가지 위협을 대처해 나가기 위해서는 식품위생관련법규나 기준의 행정적인 조치가 필요하다. 단지 법규가 있다든지 그것을 아는 것만으로는 식품의 안전성이 유지된다고 볼 수가 없다. 각자가 법규의 내용을 과학적으로 올바르게 이해한 다음 그것을 실행하지 않으면 효과가 나타나지 않는다. 따라서 식품위생의 목표실현에는 식품에 영향을 주는 과정에 관계하는 모든 사람들의 일치된 협력이 필수적이다.

식품위생을 공부하는 사람들은 항상 국민의 건강과 건전한 식생활을 책임진다는 생각을 갖고 각자의 입장에서 식품위생의 실천에 노력을 하여야 하겠다. 특히 식품의 제조·가공·조리 등 식품에 직접 관여하고 있는 사람의 위생지식의 향상, 업무의 중요성에 관한 책임감과 도의심이 중요하며 아울러 식품위생과 관련된 모든 연구 분야의 적극적인 참여가 크게 기대됨을 다시 강조하여 두고 싶다.

1.2. 식품에 의한 병해

우리들이 매일 섭취하는 식품은 생명과 건강을 유지하기 위해서 필요한 것이므로 영양적 가치가 있어야 함은 두말할 나위도 없다. 그러나 영양 면에서 우수하다고 하여 그 식품이 반드시 올바른 식품이라고는 할 수 없으며 먹어서 안전하여야 하는 것이 또 하나의 필수적인 구비조건이다.

식품위생법에 따르면 안전한 식품이란

① 부패 또는 변질되지 않은 것

② 유독 또는 유해 물질이 함유되어 있지 않은 것

③ 병원 미생물에 오염되어 있지 않은 것

④ 불결한 것이나 이물질 등이 존재하지 않은 것

이라고 요약할 수 있다. 따라서 만일 이러한 조건을 충족하지 못하는 식품을 섭취하는 경우에는 어떠한 것이건 간에 건강상의 위해 즉, 식성병해(food injury)가 따르리라고 예상된다.

위의 조건을 깨뜨리는 인자를 정리하면 미생물이 관여하는 경우와 이화학적 인자 특히 화학물질이 관여하는 경우로 크게 나눌 수도 있다. 그러나 이러한 인자를 그 생성요인에 따라서 분류하면 표 1-1과 같이 내인성, 외인성 및 유기성의 세 종류로 대별할 수 있다.

내인성이란 식품의 원료 자체에 함유되어 있는 유독·유해성분으로서 이른바 자연독, 고유의 유해물질 등이 병해의 발생 원인이 되는 것이다. 또한 외인성이란 식품의 원료 자체에는 본래 함유되어 있지 않고 그것의 생육, 생산, 제조, 가공, 조리, 보관, 유통 및 소비 과정에서 외부로부터 오염되거나 이행된 것으로 생물적인 것과 인위적인 것으로 대별될 수 있다. 특히 인위적인 것은 의도적으로 부정하게 사용된 식품첨가물이나 비의도적으로 식품의 원료에 축적, 부착 또는 혼입되는 유해물질 등이 원인이 된다. 또 가공상의 잘못이나 사고에 의해서 혼입되는 유해물질 등에 의해서 발생되는 경우도 있다. 또 유기성이란 제조, 가공, 조리, 보관, 유통 등의 과정 중에 또는 식품의 섭취에 의해서 식품 내 또는 생체 내에서 유해물질이 생성됨으로써 이것에 의하여 병해를 일으키는 경우이다.

원래 식성병해는 주로 급성적인 식중독이 문제시되어 왔지만 최근에는 식품의 오염에 따른 아급성 또는 만성적인 새로운 형태의 식성병해에 대해서 깊은 관심을 갖는 경향을 나타내고 있다. 그 까닭은 오늘날 식품이 그 생산에서부터 소비에 이르는 모든 과정에서 환경오염에 따른 오염의 기회가 증가되게 되었고 특히 식품첨가물, 농약, 기타 공해물질이 첨가 또는 혼입되는 기회가 많아졌기 때문이다.

표 1-1 식성병해의 원인물질

분류	종류	원인물질의 예
내인성	1. 유해·유독성분	① 복어독, 마비성 조개독, ciguatera독 ② Alkaloid, 시안 배당체, 기타 배당체, 버섯독
	2. 생리작용성분	① 항비타민성 물질, 항효소성 물질, 항갑상선 물질 ② 식이성 allergen
외인성	1. 생물적 미생물	① 경구감염병균 ② 세균성 식중독균 감염형(장염 *Vibrio*균, *Salmonella*균 등) 독소형(포도상구균, *Botulinus*균 등) ③ Mycotoxin(aflatoxin, 황변미독, 맥각독 등)
	기생충	① 회충, 폐흡충, 선모충 등
	2. 인위적 의도적 식품오염물	① 부정첨가물(dulcin, auramine 등)
	비의도적 식품오염물	① 잔류농약(DDT, BHC 등) ② 공장 배출물(alkyl 수은, 카드뮴 등) ③ 방사선 물질 ④ 용기·포장재 용출물
	제조·가공 과오	① 비소, PCB 등
유기성	1. 물리적	① 조사유지, 가열유지(산화유지 등)
	2. 화학적	① 아질산염 및 amine·amide 반응물(N-nitroso 화합물)
	3. 생물적	① 아질산염 및 amine·amide류와의 생체 내 생성물(N-nitroso 화합물)

따라서 식품의 안전성을 확보하기 위해서는

① 식품 원료의 생육환경과 선택

② 식품의 제조, 가공

③ 식품의 보관, 유통

④ 식품의 조리, 섭취

등 모든 과정에서 위생감시나 관리가 필요하며 아울러 이들의 과정을 취급 운용하는 것은 사람이므로 식품취급자의 위생 지식과 업무상의 책임 관념의 자각이 중요하다. 또 식품환경 뿐만 아니라 자연환경의 오염은 식품 원료가 되는 동·식물을 오염시키게 되는 점에서 식품위생이란 한정된 분야 뿐만 아니라 넓게 공중위생상의 문제와도 관련시켜 고려하여야 한다.

1.3. 식품위생행정과 식품위생감시

1.3.1. 식품위생행정의 개요

WHO 환경위생전문위원회는 식품의 생육, 생산, 제조로부터 최종적인 소비에 이르는 모든 단계에서 식품의 안전성(safety), 완전무결성(wholesomeness) 및 건전성(soundness)을 확보하기 위하여 필요한 수단과 방법을 식품위생으로 정의하고 있으며, 통상적으로 식품위생의 범위는 그림 1-1과 같이 농·축·수산물의 생산, 수확, 저장, 제조, 가공, 수입, 유통, 판매, 조리, 섭취 등 단계를 모두 포함한다. 이들 각 단계에 관련된 생산자, 제조·가공자, 유통·판매자, 조리자, 소비자, 관리자 등이 식품위생의 주체가 된다.

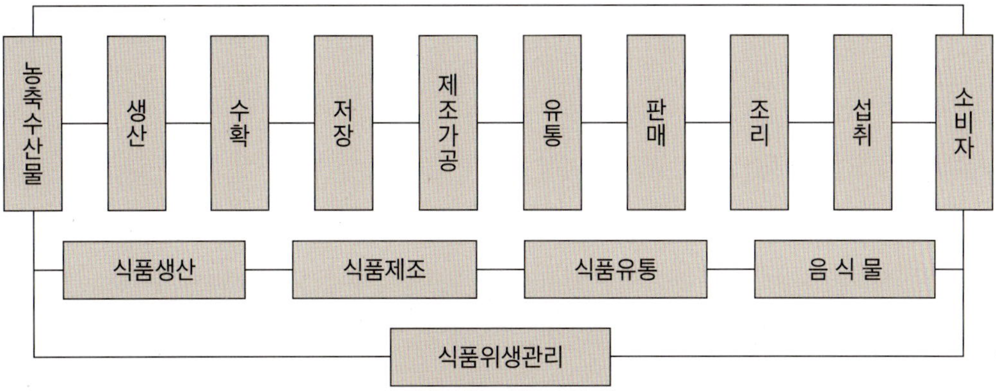

그림 1-1 식품위생 범위

따라서 식품위생은 식품위생의 주체가 식품흐름 전 단계에서 식품이 안전하고 완전하며 건전하도록 동원하는 모든 수단과 방법에 대하여 다루는 것으로 요약할 수 있다.

여기서는 식품위생 범위를 논, 밭, 산, 바다에서 재배, 채취되는 1차 생산물인 농·축·수산물보다 가공식품의 식품위생에 중점을 두어야 한다.

일반적으로 행정이란 국가의 작용 중에서 입법과 사법을 제외한 나머지 부분을 말한다. 행정은 성문법 뿐만 아니라 헌법상의 일반 원칙과 기타 불문법을 포함하는 법규에 근거를 두어야 하므로 법규에 위반되어서는 안된다.

현대사회에서 개인의 인간다운 삶을 보장하고 향상시키기 위한 사회복지적 목표가 커지면 커질수록 복지행정은 양적·질적으로 그 범위나 기능이 계속 증대되고 다양화될 수밖에 없다.

따라서 복지행정의 한 영역을 차지하는 식품위생행정은 그 중요성이 점점 더 커지고 있다.

식품위생행정은 국가가 식품, 식품첨가물, 기구, 용기·포장 등의 안전성, 완전무결성, 건전성을 확보하기 위하여 식품위생법 등 제반 법령에 따라 행정조직을 통하여 적극적이고 총체적인 노력과 관리를 하고 정책을 개발하는 일련의 활동이라고 할 수 있다. 식품위생행정을 넓게 해석하면 식품의약품안전처, 농림축산식품부, 해양수산부, 환경부 등이 식품과 관련된 여러 법령에 근거하여 펼치는 행정이라고 할 수 있으나, 통상적으로 식품위생행정이라 하면 식품위생법에 근거한 식품의약품안전처의 행정을 말한다. 이러한 식품위생행정을 통한 식품위생관리제도로는 영업허가(신고, 등록), 품목제조보고, 자가품질검사, 제품검사, 기준 및 규격, 표시기준, 식품위생감시, 위생등급, HACCP, 회수, 행정제재 등이 있다.

식품위생행정은 시대적 상황, 문화적 배경, 국민생활 수준, 국민의 의식 및 요구 정도, 식품산업 및 식품위생기술 수준과 같은 주변환경에 가장 적절하고 효율적인 형태를 유지하기 위하여 주변환경에 따라 변화되므로 현재의 식품위생행정제도를 이해하기 위해서는 주변환경, 법령 및 규정, 조직 등에 대한 변화 및 그 배경을 우선적으로 파악하여야 한다. 특히 식품위생관리제도의 근간이 되는 식품위생법령이 1994년에 대폭 개정된 이후 앞으로의 개정은 소폭으로 이루어질 것으로 예상되므로 특별한 변수가 없는 한 요즘이 식품위생행정제도를 공부하거나 연구하기에 좋은 시기라 생각된다.

1.3.2. 식품위생관리

식품위생법의 목적은 식품으로 인한 위생상의 위해를 방지하고 식품영양의 질적 향상을 도모하는 것으로 법의 목적을 달성하기 위한 방법이나 수단을 총칭하여 식품위생관리라고 말할 수 있다. 식품위생관리는 식품의 생산, 제조, 가공, 조리로부터 소비자에게 도달되어 섭취되기까지의 전 과정에 대한 위생관리를 말하며, 식품생산, 식품제조·가공, 식품유통·판매, 식품조리 등과 같은 일련의 흐름전체에 식품위생관리가 이루어져야 명실상부한 식품위생관리 목적을 달성할 수 있다.

따라서 식품위생관리는 식품위생행정기관 뿐만 아니라 농·어민, 제조·가공자, 유통·판매자, 조리자, 소비자 등이 모두 관련되나 주로 식품을 제조·가공·조리하는 자와 이를 관리, 감독, 지도하는 행정기관과 관련된 부분을 중점적으로 다루고자 한다.

일반적으로 식품위생 향상과 식품안전성 확보를 위하여 식품을 제조·가공·조리하는 영업자는 법에서 정하는 규정을 준수하는 최소한의 위생관리 외에 자체 품질관리, 품질보증 또는 ISO 인증 획득과 같은 노력을 기울이고 있으며, 중앙정부나 지방자치단체의 관련 기관은 영업자가 식품위생법령의 제반규정을 준수하는 지를 확인, 관리, 지도함과 동시에 식품위생관리 발전을 유도하기 위한 정책을 집행하고 있다.

현재 법에서 정하는 영업허가(신고, 등록), 품목제조보고, 기준·규격과 표시기준 등을 제외하고 식품위생관리에 관련된 것은 위해식품 취급 등의 금지, 영업자의 준수사항, 건강진단 및 위생교육, 자가품질검사, 품질관리 및 보고, 식품 등의 자진회수(recall), 위생등급(우수업소, 모범업소), 식품 및 축산물 안전관리인증기준(HACCP), 식품위생감시(식품위생감시원 및 소비자식품위생감시원 활동) 등이 있으며, 이러한 식품위생관리는 과거의 사전관리개념이나 관주도형에서 사후관리개념과 민간주도형으로 서서히 전환되고 있다.

그러나 아직도 식품위생법령에서 정한 제반 사항조차 제대로 준수하지 못하거나 회사 자체의 식품위생관리가 적실히 이루어지지 않아 고름우유사건, 산분해간장의 MCPD사건, 분유 중 발암물질 검출사건, 불량돈지사건, 타르색소함유 해초무침사건, 유통기한 변조사건, 제품검사합격증지 불법사용사건 등과 같은 사건이 발생되고 있다는 점이 큰 문제점이자 우리나라 식품위생관리의 현실임을 부인할 수 없다.

특히 식품산업의 발전과 행정쇄신 가속화를 목적으로 식품위생법령의 많은 부분이 완화되었기 때문에 우려가 클 수밖에 없다.

결국 식품의약품안전처는 이러한 문제점을 보완하기 위하여 소비자식품위생감시원, 회수제도나 식품 및 축산물 안전관리인증제도 등을 전격 도입하고 행정제재 등을 대폭 강화하였다. 따라서 식품을 제조·가공·조리하는 사람은 과거 어느 때보다 자체 식품위생관리 능력과 조직을 배가시키기 위한 노력이 필요한 시점이다.

1.3.3. 식품위생관리 적용범위

식품위생관리는 식품위생법을 기본으로 하여 식품위생의 교육, 보급, 향상을 도모할 뿐만 아니라 공중위생의 증진, 발전에 기여하고 부정·불량식품의 근절을 목적으로 하며 그 구체적 시책으로 다음 사항을 들 수 있다.

① 경구감염병균, 식중독 세균, 기생충, 기타 음식물이 매개할 가능성이 있는 병원성 미생물에 의한 식품의 오염을 방지하고, 또한 이미 오염되었거나 그 우려가 있는 식품을 국민에게 섭취시키지 않도록 적절한 수단을 강구한다.

② 유독·유해한 물질을 함유한 식품을 배제하고 또한 제조·가공·조리 등의 모든 공정에서 유독·유해한 물질의 오염을 방지한다.

③ 식품위생상 위해한 부패·변질식품을 배제한다.

④ 위조·변조식품을 배제한다.

⑤ 유해한 수입식품으로부터 국민의 건강을 보호하기 위하여 수입식품의 검사를 철저히 한다.

⑥ 식생활의 안전을 기하기 위하여 식품의 품질, 성분 등의 규격이나 제조·보관 등의 기준 등을 정하고 식품위생상 필요한 표시를 하게 한다.

⑦ 식품과 밀접한 관련이 있는 기계·기구, 용기·포장 등에 대해서도 위생상 적절한 조치를 한다.

⑧ 식품 등에 대한 규제 이외에 식품의 제조, 가공, 조리, 판매 등에 필요한 식품취급시설 전반에 걸친 규제를 한다.

⑨ 상기 시설의 방서, 방충, 방진, 채광 등의 설비나 오염처리설비 등 환경위생면의 개선을 기한다.

⑩ 식품관계 종사자에 대한 건강관리 및 작업방법 등에 대하여 지도·감독한다.

1.3.4. 식품위생감시

1) 식품위생감시의 필요성

식품에 의한 위해는 이유를 불문하고 발생하게 되면 피해가 대단히 크고 특히 섭취 후에는 건강에 악영향을 주는 것은 물론 때로는 생명에 치명적인 영향을 주는 지경에까지 이르게 될 수 있기 때문에 더 한층 사전 예방이 필요하며 따라서 식품위생감시의 중요성이 더욱 강조되고 있다.

특히 국민의 의식 및 생활수준의 향상으로 건강에 대한 관심이 날로 증가되고 있어 식품위생의 안전성을 위한 지도·감시 역할의 비중도 날로 고조되고 있다. 또한 소비자의 식품에 대한 선택은 관능적 외관에 의존하고 있어 위생적인 확인을 위한 수단의 확보는 더욱 열악하다. 즉, 소비자는 식품에 대한 안전성의 판별 능력이 거의 없다. 따라서 국민의 건강을 보호해야 할 정부에서는 이에 대한 지도와 감시를 지속적으로 수행함으로써 보다 안전한 식품이 국민에게 공급되게 하고, 국민이 식품을 자유롭게 선택할 수 있도록 최선을 다하게 하여야 한다.

2) 식품위생감시와 감시행정

식품위생감시란 식품위생관련 행정기관이 식품영업을 하는 자 및 관련자가 식품위생법령에서 정하는 규정을 준수하는 지를 확인, 관리, 지도하는 것으로써 협의로는 식품위생법령에 명시한 바와 같이 식품위생감시원이 식품영업시설에 출장나가 점검, 검사하거나 식품 등을 수거, 검사하는 것이다. 넓게는 식품의 생산, 제조, 가공, 조리로부터 소비자에게 도달되어 섭취되기까지의 전 과정에 대한 행정기관의 관리를 말한다.

식품위생 감시행정을 담당하는 조직은 중앙행정조직으로 식품의약품안전처와 6개의 지방식품의약품청이 있고, 지방자치단체 행정조직으로는 시·도와 시·군·구가 있다. 또 감시행정에 대한 과학적인 근거를 제공하는 시·도 보건환경연구원 등의 검사조직이 있다.

- **식품위생감시원**

식품의약품안전처장, 시·도지사, 시장·군수·구청장이 식품위생행정을 담당하는 공무원중에서 법에서 규정한 일정한 자격 이상의 자에게만 식품위생감시원 자격을 인정하고 이에 따른 증표를 교부하여, 기타 관계자로부터 필요한 보고를 요구할 수 있고, 영업소 기타 장소에 출입하여 영업자가 품질관리를 잘하고 있는지, 법령이나 규정을 잘 이행하고 있는지 여부를 단속·지도점검·확인하여 잘못된 점이 있으면 이를 시정시키고 또한 식품, 기타의 물건을 검사하고 시험하기 위하여 식품 등을 지도·감시의 직무를 수행하는 공무원이라고 할 수 있다.

- **소비자식품위생감시원**

1994년도 말부터 국민적 식품감시기능의 육성과 식품위생의식의 고취를 위하여 명예식품위생감시원제도를 운영하기 시작하였다. 식품위생의 관리를 위한 지도·계몽 등을 행하기 위하여 소비자단체 등의 전문인력을 활용하여, 정부의 부족한 식품위생관리 기능을 보강하고 나아가 부정·불량식품에 대한 전국민적 감시분위기의 확산을 유도하고 감시기능의 강화 및 감시행정의 투명성과 공정성을 제고하고자 소비자식품위생감시원을 두고 있다. 앞으로 소비자식품위생감시원의 수를 확대 위촉하고 행정적·재정적으로 적극 지원할 계획이다.

또한 부정·불량식품신고센터(전화 "1399")를 설치하고 주민 신고 및 보상제, 식품위생모니터링, 식품위생에 대한 교육과 홍보 등에 대한 운영을 구체화시키고 있어 민간에 의한 식품위생감시방식은 식품위생의 사후관리체제에 있어서 강조될 것이다.

감시방법도 허가기관의 감시를 강화토록 하고 국민 다소비식품 및 계절적 성수식품의 중점 수거검사 등을 강조하고 있다. 특히 식품제조·가공업소는 등록기관별 책임관리를 원칙으로 하며 기관별 중점 수거검사 대상식품을 선정하여 국민 다소비식품 등을 중점적으로 관리하고 있다.

3) 식품위생관리지침

식품위생관리지침은 식품의약품안전처가 년초마다 식품위생감시정책, 기본지침 및 감시요령 등을 지방청, 시·도 및 시·군·구에 배포하여 지방자치단체에서의 식품위생감시행정에 도움을 주면서 전국적인 식품위생감시의 효율성과 통일성을 기하고 있다.

식품위생관리지침은 매년도의 식품위생관리 시책방향, 식품의 안전성 관리, 식품업소 등의 관리, 소비자식품안전감시원 등 기타 식품위생관리, 교육 및 홍보, 행정사항으로 구성되어 있으며 부록에는 각종 현황자료, 식품위생관리에 관련된 법령·지침 및 각종 참고사항을 수록하고 있다.

1.4. 불량식품과 부정식품

불량식품의 개념은 크게 둘로 나누어 생각할 수 있다. 그 하나는 식품들이 생산, 제조·가공, 조리, 저장 그리고 유통되는 과정에서 자연발생적으로 품질저하의 요인이 형성되는, 고의적이기보다는 취급자의 부주의나 무지에 의하여 식품이 불량하게 변한 경우이다. 또 하나는 생산자가 고의적으로 식품을 위조하거나 변조시켜 비정상적인 이윤을 추구하는 경우로서, 소위 말하는 가짜식품을 포함한 부정식품들이 여기에 속한다.

이미 19세기 초부터 부정식품 문제를 구체적으로 다루고 있는 서양의 "adulteration of food"라는 용어는 만들어진 부정식품만을 대상으로 하며, 위생적인 이유로 식품이 불량화된 경우는 별개로 다루고 있다. 결국, 오늘날의 부정식품은 "비정상적이거나 공개되지 않은 재료 또는 방법을 이용하여 경제적인 이득을 추구하는 모든 식품"으로 정리되고 있는 것이다.

부정식품에 관련된 옛 기록들을 보면 인도와 중국에서는 B.C. 300년에서 200년 사이에 이미 부정식품을 단속하는 구체적인 법제도를 갖추고 있었으며 중세기 유럽의 군주들도 이 문제로 고심한 흔적이 나타나 있다. 유럽의 경우, 산업혁명 이후에 인구의 도시집중화가 급진전되었고, 이러한 사회구조의 변화는 자연스럽게 식량의 상품화를 가속시키게 되었다. 이러한 와중에서 많은 가짜 식품들이 출현하게 되었고, 이렇게 부정화된 식품의 유통은 점차 심각한 사회문제로 떠오르게 되었다. 식품의 부정화는 비공개적이거나 비정상적인 수단으로 부당한 영리행위를 한다는 비도덕성이 일차적인 문제이지만, 이러한 수단을 악용하는 과정에서 예측하지 않은 식품의 안전성 문제가 야기될 가능성이 매우 크다는 사실도 배제할 수 없다.

식품의 부정화는 비양심적인 생산자들이 많은 이윤을 남길 수 있다고 판단하면 그 당시의 여건에 맞추어 시도하기 때문에 같은 종류의 식품이라도 그 식품의 시대적 환경이나 지역적 특성 그리고 그 식품에 대한 인종적 선호도 차이에 따라 매우 잡다한 유형을 보이고 있다. 그리고 부정화 방법은 이를 획책하는 생산자들의 의식구조나 의사결정에 따르는 것이기 때문에 같은 종류의 부정식품이라도 부정화의 정도에서 많은 차이를 보이기도 한다.

부정화의 방법들은 원칙적으로 다음의 두 가지 경우가 기본을 이룬다. 그 하나는 부정화의 대상이 된 식품 또는 원재료에 다른 재료를 넣거나 비정상적인 처리를 하는 것이고, 두번째는 대상 식품과는 전혀 관계없는 다른 재료들을 배합하여 맛과 질을 위장하는 경우이다. 예를 들면 전자는 천연과즙이나 꿀에 설탕물이나 물엿 등을 섞어 양을 늘렸던 경우이고, 후자의 경우는 물에 당, 색소 및 향료 등을 배합하여 천연과즙과 유사한 제품을 만들고 천연과즙이라고 표시하여 판매하였던 예이다. 이 두 가지 기본적인 유형 외에 비교적 흔한 부정화의 경우는 식품들의 생산지를 위장하는 것으로 같은 재료라 하더라도 산지에 따른 소비자들의 선호도가 다르고 품질의 차이도 날 수 있어서 그에 따른 가격의 차이가 있기 때문이다. 가장 단순한 부정화의 유형으로 다른 재료를 원래의 것인 양 위장 판매하는 경우라 생각할 수 있는데, 대부분 일반인들이 쉽게 식별할 수 없는 생선들이나 특수목적의 식품 그리고 분말화된 재료들에서 자주 문제가 되고 있다. 또 다른 부정화 유형의 하나로 어떤 식품의 건조조건, 살균방법 그리고 발효조건 등 그 가공방법을 위장하거나 과장하는 경우를 들 수 있다. 새로운 가공기술에 따른 제품의 우월성 논쟁은 결국 열악한 조건에 의하여 생산된 제품을 향상된 조건에 의한 것으로 위장케 할 가능성을 주게 될 것이고 실제로 최근 가공방법이 크게 향상 되어가고 새로운 기술의 도입이 많아지면서 이러한 유형의 부정화 시비도 종종 나타나고 있다. 앞으로 논쟁의 대상이 될 수 있는 부정화 유형으로서 건강기능식품 또는 이와 유사한 개념의 특수식품들이 지니고 있다는 생리활성을 과장하거나 위장하는 것도 부정화 차원에서 충분히 검토해야될 문제이다. 왜냐하면 매우 과민한 건강의식은 어떤 식품의 과장된 활성을 쉽게 맹신하게 되고 간교한 부정업자들은 그 점을 충분히 이용하기 때문이다.

세계적으로 부정화의 대상이 자주 되어왔던 식품들은 과일주스, 포도주, 향신료, 꿀, 식용유, 분유를 비롯한 낙농제품, 육류, 커피와 차, 위스키나 꼬냑 같은 증류주 그리고 통조림 된 어육제품 등 대부분 그 소요량이 크거나 고가의 제품들로서, 이 식품들은 현재도 부정화의 대상이 종종 되고 있다. 우리나라의 경우도 가짜 꿀 시비, 물 먹여 도살한 소고기, 가짜 참기름, 소시지의 원료육 시비, 가짜 광어회, 고춧가루 문제, 물감처리하여 신선도나 질을 위장한 경우 등 크고 작은 사례들이 알려져 있다.

식품의 부정화에 대비할 수 있는 현실적인 방안은 법적인 대응, 구체적인 검정방법의 확보, 그리고 부정식품에 대한 사회적 인식의 개선 등 세가지 측면에서 모색되어 왔다고 볼 수 있다. 이러한 대응책들은 당연히 상호보완적 관계를 유지하고 있는 것이며, 이미 유통되고 있는 부정식품의 색출과 처벌에 앞서 이러한 방안들이 정착됨으로써 식품의 부정화를 사전에 예방한다는 기본개념을 내포하고 있어야 한다.

법적인 대응과 더불어, 식품에 관한 사회적인 의식을 정비하는 것도 부정식품의 범람을 저지하는 중요한 방법이 된다. 소비자들 입장에서 올바른 식품관이 정립되어 어떤 특정적인 식품의 구입에 과민하게 집착하거나 비싼 식품이 건강에 더 도움이 될거라는 등의 편견을 가지지 않는 것도 부정업자들이 부정식품에 대하여 느끼는 매력을 반감시키는 간접적인 효과가 충분히 있는 것이다. 또한 부정식품에 관련된 회사나 생산자들에 대한 행정적이던 법적이던 정부 차원에서의 조치가 확고해야 하고, 사회운동 차원에서의 제재도 지속적이어야 한다. 결국 부정업자들이 부정식품에 대한 매력을 포기할 수 있는 동기들을 적극적으로 개발할 필요가 있다는 것이다.

2.1. 식품과 미생물

2.2. 미생물의 종류 및 특성

2.3. 미생물 증식과 영향 요인

2.4. 식품과 미생물 오염

2.5. 식품오염 지표미생물

CHAPTER

02

식품과 미생물

2.1. 식품과 미생물

미생물은 사람의 눈으로는 볼 수 없는 아주 작은 생물로 단세포, 다세포 또는 균사 등의 최소 생활단위를 가진 조류, 원생동물, 세균, 진균류(곰팡이, 효모, 버섯), 바이러스 등을 말한다.

지구상에는 헤아릴 수 없는 수많은 종류의 미생물이 서식하고 있고 사람이 좋아하던 싫어하던 미생물과 관계하면서 생활하고 있어 모든 곳이 오염원이 될 수 있다.

환경에 따라 각각 고유의 미생물총(microflora)이 존재하고 대부분이 비병원성 미생물로 사람과 일반생물에는 무해하지만 병원성 미생물에 오염될 경우 식품위생 상 큰 문제를 야기시키기도 한다.

식품은 대부분의 미생물에 있어서 좋은 영양원이므로 당연히 이들 미생물의 서식 장소가 된다. 따라서 온도, 수분 등의 조건이 적당하면 아주 단기간 내에 증식하여 식품의 품질은 저하되고 먹을 수 없게 되는데 이를 부패라고 한다.

그러므로 우리들의 식생활을 안전하게 하고 또한 풍요롭게 하기 위해서는 식품의 부패 원인을 규명하고 그것에 의하여 식품의 성질에 따라 각각 적합한 가공을 행하여 보존성을 주는 것이 필요하겠다.

2.1.1. 미생물학 탄생

1) Leeuwenhock

미생물은 지구상의 최초의 생물로서 인류보다 아득한 태고로부터 지구상에 생존하였지만, 17세기가 되어서야 네덜란드의 자연관찰자 Leeuwenhock(1632~1723)가 손수 만든 현미경으로 세균, 효모 등을 관찰한 것이 미생물 발견의 최초이다. 그 당시에는 미생물이 콜레라나 페스트와 같은 무서운 병을 일으키거나 발효나 부패의 원인이 된다고 하는 것에 특별한 주의를 기울이지 않았지만 약 200년 동안 미생물의 존재가 여러 사람의 주위를 끌게 되었다.

2) Louis Pasteur

미생물에 대하여 과학적으로 접근하여 미생물학의 위대한 업적을 남긴 사람은 프랑스의 화학자 Louis Pasteur(1822~1895)이었다. 그는 유명한 Swan neck flask 를 사용하여 공기 중에 부유하는 미생물이 소위 부패현상을 일으킨다는 것을 실험적으로 증명하였다.

그 발견을 발전시켜 당시 프랑스의 중요 산업이었던 포도주의 변패를 연구하여 포도주의 발효가 효모의 작용이라는 것을 밝혔으며, 변패는 그 후에 일어나며 외부로부터 침입한 젖산균의 증식 결과로 일어난다는 것을 실험적으로 증명하였다.

더욱이 그는 포도주를 정상적으로 발효시킨 후 가열처리함으로써 변패를 방지하는 방법을 발견하여 프랑스의 포도주 산업을 융성하게 하였다. 이 살균방법(63℃, 30분)은 후에 그의 이름을 기념하여 pasteurization(저온살균)이라고 불리어지게 되었고 우유의 살균을 위시하여 맥주, 음료 등의 살균에 응용되었다.

그 외에 누에 미립자병의 병원체를 발견하여 그 질병을 완전히 방제하는데 성공하고 (1865~1869) 화농이나 가축의 감염병은 미생물이 생체로 침입하는 것이라는 것을 발견하였다.

3) Robert Koch

독일에서는 Robert Koch(1843~1910)가 미생물학상의 중요한 발견을 하였다. 즉, 그는 고체배지를 사용하여 세균의 순수배양법을 확립하였고 그의 연구자료에 의하여 결핵균, 콜레라균, 파상풍균, 탄저균 등 많은 병원균을 발견하여 의학, 세균학 분야에서 큰 공헌을 하였다. 이와 같이 Pasteur, Koch 등에 의하여 주로 병원성미생물을 대상으로 발전한 미생물학은 오늘날에는 의학의 분야뿐만 아니라 농업미생물학, 토양미생물학, 공업미생물학, 식품미생물학 등 각 분야의 미생물학으로 발전하였다.

2.1.2. 미생물 명명법

미생물의 이름에는 속명(common name)과 세계 명명규약에 따라 붙여진 세계적으로 통일된 학명(scientific name)이 있다.

미생물의 명명규약으로 진균류는 국제식물명명규약(International Code of Botanical Nomenclature), 세균은 국제세균명명규약(International Code of Nomenclature of Bacteria)에 따른다.

이 규약에 의한 미생물의 분류는 문, 강, 목, 과, 속, 종 등으로 세분되어 있고 속(genus)은 여러 종으로 나눠지고 미생물 분류의 기본단위는 종(species)이다.

미생물의 학명을 명명할 때에는 1758년 스웨덴의 식물학자 칼 린네(Carl von Linné)가 체계를 세운 이명법을 적용하고 이 방법은 현재 동물과 식물의 학명 명명규약으로 채택하여 사용되고 있다. 이명법은 속명과 종명 순서로 쓰며 이탤릭체로 표기하거나 밑줄로 대신할 수 있다. 속명의 첫째 자는 대문자로 쓰고 종명은 소문자로 표시한다(예, *Staphylococcus aureus*). 종명 뒤에 명명자를 붙이기도 하는데 약자를 쓰거나 생략할 수 있으며 속명이나 종명에 사용하는 이름은 그 미생물의 특징이나 발견된 서식처, 발견한 과학자의 이름 등을 사용한다.

2.2. 미생물의 종류 및 특성

미생물에는 조류, 원생동물, 세균, 진균류(곰팡이, 효모), 바이러스 등이 포함된다. 이들 중에 식품위생에 특히 관계가 깊은 것이 세균이다.

2.2.1. 원생동물(Protozoa, 원충)

원생동물은 일반적으로 2.0~20 ㎛ 정도의 크기로 진핵세포를 가진 단세포로 구성되어 있다. 조류와 달리 엽록소를 갖지 않으나 활발한 운동성이 있다.

원생동물에는 *Amoeba, Trypanosoma, Trichomonas, Plasmodium, Toxoplasma* 등이 있으며, 중요한 병원성 원충으로는 사람의 장관에 기생하는 것으로 이질 *Amoeba*가 있고 *Plasmodium*에는 말라리아 병원체인 *P. vivar, P. malariae* 등이 포함된다.

2.2.2. 세균(Bacteria)

토양, 공기, 물, 동물 등 자연계에 널리 존재하고 있고 종류와 숫자도 엄청 많다. 일반적으로 엽록소를 함유하지 않은 원핵세포를 가진 단세포의 생물이며, 분열에 의해 증식하기 때문에 분열균이라고도 불려진다. 증식속도는 다른 미생물에 비해 매우 빠르며 크기는 다양하고 보통 0.2~2 ㎛ 정도이다.

병원성 미생물의 대부분이 세균이고 식품의 부패나 식중독 사고의 주요한 원인이 되므로 식품위생상 가장 중요한 미생물이다.

1) 생육조건

세균은 pH 6~8 정도의 중성 또는 약알칼리 영역에서 잘 증식하고 대부분이 통성혐기성이지만 호기성 또는 편성혐기성 하에서 증식하는 세균도 있다. 증식 가능한 온도범위는 5~60℃로 비교적 넓고 포자를 생성하는 내열성 균을 제외하고는 일반 가열처리로 대부분 쉽게 사멸된다.

2) 세균의 분류

세균의 분류는 Bergey's Manual of Determinative Bacteriology, 제8판(1977)에 의한 검색이 일반적으로 사용되고 있다. 세균의 형태는 단순하기 때문에 형태의 차이뿐만 아니라 생물화학적 성질(효소반응, 영양요구성, 환경조건 등) 등에 기초하여 분류된다.

· 형태

세균은 그 형태에 따라 구균(coccus), 간균(bacillus), 나선균(spirillum)으로 분류된다(그림 2-1).

구균은 구형, 타원형 모양을 하고 그 배열에 따라 단구균, 쌍구균, 연쇄상구균, 포도상구균 등으로 분류된다. 간균은 막대기 모양을 하고 그 길이에 따라 단간균과 장간균으로 나누기도 한다. 세균의 크기는 세균의 종, 환경, 배양조건 등에 따라 같은 종의 세균에서도 차이가 있다. 구균은 대체로 직경 1 ㎛ 전후, 간균은 길이 2 ㎛, 폭 0.5 ㎛ 전후의 것이 많다. 나선균은 콤마 모양이나 나사 모양의 나선 형태를 하고 있고 종에 따라서 변형된 곤봉형, 분지형 등의 형태를 보이

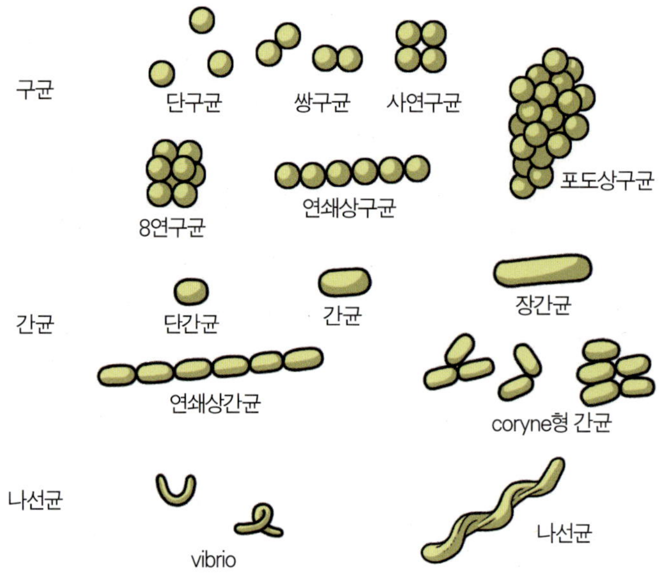

그림 2-1 세균세포 형태

기도 한다.

· 산소 요구도

최적 증식 산소조건에 따라 호기성균(aerobes), 미호기성균(microaerobes), 통성혐기성균(facultative anaerobes), 편성혐기성균(obligate anaerobes)으로 나눈다.

· 생육온도

세균은 5~60℃의 넓은 범위에서 증식 가능하며 종에 따라 온도에 따른 저항성이 다르다. 생육온도에 따른 분류는 저온균(psychrophiles, 10℃ 내외), 중온균(mesophiles, 25~35℃), 고온균(thermophiles, 50~60℃)으로 나누고 병원성 세균을 포함한 대부분의 균들은 중온균에 속한다.

· 포자(spore) 생성 유무

세균은 포자를 생성하는 균과 그렇지 않은 균으로 나눌 수 있다. 주로 간균과 토양에 분포하고 있는 균이 포자를 생성하고 식품위생에 있어서 포자를 생성하는 균의 관리가 매우 중요하다.

포자는 영양세포에 비해 열, 건조, 화학살균제, 방사선 등에 대한 저항성이 강하여 이들의 처리로 환경조건이 나빠지면 외부에 대한 저항성이 강한 포자를 생성하고 영양세포는 사멸하여도 살아남아 있다가 적당한 조건이 되면 발아하여 다시 영양세포로 되고 증식하게 된다. 포자는 휴면상태로 수년 동안 생존이 가능하며 비교적 빠르게 영양세포로 전환하는 특징이 있다.

· 편모(flagella) 유무

세균에서 편모는 가느다란 실 모양을 하고 세포의 한쪽 또는 양쪽 끝에 부착되어 그 배치에 따라 단모(단극모, 한쪽 끝에 한 개), 양모(양극모, 양쪽 끝에 하나 또는 다수), 속모(속극모, 한쪽 끝에 다수), 주모(세포 주위에 다수)로 나눈다(그림 2-2). 운동성이 있고 종에 따라 특이성이 있어 분류학적 가치가 있다.

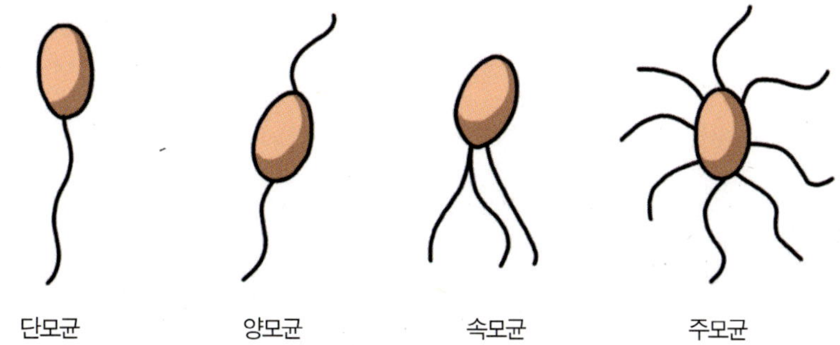

그림 2-2 편모 종류

대부분의 세균은 편모를 가지고 있어 이동이 가능하지만 구균은 편모가 거의 없어 움직이지 못하고, 간균은 편모가 있는 것과 없는 것이 공존한다.

· Gram 염색성

세균의 세포벽은 peptidoglycan으로 되어 있고 이들 세포벽의 골격 구성 및 부수적 물질의 차이에 따라 Gram 염색이 결정된다. 염색성의 차이에 따라 Gram 양성균(+)과 Gram 음성균(-)으로 나누며 Gram 양성균의 peptidoglycan 층이 Gram 음성균 보다 두껍다.

Gram 염색에 있어 crystal violet과 iodine solution으로 염색 후 알코올로 탈색하면 peptidoglycan의 두께에 따라 Gram 양성균은 탈색이 잘 되지 않고 Gram 음성균은 탈색이 되기 때문에 대비염색 후 Gram 양성균은 dark purple~blue, Gram 음성균은 red~pink로 염색성에 차이를 보인다.

[Gram 염색]
세포염색[crystal violet(1분)] → 착색[iodine solution(1분)]
→ 탈색[95% alcohol(30초)] → 대비염색[safranin O]

3) 식품위생에 관계하는 중요한 세균

· *Bacillus*속

Gram 양성, 호기성 또는 통성혐기성의 커다란 간균으로 포자를 생성한다. 토양에 서식하여 자연에 널리 분포되어 있고 이 균의 포자는 내열성이 크기 때문에 쌀밥, 어묵, 통조림과 같은 가열식품 중에 살아남아 부패 및 식중독의 원인이 된다.

· *Staphylococcus*속

Gram 양성, 구균으로 사람이나 동물의 표피에 서식하며 화농성 질환의 중요한 원인균으로 알려져 있다. 자연계에 널리 분포되어 있으며 특히 냉동식품에서도 잘 발견되고 이 속 중의 황색포도상구균(*S. aureus*)은 병원성을 나타내는 독소형 식중독의 원인이다.

· *Pseudomonas*속

Gram 음성, 무포자, 호기성 간균으로 편모를 갖고 있어 운동성이 있다. 대표적인 수생세균이며 저온세균이다. 단백질, 지방의 분해성이 있어 생선이나 식육 등에 오염되어 냉장 하에서도 부패를 일으킬 수 있고 어패류의 대표적인 부패세균이다. 황, 적, 갈색의 색소나 황록색의 형광색소를 생산하고 이 속 중 *P. aeruginosa*(녹농균)는 우유를 청색으로 변화시키고 *P. fluorescens*(형광균)는 우유를 녹색으로 변화시키며 고유미의 원인이 된다.

· *Vibrio*속

Gram 음성, 통성혐기성의 간균으로 균체가 약간 만곡(활 모양으로 굽음)된 콤마 형태이며 편모를 가지고 있고 대표적인 해수세균이다. 이 속에는 식중독균으로 중요한 장염 *Vibrio*균과 감염병의 콜레라균(*Vibrio cholera*)이 있다.

· *Micrococcus*속

Gram 양성, 호기성 무포자, 구균으로 대부분 비수용성 색소를 생산하며 열에 약하다. 자연계에 많이 분포되어 있으며 병원성은 없지만 단백질 분해성이 있어 육류, 어패류 및 그 가공품에 오염되어 부패를 일으키는 부패세균으로 중요하다.

· *Proteus*속

Gram 음성, 간균으로 장내세균과에 속하며 단백질 분해성이 강하다. 동물성 식품의 부패세균으로 단백질을 분해하여 생성된 amine에 의해 allergy성 식중독을 유발한다.

· 장내세균과(Enterobacteriaceae)

Gram 음성, 무포자, 호기성 또는 통성혐기성 간균이다. 편모에 의한 운동성을 갖는 것과 갖지 않는 것이 있다. 분변 등을 통해 토양, 물, 식품 등을 오염시키는 기회가 많고 장내세균과에는 이질균인 *Shigella*속, 장티푸스나 식중독의 원인이 되는 *Salmonella*속 외에 식품오염의 지표균으로서 중요한 대장균군(*Escherichia coli group*) 등의 세균이 있다.

· *Clostridium*속

Gram 양성, 내열성 포자를 생성하는 혐기성 간균이다. 대표적인 토양세균으로 주로 토양이나 하수 등에 분포하며 동물의 장내에서도 서식한다. 육류 및 그 가공품, 어패류, 통조림 등에 오염되어 식중독 등이 발생되며 이 속 중의 Botulinus균은 독소형 식중독의 원인균으로 통조림의 살균목표균으로 매우 중요하다.

- ***Serratia*속**

Gram 음성, 간균으로 주모성 편모를 가지고 운동성이 있으며 장내세균과에 속한다. 부패세균으로 단백질 분해성이 강하고 적색색소를 생산하며 육류, 생선, 어묵, 빵 등의 식품 표면에 적변을 일으키며 심한 부패취를 나타낸다. 우유에서는 색소용출은 되지 않지만 우유를 응고시킨다.

- ***Lactobacillus*속**

Gram 양성, 간균으로 당류를 발효시켜 젖산을 생산하므로 젖산균이라고 부른다. 치즈나 젖산음료의 발효균으로 이용되며 술, 된장, 김치 등의 제조에 이용된다.

2.2.3. 진균류(Fungi)

엽록소가 없어 다른 생물에 기생하는 생물체로 버섯, 곰팡이, 효모 등을 포함한 72,000종 이상의 균종을 구성하고 있다. 균사 중간의 격막 유무, 포자의 형성방법에 따라 접합균류, 자낭균류, 담자균류, 불완전균류로 분류하고 이를 통틀어 진균류라고 한다.

1) 곰팡이(Mold)

진핵세포를 가진 절대 호기성, 다세포의 기생생물로 포자가 공기 중으로 비산한 후 수분, 영양 등 적당한 환경이 되면 발아하여 실 모양의 균사체를 만들면서 발육하므로 사상균이라고도 부른다. 일반적으로 곰팡이의 균체는 영양기관인 균사체로 부터 균사가 분지되어 직각으로 자라며 그 끝에 자실체를 형성하여 다수의 포자(무성, 유성)를 생성하고 이 포자에 의해 증식한다.

• 생육조건

건조한 환경에서도 잘 생육할 수 있어 수분 14~15% 정도의 건조식품에서도 적정하게 온도가 유지되면 증식이 가능하다. 호기성이므로 주로 식품표면에서 발견되고 최적온도는 25~30℃이며 pH는 2~9로 넓지만 산성영역에서 쉽게 증식한다. 삼투압에 강해 당이나 식염농도가 높은 식품에서도 증식이 가능하며 식품을 부패시키거나 유해색소, mycotoxin(곰팡이독) 등을 생성하여 질병을 일으키기도 하지만 술, 된장, 간장, 치즈 등의 발효식품과 항생물질을 만드는데 이용되기도 한다.

• 중요 곰팡이

*Aspergillus*속(누룩곰팡이)

식품에서 볼 수 있는 가장 보편적인 곰팡이다. 균사는 격막이 있고 색이 매우 다양하며 전분의 당화효소를 생성하여 간장, 된장, 탁주 등의 발효공업에 이용된다. 종류로는 *Aspergillus oryzae, Aspergillus sojae, Aspergillus niger, Aspergillus flavus* 등이 있다. 이 중 *Aspergillus flavus*는 강력한 발암성 독소인 aflatoxin을 생성하여 간암을 유발시킬 수 있어 식품위생상 중요하게 관리해야 하는 곰팡이다.

*Penicillium*속(푸른곰팡이)

균사는 격막이 있고 주로 청색이 많으며 항생물질, 치즈, 버터 등의 제조에 이용되고 과실 등에 변패를 일으켜 연부병과 황변비의 원인이 된다. 종류에는 *Penicillium citrinium, Penicillium islandicum, Penicillium expansum* 등이 있고 citrinin(신장독), islanditoxin(간장독) 등과 같은 곰팡이독을 생산하여 주의해야 한다.

*Mucor*속(털곰팡이)

토양에 주로 분포하며 균사에 격막이 없고 채소나 과실 등의 변패에 관여한다.

*Rhizopus*속(거미줄곰팡이)

균사에 격막이 없고 포복지는 넝쿨처럼 뻗어 번식하고 포복지가 배지에 닿는 부위에 가근을 형성하는 것이 *Mucor*속과 다르다. 빵, 곡류, 과일(귤, 딸기), 채소 등에 잘 증식하고 변패에 관여한다. 특히, 빵에 번식하기 쉬우므로 빵곰팡이라고도 부른다.

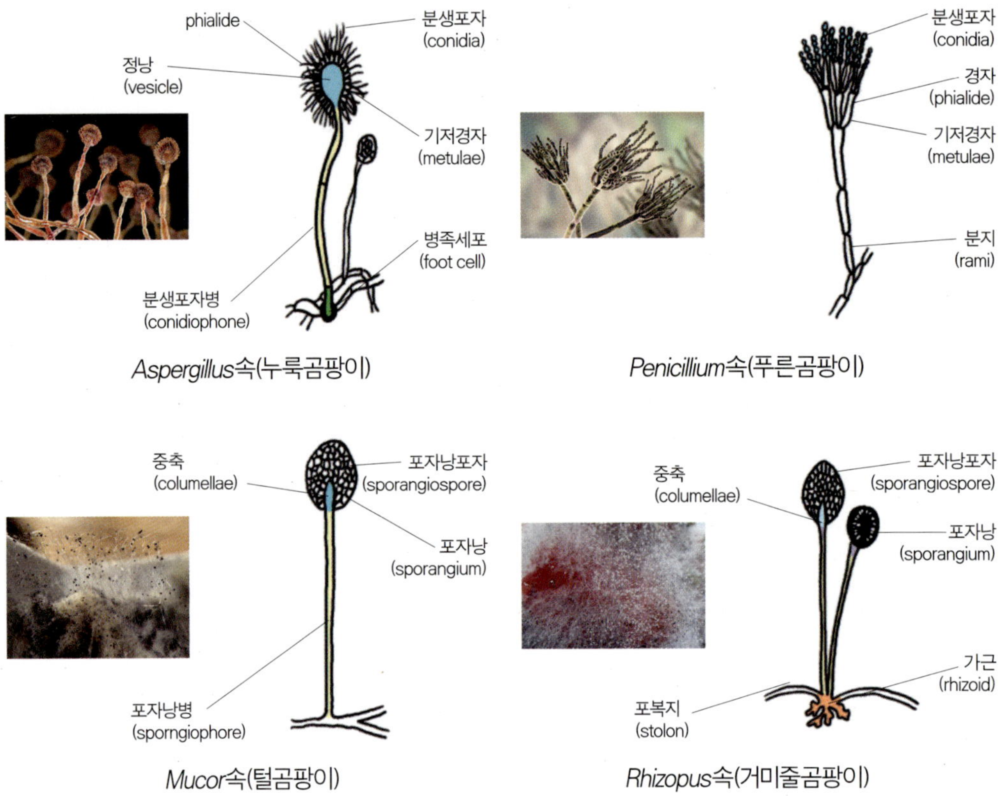

그림 2-3 중요 곰팡이

2) 효모(Yeast)

진핵세포를 가진 통성혐기성의 단세포 생물로 세균보다 크고 주로 출아에 의해 증식한다. 효모는 곰팡이와 같은 진균에 속하지만 균사를 만들지 않고 형태는 곰팡이에 비하면 매우 간단하다. 난형, 타원형을 이루지만 레몬형, 소시지형 등의 여러 가지 형태를 나타내기도 한다(그림 2-4).

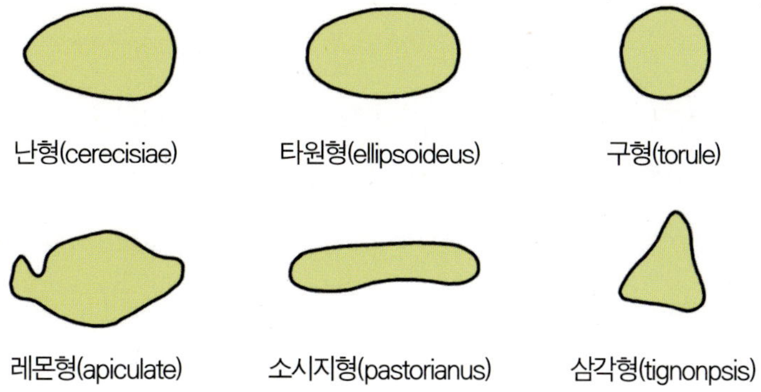

그림 2-4 효모의 형태

• 생육조건

통성혐기성으로 혐기적 조건에서 성장하는 경우가 많고 수분 요구도는 곰팡이보다는 많고 세균보다는 적다. 증식할 수 있는 pH 범위가 2~8.5로 넓고 곰팡이와 같이 산성영역에서 쉽게 증식하며 최적온도는 25~30℃이다.

이러한 조건에서는 알코올 발효능력이 강해 주류의 양조, 빵 등의 발효공업에 유용하게 이용되지만 때로는 부패를 일으켜 식품을 변질시키는 원인이 되기도 한다. 하지만 식중독을 유발하거나 독소를 생성하지는 않는다.

• 중요 효모류

*Saccharomyces*속

당을 발효시켜 CO_2와 에틸알코올을 생성하므로 발효공업에 가장 관계가 깊다. 대표 종에는 *Saccharomyces cerevisiae*와 *Saccharomyces carlsbergensis*가 있다. *S. cerevisiae*는 빵, 청주, 맥주 등의 상면발효에 주로 이용되며 대체로 원형이고 발효 시 세포가 액면 위로 부상하여 발효액이 혼탁해지는 특징이 있다. 반면 *S. carlsbergensis*는 하면발표 효모로 난형 또는 타원형이며 발효 시 세포가 주로 액면 아래로 침전하므로 발효액이 투명하다.

2.2.4. 바이러스(Virus)

동물, 식물, 세균 등 살아있는 숙주세포 내에서만 생존 가능한 절대기생성 세포내 생물이다. 독자적인 대사활동이나 재생산이 불가능하고 저온에 저항성이 있으며 크기는 0.02~0.3 ㎛ 정도로 세균보다 작아 보통의 광학현미경으로 볼 수 없다.

바이러스의 모양은 구형, 막대모양, 다면체모양(머리, 꼬리)을 나타내며, 완전한 세포형태를 갖추고 있지 않고 단백질 껍질과 DNA 또는 RNA 중 한 종류의 핵산만으로 구성되어 있는 일반 미생물과는 전혀 다른 구조를 가지고 있다.

숙주에 따라 식물바이러스, 동물바이러스, 박테리오파지(bacteriophage)로 분류하고 천연두, 인플루엔자, 광견병, 일본뇌염, 소아마비(polio), 노로바이러스, 유행성간염(hepatitis), AIDS 등의 감염병을 일으키는 병원체이다.

표 2-1 중요한 식품미생물

분류	원인물질의 예	원인물질의 예	종류
세균 (Bacteria)	*Bacillus*	토양, 공기	모든 식품에 분포, 특히 식물성식품, 연제품 등
	Micrococcus	토양, 공기	어패류, 연제품, 팥류, 팽창통조림
	Proteus	토양, 하수, 분변	육류, 연제품, 수산·축산가공품
	Pseudomonas	토양, 물, 하수, 분변	어패류, 난류, 육류, 곡류
	Clostridium	토양	육류와 그 가공품, 난류, 패류, 수산가공품
	Lactobacillus	담수, 하수, 토양	유제품, 발효식품, 젖산음료
곰팡이 (Mold)	*Aspergillus* *Penicillium*	토양, 공기	과일, 채소, 침채류, 유제품, 발효식품, 곡류
	Mucor	토양, 공기	과일류, 발효식품, 산성식품
	Rhizopus		과일류, 채소, 빵, 곡류
효모 (Yeast)	*Saccharomyces*	토양, 물	발효식품, 과일류, 팥류, 유제품
	Torula, Mycoderma	토양	발효식품

2.2.5. 리케차(Rickettsia)

크기가 0.2~0.5 ㎛로 세균보다 작고 원형, 타원형 등의 형태를 가진다. 증식법은 세균과 비슷하지만 바이러스와 같이 생체 세포내에서만 증식이 가능하다.

2.3. 미생물 증식과 영향 요인

2.3.1. 미생물 증식에 영향을 주는 요인

식품은 미생물 증식에 있어서 매우 좋은 영양공급원으로 식품위생상 미생물 증식에 영향을 주는 요인을 충분히 이해하는 것은 매우 중요하며 다음과 같다.

1) 영양소

광합성 미생물을 제외한 일반 미생물은 에너지를 얻어 균체를 구성하고 영양대사를 통해 증식하기 위한 영양소를 물질로 공급받아야 한다. 미생물이 필요로 하는 영양소로는 탄수화물, 단백질, 지방, 비타민과 무기질 등이다. 이 중 탄수화물은 에너지원으로 이용되고 단백질은 미생물 균체의 구성 및 핵산, 조효소 합성에 이용되며 영양대사를 위해서는 비타민과 무기질을 필요로 한다.

미생물은 영양섭취 형태에 따라 종속영양균(heterotroph, 유기영양균)과 독립영양균(autotroph, 무기영양균)으로 나눈다.

종속영양균은 탄소원으로 CO_2를 이용하여 스스로 필수 유기물을 합성하는 능력을 가지고 있지 않아 외부로부터 유기물을 필요로 하는 것으로 곰팡이나 효모 등이 있고 독립영양균은 고등식물과 같이 공기 중에 있는 CO_2를 이용하여 필수 유기물을 합성하는 능력을 가지고 있으므로 간단한 무기물만으로 생육이 가능한 미생물이다. 대부분의 세균이 여기에 속한다.

2) 수분(수분활성)

미생물의 균체는 75~85% 정도의 수분을 함유하고 있으므로 수분은 미생물 증식에 중요한 역할을 하고 있다. 미생물 증식에 이용되는 많은 동·식물 식품들은 60~95%의 수분을 함유하고 있고 이들 식품 중의 수분은 식품성분인 단백질이나 탄수화물과 결합하고 있는 결합수(bound water)와 자유수(free water)로 구분된다. 미생물이 이용할 수 있는 것은 자유수이며 이 때 수용액 중에 있는 자유수의 비율을 나타낸 것이 수분활성도(water activity ; Aw)이다.

순수한 물의 수분활성도(Aw)는 1이고 미생물은 그 종류에 따라 증식 가능한 최저 Aw가 다르다. 일반세균은 Aw가 0.95 이하에서는 증식이 저지되며, 대부분의 효모는 Aw 0.87, 대부분의 곰팡이는 Aw 0.80 이하에서 증식이 저지된다. 그러나 곰팡이 중에는 수분이 아주 적은 조건에서도 증식할 수 있는 것이 있으며 이들을 내건성 곰팡이라고 한다.

일반적으로 Aw 0.6 이하로 유지된 건조식품에서는 미생물의 증식을 억제할 수 있다.

3) 수소이온농도(pH)

pH는 1~14까지 범위로 나타낸다(그림 2-5). 미생물은 종류에 따라 증식이 가능한 pH의 범위가 있으며, 일반적으로 세균은 중성범위에서 잘 증식하고 산성에서는 생육이 억제되지만 일부 세균과 진균류는 산성범위에서 잘 증식한다. 세균 증식의 최적 pH는 pH 6~8, 일부 젖산균, 결핵균, 곰팡이, 효모 등은 pH 4~5, 콜레라균은 pH 8.0~8.6이다.

산저장 등을 이용하여 pH를 4.5 이하로 낮추면 대부분의 미생물 증식을 억제할 수 있다.

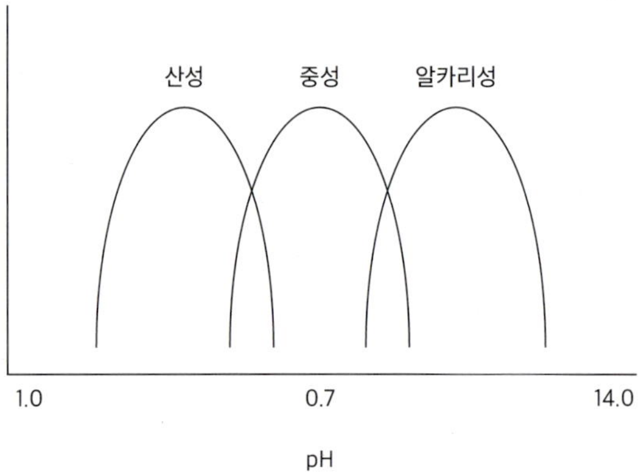

그림 2-5 수소이온농도 범위

4) 온도

세균의 증식 가능한 온도의 최고, 최저, 최적온도는 균종에 따라 다르지만, 크게 다음의 3군으로 정리할 수가 있으며, 증식온도에 따른 미생물의 분류는 그림 2-6과 같다.

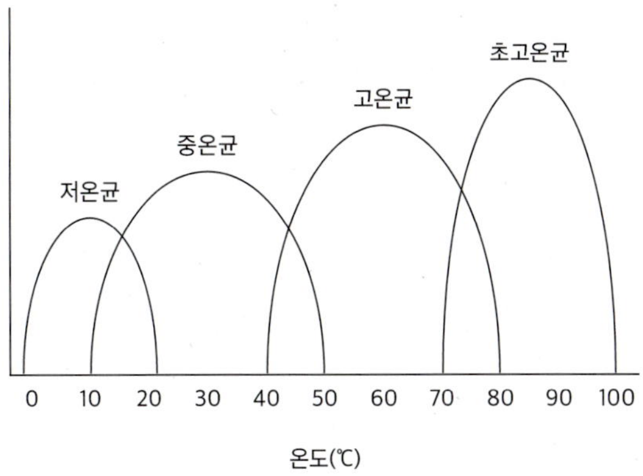

그림 2-6 증식온도에 따른 미생물 분류

· 저온균(Psychrophiles)

식품의 종류에 따라 약간 차이가 있지만 일반적으로 냉장고에서도 증식이 가능한 균으로 최적온도는 10℃ 내외이고 증식 가능한 온도는 0~20℃이다. 최저 0℃ 또는 그 이하에서도 증식이 가능하다. 대표적으로는 *Pseudomonas*속, *Flavobacterium*속 등의 수생세균의 종류가 많다. 또 증식 최적온도가 20℃ 이하인 것을 특히 호냉균이라고 한다.

· 중온균(Mesophiles)

5℃ 이하 또는 45℃ 이상에서 증식할 수 없는 균으로 최적온도는 25~35℃이고 증식 가능한 온도는 20~40℃이다. 식중독균, 감염병균 등은 37℃ 정도에서 잘 증식한다. 중온균은 자연계에 가장 많이 분포하고 있으며 세균, 곰팡이, 효모 등 대부분의 미생물이 여기에 속한다.

· 고온균(Thermophiles)

최적온도는 50~60℃이고 증식 가능한 온도는 40~70℃이다. 주로 내열성 포자를 생성하는 *Bacillus*속, *Clostridium*속 등이 여기에 속한다.

전반적으로 보면 5~60℃의 비교적 넓은 범위에서 다양한 미생물이 증식한다. 또한 고온균을 제외한 대부분의 세균은 45℃ 이상에서 사멸하기 시작하여 60℃에 도달하면 거의 사멸하게 되므로 식품의 관리는 온도를 5℃ 이하로 낮추거나 60℃ 이상으로 유지할 필요가 있다.

5) 압력

압력의 증감이 미생물의 증식에 직접적으로 영향을 미치지는 않는다.

6) 삼투압

생육환경의 삼투압은 미생물에 직접 영향을 미친다. 미생물은 각각의 증식에 적합한 삼투압의 범위가 있으며, 삼투압이 그 범위보다 낮으면 세포는 파열되며, 높을 경우에는 세포 내부의 물이 반투현상으로 세포막·세포벽을 통하여 밖으로 빠져 나온다. 그 결과 세포질이 수축되어 증식할 수 없게 된다.

또 세균의 삼투압은 염류 및 당류의 존재에 의하여 변화된다. 대부분의 세균은 3%의 식염농도에서 증식이 억제되므로 식품의 저장 시 염장법이나 당장법을 이용하면 증식 억제효과가 크다. 하지만 어느 정도의 식염농도가 없으면 증식되지 않는 호염성균이나 내염성균(8~10% 식염농도에서도 증식 가능), 삼투압에 강한 곰팡이, 효모 등은 그렇지 않다.

7) 산소

미생물은 종류에 따라 증식을 위해 산소를 필요로 하는 것과 필요로 하지 않는 것이 있다. 산소 요구도에 따라 호기성(aerobes), 미호기성(microaerobes), 통성혐기성(facultative anaerobes), 편성혐기성균(obligate anaerobes)으로 나눌 수 있다.

· 호기성균(aerobes)

산소가 존재하는 상태에서만 증식하는 미생물을 말한다.

· **미호기성균(microaerobes)**

증식에 산소가 필요하지만 10% 이하의 아주 미량일 경우만 증식할 수 있는 미생물을 말한다.

· **통성혐기성균(facultative anaerobes)**

산소가 없어야 잘 증식하나 산소가 있어도 증식 가능한 미생물을 말한다.

· **편성혐기성균(obligate anaerobes)**

산소가 없어야만 증식하는 미생물을 말한다.

부패 미생물은 대체적으로 호기성 또는 통성혐기성균이 많으므로 진공포장 등의 방법을 이용하면 증식 억제효과가 크다.

2.3.2. 미생물 증식

미생물은 환경조건이 적합하면 급격하게 증식한다. 증식이란 미생물의 세포수가 증가하는 것으로 식품 중의 세균은 최적의 온도와 시간이 부여되면 균종에 따라 특유한 속도로 분열을 계속하여 1시간에 1개의 세균이 분열하여 2개로 된다면, 1시간 후에는 1×2 = 2개, 2시간 후에는 1×2×2 = 4개, n 시간 후에는 1×2^n 개로 되고 일정한 시간 후에는 육안으로 확인할 수 있는 다수의 집락(colony)을 형성하게 된다.

1) 세균의 증식곡선

세균의 증식은 세균이 침입하여 환경에 적응하는 유도기와 대수증식기, 정상기, 사멸기의 4단계 양상을 보이며 이를 묘사한 곡선을 세균의 증식곡선이라고 한다. 증식곡선의 횡축은 시간, 종축은 균수의 대수로 표시하고 그림 2-7과 같다.

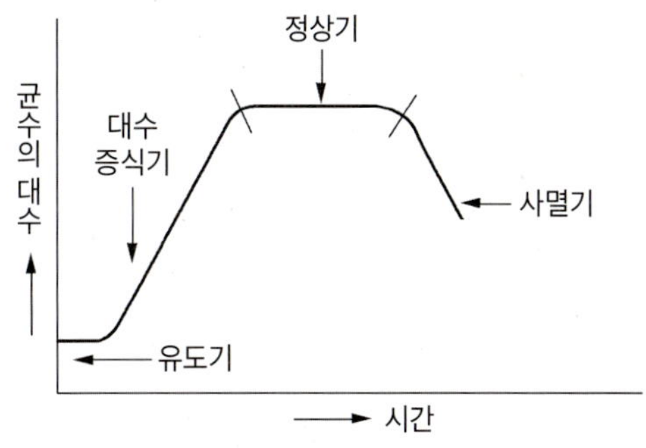

그림 2-7 세균의 증식곡선

· 유도기(Lag phase)

세균이 새로운 환경에 적응하여 분열, 증식을 위한 준비를 하는 시기이다. 이 시기의 세균은 크기가 커지며, 각종 효소를 체내에 저장하고, 필요한 성분을 합성하여 빠르게 분열을 준비한다.

· 대수증식기(Log phase)

유도기를 경과하면 세균은 최대의 분열속도로 분열을 계속하고 세균수는 급격하게 증가하여 20~30분마다 2배가 된다. 균의 증식속도가 사멸속도보다 빠른 시기이다.

생균수가 2배로 되는데 필요한 시간, 즉 각각의 세균이 분열에 의하여 새로 생긴 세포가 다음의 세포분열을 완료할 때까지의 시간을 "세대기간(generation time)"이라고 하며, 세대시간은 균의 종류에 따라 거의 일정하여 최적조건에서 장염 *Vibrio*균은 10분 전후, 대장균은 20분 전후, 포도상구균은 30분 전후로 각각 분열하고 결핵균은 약 11시간이 걸리지만 세균이 속해 있는 환경내의 조건(영양분, 온도, 산소, pH 등)에 따라 차이가 있어 식품을 저온으로 저장하는 등의 환경조건을 증식에 적합하지 않게 조정해 주면 세대기간은 현저하게 느려져 식품의 저장성을 연장시킬 수 있다.

· 정상기(정지기, Stationary phase)

대수증식기에 들어간 후 일정시간이 경과하면 왕성한 세포분열을 행한 결과, 배양기 중의 영양분이나 산소의 결핍을 초래하며, 한편으로는 대사산물이 축적되기 때문에 균의 분열속도가 천천히 저하하게 되어 사멸하는 세포의 수가 증가함으로써 새로 생기는 세포의 수와 거의 같게 된다.

이 시기에 생균수를 측정하면 일정한 수치로 그다지 변동은 나타나지 않는다. 보통 1 mL당 균수가 1억~10억(10^8~10^9)이 되면 정상기에 들어간다. 이때 유포자균이나 독소 생성균들은 포자나 독소를 생성한다.

· **사멸기(Death phase)**

정상기를 지나면 사멸된 세포의 수가 점점 많게 되어 생균수의 확실한 감소가 일어난다. 세균의 사멸속도는 세균의 종류나 배양 조건에 따라 현저히 다르다.

위에서 서술한 세균의 증식 상태는 단일의 세균에 대하여 시험관내에서 보여지는 현상이며 생체 내에서는 생체의 방어반응, 다른 미생물과의 공생이나 길항 등에 의하여 그 증식은 아주 복잡하다. 식품 중에서도 보통 여러 종류의 세균류가 혼재하고 있기 때문에 생체에 있어서와 같이 아주 복잡하다.

2) 미생물 측정방법

미생물의 측정은 균수와 균량을 측정하는 방법으로 나눌 수 있다. 균수 측정법에는 생균수 측정법, 총균수 측정법 등이 있고 균량을 측정하는 방법으로는 배양액의 탁도 등을 측정하는 방법이 있다.

· **생균수의 측정법**

살아있는 균의 수를 측정하는 방법으로 적절히 희석한 시료를 배지에 접종하여 배양한 후 생성된 colony(집락)수를 확인하는 방법으로 표준평판법(평판배양법)과 건조필름법, 희석에 의한 최확수법이 있다.

Colony란 1개의 세균 세포가 증식한 결과 육안으로 볼 수 있는 1개의 세포집단을 말하며 집락의 형성단위는 cfu(colony forming unit)로 단위는 cfu/g, cfu/mL, cfu/plate로 표시한다.

① 표준평판법

- 혼합희석평판배양법

시료액을 10배씩 단계적으로 희석하여 각 단계의 희석액 1 mL를 멸균 petri dish에 접종하고 한천배지(미리 제조하여 43~45℃로 유지) 약 15 mL를 가한다. 즉시 petri dish을 천천히 흔들어 시료액과 배지를 충분히 혼합시킨 후 응고되면 적당한 온도와 시간에서 배양하여 15~300개 정도의 colony가 생긴 희석단계의 평판에 대하여 생성된 모든 colony를 계수한다.

- 평판도말배양법

한천배지(미리 제조하여 43~45℃로 유지) 약 15 mL를 petri dish에 넣고 응고시킨 평판배지에 각 단계의 희석액 0.1 mL 를 접종한 후 spreader(도말봉)로 일정하게 도말시키고 한천평판의 표면을 건조시킨 후 배양하여 생성된 colony를 계수한다.

- 획선도말배양법

한천배지(미리 제조하여 43~45℃로 유지) 약 15 mL를 petri dish에 넣고 응고시킨 평판배지에 각 단계의 희석액 1백금이를 취하여 한 쪽 끝에 접종한 후 배지표면 전체로 획선을 그어 도말한 후 배양하면 단일세포가 떨어져 자라 분리된 colony가 형성되고 형성된 colony의 양상을 보고 균의 유무를 결정한다.

② 희석법

희석법은 시료균액을 앞에서와 같이 단계별로 희석하여 각 단계 희석액 일정량(보통 1 mL)을 몇 개(보통 3~5개)의 액체배지에 접종하고 배양한 후 희석단계의 배지 중 몇 개에서 세균의 증식이 보여지는 가를 확인하여 확률론으로부터 유도된 최확수표에 의하여 시료 중의 세균수 추정치를 아는 방법으로 최확수법(MPN)이라고도 한다.

· 총균수의 측정법

배양 중이거나 액체식품(우유 중의 균수, 술덧 등) 중의 효모나 세균수를 생균·사균의 구별 없이 측정하는 방법이다. 이 방법으로는 직접검경법이 있으며, 혈구계수기를 이용하여 계수기 위의 일정면적(예를 들면 1 cm^2)에 일정량의 시험액을 도말, 염색한 후 현미경으로 직접 균체수를 계수한다. 염색에 따라 시료 중에 있는 세균의 종류를 구별하여 판정할 수 있다.

· **탁도법**

세균의 증식도를 측정하는 방법의 하나로 시료를 액체배양할 경우에 균액의 탁도의 정도를 비탁계 또는 광전비색계(spectrophotometer)로 측정하여 탁도로 나타내는 방법이다. 일반적으로 세균수는 탁도에 비례한다.

2.4. 식품과 미생물 오염

자연계에 서식하고 있는 미생물은 각 환경마다 초기에는 여러 종류의 미생물로 구성되어 있으나 시간이 지남에 따라 미생물이 서로 길항과 공생의 상태를 이루며 환경 및 식품에 있어서 고유의 미생물총(microflora)을 형성한다.

식품은 자연환경으로부터 쉽게 오염을 받으므로 식품미생물의 유래는 주로 자연환경에 의한 것이라고 말할 수 있고 즉 오염원으로는 토양, 물, 공기, 분변, 동물, 식물로 나누어 볼 수 있다. 식품의 미생물 오염은 자연환경으로부터 오는 1차 오염과 식품의 처리·가공·보관 등의 과정에서 오는 2차 오염이 있다.

2.4.1. 토양미생물

토양은 미생물에 있어서 가장 적당하고 안전한 집이다. 토양 중에서 미생물의 활동은 상당히 활발해서 유기물 분해의 주된 역할을 하고, 한편으로는 토지의 비옥화, 다른 한편으로는 토양의 자정작용의 원동력이 된다.

토양은 인축의 배설물을 받아 물을 통해서 또는 공중으로 흩어지고, 기구나 물품에 부착하기 때문에 식품이 토양에서 직접·간접으로 오염을 받을 기회가 많다. 특히 신선한 채소, 과일, 곡류, 가공원료의 전분 등은 심한 오염을 받기 쉽다.

토양미생물의 대표적인 것으로 예를 들면 세균류로는 *Bacillus, Clostridium, Micrococcus, Proteus, Serratia, Escherichia, Pseudomonas, Leuconostoc, Acetobacter,*

Corynebacterium, *Mycobacterium*속 등이 있고 *Streptomyces*, *Nocardia*속도 풍부하게 있다. 진균류로는 *Aspergillus*, *Penicillium*, *Rhizopus*. *Mucor*속 등의 곰팡이로부터 *Saccharomyces*, *Torula*, *Monilia*속 등의 효모가 많다. 또 protozoa(원충류)도 g당 1,000~10,000개 정도로 존재한다. 토양미생물의 수량에 관해서는 많은 검색이 있으나 세균이 압도적으로 많고 *Streptomyces*속이 그 다음이며 곰팡이의 포자나 균사는 비율면에서 낮다.

2.4.2. 수생세균

하천, 호수, 연못 등의 지표수는 본래의 수생세균에 따른 담수계 microflora를 가지고 있는데 토양세균, 분변세균, 하수세균의 유입을 받은 것으로서 세균수가 많고 특히 병원균을 가지고 있으므로 위험하다.

해수에는 3% 전후의 식염농도를 증식의 최적조건으로 하는 해수고유균(marine bacteria)이 서식하고 그 microflora의 구성은 해양연안의 수심, 해수온도 등의 환경조건에 따라서 약간씩 달라진다. 수생세균을 구성하고 있는 microflora는 *Pseudomonas*, *Achromobacter*, *Alcaligenes*, *Photobacterium*, *Flavobacterium*, *Vibrio*속 등으로 20~25℃가 증식 최적온도이며 Gram 음성 간균의 담수균총(flesh water species)과 해수균총(sea water species), *Proteus*, *Serratia*, *Escherichia*속 등의 하수와 분변세균, *Micrococcus*, *Sarcina*속 등의 구균류, *Corynebacterium*, *Mycobacterium* 등의 Gram 음성 간균이 중요한 것이고, 여기에 효모, 곰팡이, *Bacillus*, *Clostridium*, *Streptococcus*, 장내병원성균 등이 존재한다.

2.4.3. 하수세균

하수세균이라고 하는 고유의 세균은 없으나 유기물을 풍부하게 함유하고 있는 하수 중에는 분변세균, 수생세균, 토양세균 등의 심한 오염을 받아 하수 중에서 증식이 이루어지고 있기 때문에 특유의 microflora가 형성된다. 그 특징은 장내세균과(Enterobacteriaceae)에 속하는 *Enterobacter cloacae*와 *Escherichia coli*가 *Proteus*속과 함께 풍부하게 있다. 그 밖에 *Clostridium*, *Bacillus*속 등의 내열성 포자형성균, *Pseudomonas*, *Vibrio*, *Micrococcus*속 등의 수생세균도 많아서 microflora는 일종의 혼성 밀집부대를 만들고 있다. 하수시설이 완전히 되어 있지 않은 곳, 특히 지표가 지저분한 곳에서는 식품이 상상 이상으로 많이 오염되고 있다.

2.4.4. 공중낙하균

미생물은 공기 중에서는 증식 또는 어떤 활성도 나타내기 어려우므로 고유의 미생물이 존재하지는 않는다. 대체로 토양이나 먼지 등에 있는 균들 중 건조 또는 자외선의 살균력이나 영양분이 모자라는 불모의 환경에서도 잘 견딜 수 있는 포자형성간균, 구균, 곰팡이, virus 등이 공중낙하균의 주요 균으로 분포되어 있다.

공기 중에 흩어져 부유되어 있는 미생물은 낙하해서 직접 식품을 오염시키기도 하고 간접적으로 식기, 기구를 통해서 식품에 부착한다. 따라서 공중낙하균은 식품산업에서도 중대한 영향을 미쳐 작업장 실내의 균의 비중에 따라 제품의 품질에 막대한 영향을 준다.

식품의 제조·가공·조리 시 가열살균으로 1차 오염균이 사멸해도 2차 오염으로 공중낙하균의 활동이 시작된다.

2.4.5. 분변세균 및 동물체 부착균

사람이나 동물의 소화관내 세균은 구강, 소장, 대장에서 각각의 microflora를 형성하고 있어 배설 시 분변과 함께 외부로 배출되어 식품을 오염시키고 식중독, 이질, 기생충증 등의 질환에 원인이 되고 있다. 그 외에 피부 접촉이나 비말에 의한 식품오염도 많으므로 분변과 함께 주의의 대상이 된다.

분변세균으로는 *Escherichia, Enterococcus, Clostridium, Samonlella, Shigella, Lactobacillus, Bifidus*속 등이 주체로 되지만 여름에는 *Proteus, Pseudomonas*속 등도 그 비율이 높아진다.

동물체 부착균에는 사람의 피부 점막이나 상처부위에 서식하는 *Staphylococcus, Streptococcus, Micrococcus* 등이 있어 식중독 등의 질병에 원인이 된다.

2.4.6. 식물체 부착균

식물표면의 microflora는 식물의 종류에 따라 다르다. *Micrococcus*, *Pseudomonas*, *Xantomonas*, *Flavobacterium*, 젖산균 등의 세균류 이외에 곰팡이, 효모, *Streptomyces*속 등의 분포가 높다.

잘 씻은 토마토의 표층에는 1 cm^2당 400~700개의 미생물이 부착되어 있으며 씻지 않은 것에는 수천에서 수만까지의 생균이 있다.

따라서 식품과 관계된 미생물의 종류 또는 그 수량에 따라 달라진다.

표 2-2 부패세균의 부착식품

유래	부패세균	부착식품
물	*Achromobacter* 담수성 *Vibiro* 해수성 *Vibiro* *Flavobacterium*	수산식품, 축산식품 수산식품, 축산식품 수산식품, 축산식품 수산식품, 축산식품
대·소변(장내세균)	*Proteus, Serratia, Erwinia, Aerobacter* 등	
흙, 공기 (호기성 내열성 포자형성균)	*Bacillus*	전분식품(쌀밥, 면류)
흙, 하수, 대·소변 (혐기성 포자형성균)	*Clostridium*	수산식품, 축산식품
물, 흙, 공기	*Micrococcus, Sarcina*	수산식품, 전분식품

2.5. 식품오염 지표미생물

식품오염 지표미생물이란 식품에 부패 및 병원성 미생물의 오염 정도를 파악할 수 있는 지표로 사용되는 미생물이다. 식품에서 병원성 미생물을 모두 검사하는 것은 어려우므로 지표미생물을 정하여 식품의 안전성을 평가할 수 있다.

지표미생물이 갖추어야 할 조건은 온혈동물의 장관 내에 많은 수가 존재해야 하고 병원성은 없으나 감염병균이나 식중독균 등의 병원성 미생물과 공존 가능성이 있어야 하고 검사방법이 간단하고 검출이 용이해야 한다.

식품에서 지표미생물의 검출은 각종 병원성 미생물의 존재 가능성 및 비위생적인 작업환경에서의 식품제조 등을 의심할 수 있다. 지표미생물로는 대장균군, 대장균, 장구균 등이 있다. 그 외 식품의 세균오염 정도를 나타내며 식품의 안전성, 보존성, 위생적 취급의 적합, 부적합 등을 종합적으로 판단할 수 있는 지표로 일반세균수를 사용하기도 한다.

2.5.1. 대장균군(Coliform group)

사람과 동물의 장관 내에 분포하는 분변성균과 토양이나 식물 등 자연계에서 유래되는 *Erwinia*와 장관내 그리고 자연계에 모두 존재하는 *Enterobacter*속과 같은 비분변성균도 있다. 따라서 반드시 사람과 동물의 분변에서 유래된다고 볼 수 없고 병원성과도 직결되지는 않는다.

그러나 식품에서 대장균군이 검출되었다는 것은 동물의 분변으로 부터의 직접적인 오염 및 환경위생관리가 위생적으로 이루어지지 않아 교차오염에 의한 간접적인 오염을 의심할 수 있다. 또한 장내세균과에 속하는 병원성 미생물의 존재 가능성도 함께 추정할 수 있다.

2.5.2. 대장균(*Escherichia coli*)

사람과 동물의 장관 내에서만 분포되어 있는 분변성 대장균군의 가장 대표적인 균이다. 식품에서 대장균이 검출되었다는 것은 식품이 분변에 직접적으로 오염되었다고 판단할 수 있다.

2.5.3. 장구균(*Enterococcus*)

사람과 동물의 장관 내에 분포하고 있고 Gram 양성의 구균으로 건조, 고온, 냉동 등의 환경에 대한 저항력이 큰 특징을 가지고 있다. 대장균군이 가열 또는 동결에 쉽게 사멸되는 반면 장구균은 냉동, 건조, 가열식품에서도 장기간 생존하므로 냉동식품의 오염지표균으로 사용된다.

식품에서 장구균이 검출되었다는 것은 식품이 분변에 직·간접적으로 오염되었다고 판단할 수 있다.

CHAPTER 03

식중독

3.1. 식중독의 정의

식중독(food poisoning)이란 일반적으로 어떤 음식물을 먹은 후 구토, 식욕부진, 설사, 복통, 발열 등의 증상을 나타내는 경우를 말하며, 이들 음식물에는 유해한 미생물이나 유독한 물질, 동·식물의 독, 또는 유독성 무기·유기물이 포함될 수 있는데 이러한 경우 넓은 의미의 식중독이라 말할 수 있다.

식중독 증상은 섭취된 균량, 유독물량, 개개인의 건강상태 및 체질 등에 따라 다르게 나타날 수 있어 같은 음식물을 섭취했어도 동일하게 모두에게 나타나는 것은 아니다.

식품위생법에서는 '식품의 섭취로 인하여 인체에 유해한 미생물 또는 유독물질에 의하여 발생하였거나 발생한 것으로 판단되는 감염형 또는 독소형 질환'이라고 정의하고 있으며, 사람 간 감염성이 없는 경우가 일반적이나 노로바이러스와 같이 사람 간 감염성이 있는 경우도 있다.

"집단식중독"이란 2명 이상의 사람이 동일한 식품을 섭취한 것과 관련되어 유사한 식중독 양상을 나타내는 것이다(WHO, Foodborne Disease Outbreaks Guidelines for Investigation and Control, 2008).

일반적으로 식품 매개성 질환으로 급성 위장염 증상을 나타내는 장티푸스, 이질, 콜레라 등의 경구감염병은 비록 음식물에 의해 발생된 것이라 하여도 식중독의 범위에서도 취급하지 않고 있다.

3.2. 식중독의 역사

식중독은 아마도 인류의 역사가 시작한 때로부터 발생되었으리라고 본다. 섭취한 식품이 부패되었거나 독초나 독버섯 등에 의한 식중독이 오래 전부터 발생하였을 것이지만 체계적인 연구는 19세기 후반부터 시작된 것으로 본다.

1870년 이탈리아의 Francisco Selmi는 부패된 식품을 섭취함으로써 식중독을 일으킨다고 처음으로 발표하였으며, 그 부패 생성물인 amine류를 ptomine이라고 총칭하였고, 이로 인하여 식중독이 일어난다고 생각했다. 그러나 그 후 ptomine 중독설은 세균학의 발달에 따라 사실과 다름이 판명되었다. 이어서 Koch가 병원미생물의 분리법을 확립하였고 1888년 Gärtner가 식중독의 원인균으로 *Salmonella*속의 장염균을 처음으로 발견하였고, 1895년에는 Van Ermengen이 Botulinus중독을 밝혔으며, 1930년대에는 Dack, Jardan, Dolman 등이 황색포도상구균에 의한 식중독을 실험적으로 증명하기에 이르렀다.

이 밖에도 장염 *Vibrio*균에 의한 식중독이 일본에서 발견되었고, 1960년에 발생한 비소혼입 조제분유 사건, 1973년 일본 큐슈지방에서 발생된 미강유 사건 등 식품 제조 시에 유독화학물질의 혼입 사건, 1953년 일본 Kumamoto현에서 유기수은이 축적된 어패류에 의한 Minamata병이 발생되었으며 1973년 일본 Toyama현 Katokawa유역에서 발생된 식품의 카드뮴 오염에 의한 Itaiitai병이 발생되어 많은 연구가 진행되었다.

우리나라의 식중독 발생에 대해서는 개인적인 경험을 구전이나 추측에 의하여 인지되어 오고 있었으나 최초의 학술적 보고는 1937년으로 기록되어 있다(細川 등 : 1937년 12월 함흥, 영흥에서 발생한 고기 중독에서 분리한 켈트넬균에 대하여, 조선의학회지, 28, 1938).

그 후 식중독에 관한 연구보고서에 의하면 1960년대 전반에는 주로 세균성 식중독에 관한 소수의 보고문이 있었고, 1960년대 중반 이후부터는 발표건수가 뚜렷이 증가하는 경향이었고, 이 시기로 부터 세균성 식중독 이외에 대한 발표가 있었다. 또한 식중독의 발생 예 뿐만 아니라 식중독의 원인물질 자체에 대한 연구가 수행되었으며, 특히 이 시기에 우리나라에서도 *Vibrio parahaemolyticus*의 검색이 시작되었음을 알 수 있다.

1960년대 말부터는 환경오염과 관련된 요인들로서 특히 잔류농약이나 유해금속, 그리고 mycotoxin 등의 연구보고가 시작되어 과거 세균성 식중독을 중심으로 한 급성 식중독 연구로 부터 유독 화학물질에 의한 것으로 식중독 연구의 폭이 넓어졌다.

1970년대부터는 중요한 원인균을 포함하여 기타 희귀한 원인에 대한 검색도 이루어짐을 알 수 있고, 이 기간 중 많은 원인이 탐색되었으며 그 조사대상도 광범위하게 되어 있음을 알 수 있다.

1980년대에서 1990년대에 이르러서는 보다 많은 연구들이 진행되어 왔음을 알 수 있다.

2000년대 들어서는 집단급식과 가공식품 및 즉석식품 등의 증가로 동시 다발적으로 집단식중독의 발생이 증가하고 있으며, 최근 들어 Norovirus와 같은 virus성 식중독이 증가하는 추세에 있다.

3.3. 식중독의 분류

식중독은 그 원인에 따라 미생물에 의한 식중독, 화학물질에 의한 식중독 및 자연독에 의한 식중독으로 대별할 수 있다(표 3-1).

식중독의 발생원인은 대부분 세균성 식중독이 차지하는 비율이 가장 많고 그 외에 화학성과 자연독 식중독에 의해 발생되며 이 중 원인물질이 불분명한 경우도 15~20% 정도 된다.

3.3.1. 미생물에 의한 식중독(Biological food poisoning)

미생물에 의한 식중독은 세균성 식중독과 바이러스성 식중독으로 분류한다.

일반적으로 세균성 식중독은 식품에 증식된 다량의 균이 침입하여 발생하는 감염형과 식품에 오염된 균이 증식하면서 생성하는 독소에 의해 일어나는 독소형, 그리고 세균의 유독 대사산물인 histamine 등에 의한 allergy증상을 나타내는 기타형(알레르기성) 등의 3가지 유형으로 분류한다. 일부 감염형과 독소형 식중독 중에는 오염된 식품에 증식한 균이 장관 내에 침입하여 독소를 생산하고 그 독소가 식중독을 일으키는 감염형과 독소형의 중간 형태를 취하는 식중독들이 있어 이들을 중간형으로 분류하기도 한다.

3.3.2. 화학성 식중독(Chemical food poisoning)

유독 화학물질의 섭취에 의한 식중독으로 아연, 납 등의 중금속, 비소, 청산화합물, 농약 등에 의한 식중독이 있으며 그 독성은 종류와 섭취방법에 따라서 다양하게 나타난다.

① 무허가 물질의 고의 사용(intentional use)

② 제조·가공·조리 중 부주의로 본의 아니게 혼입(careless incoming)

③ 기구, 용기·포장에서 용출(elution from package)

④ 부주의로 오인 사용(misunderstanding use)

3.3.3 자연독 식중독(Natural food poisoning)

동·식물 속에 포함된 독소를 잘못 섭취해서 일어나는 식중독으로 독버섯 등에 함유되어 있는 자연독에 의한 식물성 식중독, 복어독이나 유독 어패류에 함유되어 있는 자연독에 의한 동물성 식중독, aflatoxin, 황변미독, 맥각독 등 곰팡이류에 의해서 생성되는 곰팡이독에 의한 식중독으로 나눈다.

식중독의 원인에 따른 분류는 표 3-1과 같다.

표 3-1 식중독의 원인별 분류

분류			원인균 및 물질
생물학적 식중독	세균성	감염형	*Salmonella* spp., *Vibrio parahaemolyticus*, 병원성 *E.coli*, *Listeria monocytogenes*, *Yersinia enterocolitica*, *Campylobacter jejuni/coli*, *Arizona* sp.
		중간형	*Clostridium perfringens*, *Bacillus cereus*
		독소형	*Staphylococcus aureus*, *Clostridium botulinum*
		기타(알레르기성)	*Proteus morganii*
	바이러스성	감염형	노로바이러스
화학성 식중독	무허가 물질의 고의 사용		유해 보존료, 유해 인공착색료 등
	제조·가공·조리 중 부주의로 본의 아니게 혼입		중금속, PCB 등
	기구, 용기·포장에서 용출		비소, 납, 녹청(구리), 아연 등
	부주의로 오인 사용		농약, 비소화합물
자연독 식중독	식물성		버섯독, 감자독, 독초 등
	동물성		복어독, 패류독, 시가테라독
	곰팡이		aflatoxin, 황변미독, 맥각독 등

3.4. 세균성 식중독

세균성 식중독은 일반적으로 감염형, 독소형과 기타로 나누어왔다. 세균성 식중독은 음식물과 미생물이 동시에 관련이 있으므로 이질 등의 경구감염병과 세균성 식중독과는 공통된 점이 있다. 그러나 경구감염병은 극히 소량의 균으로 감염되는데 비하여 세균성 식중독은 원인균이 음식물 중에서 다량으로 증식한다는 것이 경구감염병과 다르며, 이점이 세균성 식중독의 큰 특징으로 되어 있다.

경구감염병과 세균성 식중독의 주된 차이점을 표 3-2에 나타내었다.

표 3-2 경구감염병과 세균성 식중독의 주된 차이점

구분	경구감염병	세균성 식중독
발병에 필요한 균량	소량의 균으로 숙주내에서 증식하여 발병한다.	다량의 생균, 또는 일정한 발증량의 독소에 의해서 발병한다.
잠복기	일반적으로 길다.	경구감염병에 비해 짧다.
감염	원인병원균에 오염된 물질에 의한 2차 감염이 있다.	종말감염으로 원인식품에 의해서만 감염, 발병된다. 즉, 2차 감염은 없다.
면역	면역성이 성립되는 것이 많다.	면역성은 없는 편이다.

1) 감염형 세균성 식중독

병원성 미생물에 오염된 음식물을 섭취함으로써 식중독 원인세균이 체내에 침입하여 증식됨으로써 발병되거나 또는 이미 식품 중에서 다량의 균이 증식하여 존재하고 있던 원인세균이 장관 점막에 작용함으로써 발생되는 식중독이다. 설사와 발열, 복통, 구토 등의 증상이 나타나고 균이 증식하는데 일정한 시간이 걸리므로 잠복기가 대체로 길며, 환자의 발생도 비교적 장기간에 걸치는 경향을 나타내고 대체적으로 열에 약하여 가열조리가 유효하다. 그러나 감염형 세균성 식중독도 그 직접적인 원인은 일종의 균체내 독소로 볼 수 있으며, 그 때문에 사람의 장관 내에서 급속도로 식중독의 원인세균이 증식되어 이들 세균의 내열성 균체내 독소가 일시적으로 흡수되어 발병되는 것이기 때문에 독소형과 감염형 식중독의 완전한 구별은 곤란하다.

2) 독소형 세균성 식중독

식중독 원인균이 식품에 오염되어 증식하면서 생성한 독소 또는 오염된 식품에서 증식한 균이 장관 내에 침입하여 독소를 생산하고 그 독소에 의해 발생되는 식중독으로 독소가 내열성인 경우가 많다. 따라서 원인식품 중에 세균이 사멸되어 존재하지 않더라도 식중독을 일으킬 수 있다. 음식물을 섭취하기 전에 이미 독성물질이 생성되어 있기 때문에 일반적으로 잠복기가 비교적 짧아서 3~4시간인 경우가 많고 환자의 발생이 급격하게 일어나지만 그 경과가 빠른 것이 보통이다. 설사와 복통, 구토 등의 증상을 보이지만 발열증상은 거의 나타나지 않는다. 화학물질에 의한 급성 식중독과 비슷하다.

3.4.1. 감염형 세균성 식중독

1) 살모넬라균 식중독

*Salmonella*속은 1885년 Salmon과 Smith에 의해 돼지콜레라의 원인균으로 최초로 분리되었다.

1888년 독일의 Frankenhausen에서 폐사한 송아지고기를 먹은 후 식중독이 발생하여 58명 중 1명이 사망하였으며, 이 때 August Gartner가 사망자의 사체에서 원인균을 분리하여 *Bacillus enteritidis*라고 명명하였고 이 후 *Salmonella*라 부르게 되었다. 이 후 세계적으로 *Salmonella*속은 세균성 식중독의 원인균으로서 중요한 비중을 차지하여 왔고 감염형 세균성 식중독 중 가장 일반적이고 대표적이다.

*Salmonella*속은 장내세균과에 속하는 균으로 그 숙주의 분포 영역이 넓고 전 세계적으로 분포되어 있으며 이 균을 보균하고 있는 동물의 분변으로부터 오염된 식품을 섭취함으로써 발병하게 된다. 따라서 동물들이 이 균에 의한 식중독 확산에 중요한 역할을 한다.

· 원인세균

동물에 널리 분포하며 Gram 음성, 통성혐기성, 무포자 간균으로 주모성의 편모를 갖는다. 크기는 0.6×2 ㎛ 정도이다(그림 3-1).

*Salmonella*속은 약 2,800여종의 혈청형이 보고되어 있으며 종류에 따라 병원성에 차이가 있으나 모두 사람에게 병원성인 것으로 알려져 있다. 이 중 식중독과 관련된 것은 약 200여종으로 *S. typhimurium, S. enteritidis, S. thompson, S. newport, S. infantis, S. heiderberger* 등이 원인균으로 분리되고 있다. 그리고 *S. typhi, S. paratyphi*도 *Salmonella*속에 해당되나 사람에 있어서는 법정감염병으로 지정되어 있으며 식중독균과 구별된다.

상기의 병원균 중 *S. typhimurium*이 압도적으로 많은 것으로 보고되어 있다.

최적 증식온도는 37℃이고 최적 pH는 7~8이다. 10℃ 이하에서는 거의 증식하지 않고 내열성은 비교적 약해서 60℃에서 20분이면 사멸한다. 그러나 자연의 흙이나 물속에서는 비교적 오래 생존한다.

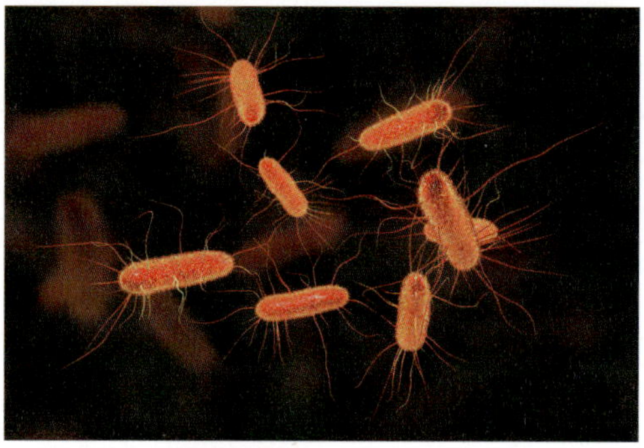

그림 3-1 살모넬라균

· 잠복기

10^6 이상(보통 1,000,000 이상) 다량의 균을 섭취하면 12~24시간 만에 발병한다. 잠복기는 음식물 중 균의 양이나 균의 종류 또는 환자의 감수성에 따라 다르다.

· 중독증상

주 증상은 급성 위장염 증상으로 오심, 구토, 복통, 설사, 발열이다. 특히 발열은 급격하게 일어나 38~40℃까지 오르고 오한과 전율이 따르며 보통 3~4일 계속되다가 평열로 되어 약 1주일이면 회복된다.

중증인 경우는 뇌 증상도 일어나 불안, 경련, 의식혼탁, 탈수상태, shock 증상, 혼수, 허탈상태를 거쳐 사망하는 경우도 있다.

· 오염원

이 균을 보균하고 있는 소, 돼지, 염소, 가금류, 환자, 보균자의 분변, 쥐나 위생곤충에 의해 오염된 거의 모든 종류의 식품이 감염원으로 보고되고 있으며 물에서는 수주간, 토양과 분변에서는 환경이 적당한 경우 수개월간 생존이 가능하다. 식품으로의 오염경로는 *Salmonella*속에 감염된 소, 돼지, 염소, 가금류의 육류, 젖이나 그 가공품에 의한 것, 즉 1차 오염에 의한 것과 별도의 오염원으로부터 쥐나 곤충류, 사람의 손이나 용기, 기구 등을 통해서 오염된다. 즉 2차 오염에 의한 것도 있다(그림 3-2).

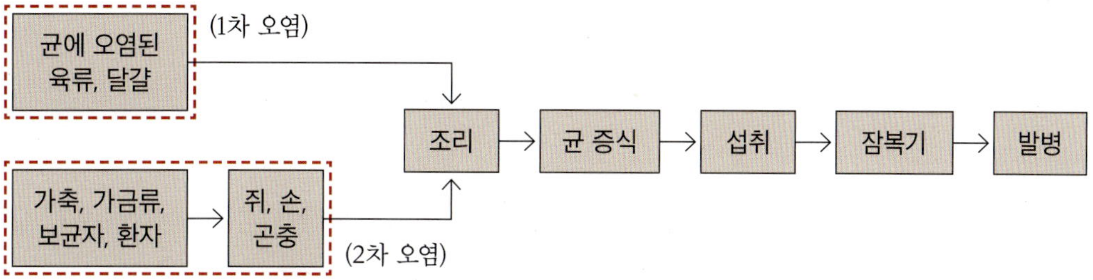

그림 3-2 살모넬라균 식중독을 일으키는 오염경로

· 발생상황과 원인식품

월별 발생상황을 보면 환자수가 5~9월의 따뜻한 시기에 많이 발생하였고 원인식품은 부적절하게 가열한 우유, 유제품, 육류와 그 가공품, 닭고기, 달걀과 그 가공품(샐러드, 마요네즈, 건조란), 어패류와 그 가공품, 채소, 샐러드, 도시락 등 복합조리식품 등이다.

· 예방법

위생곤충이나 쥐의 침입을 방지하기 위해 방충·방서시설을 철저히 하여 파리, 바퀴 등 해충류를 비롯하여 쥐에 의한 식품의 오염을 방지하고 이들 위생동물의 침입방지와 구제를 하는 것이 가장 중요하다. 다음으로 세균이 증식하지 않도록 될 수 있는 한 신선하게 섭취하고, 신속히 섭취하도록 하고 보존할 때는 실온에 방치하지 말고 냉장, 냉동하는 것도 유효한 예방법이 된다. 이 균은 열에 약하기 때문에 60℃에서 20~30분, 80℃에서 수분으로 사멸되므로 가열조리한 식품은 거의 안전하다.

2) 장염비브리오균 식중독

*Vibrio parahaemolyticus*는 우리나라뿐만 아니라 지구상 전역에 걸쳐서 분포되어 있고 역학적인 조사 보고로는 일본 및 우리나라 학자들의 연구가 많지만 식생활 변화 등의 이유로 전 세계적으로 위해 미생물로 분류되어 있다. 해양 서식미생물로서 여름철에 해수온도가 15℃ 이상으로 높아지면 급속히 증식하여 어류, 패류, 해조류 등에 부착해서 이들의 생식으로 인한 급성 장염을 일으키는 식중독의 원인균이다.

장염비브리오균의 발견 역사는 비교적 짧다. 1956년 일본 Yokohama 국립병원에서 오이절임에 의해서 120명의 식중독이 발생하였다. 이때 환자의 대변에서 염분을 요구하는 병원균이 분리되어 "병원성 호염균"이라는 이름을 붙였다. 그 후에 균의 분류학적인 검토가 이루어진 결과 장염비브리오균으로 명명되어 *Vibrio parahaemolyticus*라는 학명으로 확정되었다.

이 균의 발견에 의하여 그 전에 원인불명이었던 여름철의 생어패류에 의한 식중독의 대부분이 사실은 이 장염비브리오균에 의한 급성 위장염인 것이 판명되었고 우리나라 전체 식중독 보고 중 9~16%를 차지하고 있다.

· 원인세균

원인세균은 호염균인 *Vibrio parahaemolyticus*로 Gram 음성의 단간균이나 comma 모양, C자형 등 다양하다. 크기는 0.5~0.8×2~5 ㎛, 무포자, 1개의 편모를 가지는 운동성이 있는 통성혐기성균이다(그림 3-3).

이 균은 해수세균으로 식염을 전혀 함유하지 않은 담수에서는 증식하지 않으며 3~4%의 식염농도에서 잘 증식하는 호염균이다. 그러나 10% 이상 식염농도에서는 증식이 급격히 억제된다.

최적 증식온도는 30~37℃, 최적 pH는 7.5~8.0이며 증식속도가 매우 빨라서 10~12분에 한 번씩 분열하므로 신선한 식품 중에서도 적당한 염분만 있으면 2~3시간에 발증균 양에 도달할 수 있다.

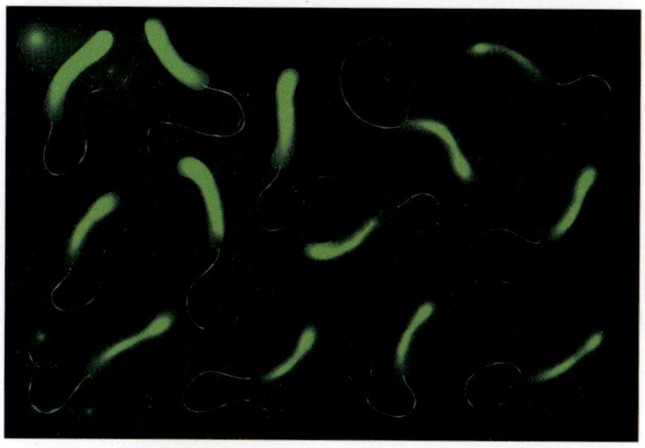

그림 3-3 장염비브리오균

· 잠복기

잠복기는 8~20시간으로 평균 12시간이다. 섭취한 균량에 좌우되며 균량이 많을수록 잠복시간이 짧아지고 증상은 심해진다.

· 중독증상

주된 증상은 오심, 구토, 복통, 설사이다. 복통은 상복부의 격통으로 나타나며, 또 설사는 수회에서 10회 이상의 수양성(水樣性)이나 때로는 이질 모양의 점혈변, 담즙색소에 의한 녹색변을 나타내는 수도 있다. 초기에 37~38℃ 정도의 발열을 보이는 경우도 있으나 전혀 발열하지 않은 경우도 있다. 경과는 비교적 짧아서 1~3일이면 회복하는 것이 보통이다.

· 오염원

식중독환자의 분변에서 분리된 균주가 연안의 해수나 어패류, plankton에 널리 분포하며 특히 육지로부터 오염되기 쉬운 해역에 많다. 따라서 장염비브리오균에 오염된 해수가 감염원이

되어 어패류가 직접 오염되고 이들로부터 조리대, 칼, 도마, 행주 등을 거쳐서 간접적으로 다른 식품으로 2차 오염된다. 또한 환자나 보균자의 분변이 감염원이 되어서 손을 거쳐 식품으로 오염되어 감염되는 수도 있다.

• 발생상황과 원인식품

*Vibrio parahaemolyticus*에 의한 식중독 발생보고는 일본에서는 Fujino(1951), Fakikawa(1968), Sakazaki(1963) 등이 발표하였고 우리나라에서는 최초로 기용식(1964)이 발표한 이후 1960년대 후반에 국내학계에서는 이 균에 대한 관심과 결과보고가 많아지게 되었다.

이 결과에 따르면 일반적으로 5~11월에 발생하고 7~9월의 3개월간에 집중적으로 발생하며 겨울철에는 거의 발생하지 않는다. 따라서 주로 여름철에 한정해서 발생하는 점이 이 식중독의 특징이라고 할 수 있다.

원인식품은 어패류로 그 중 조개, 새꼬막 등의 패류가 압도적으로 많으며 생선회, 초밥 등의 생식이 식중독의 주원인이 된다. 그 외 어패류의 가공품이나 외식업소의 도시락 등의 복합조리식품과 채소, 샐러드 등과 같이 한번 가열처리된 식품에도 2차 오염에 의해서 원인식품이 되는 예도 상당히 있다.

• 예방법

이 균은 10℃ 이하에서는 거의 증식을 하지 않으며, 4℃ 이하에서는 사멸되므로 생선, 어패류나 가공식품을 저온으로 보존, 유통하는 것이 유효한 예방법이다. 가능한 한 생식을 피하고 열에 약하므로 먹기 전에 충분한 가열조리를 하는 일이 중요하다. 특히 담수에 약하므로 어패류를 깨끗한 수돗물로 잘 씻고, 2차 오염이 되기 쉬운 칼, 도마, 행주 등의 조리기구를 구분 사용하고 세척 및 소독을 철저히 하여 2차 오염을 방지하여야 한다.

3) 병원성 대장균 식중독

병원성 대장균은 *Bacterium coil*라고 명명되었다가 독일의 Escherich가 영유아의 분변에서 이 균을 분리하면서 *Escherichia coli*로 불리우게 되었다. 본래 사람의 대장 내에 상재해 있는 세균이므로 병원성은 가지고 있지 않다. 그러나 1945년에 영국의 산과병원에서 발생한 유유아의 설사증에서 병원성을 가진 대장균이 분리되었고 그 후 계속적인 연구에서 사람과 동물의 대장 내에 상재하는 정상대장균과 달리 유유아에는 감염성 설사증, 성인에는 급성 위장염을 일으키는 대장균이 발견되면서 병원성 대장균이 알려지게 되었다.

우리나라에서는 김석희(1961) 등이 다른 나라에서 발견된 병원성 대장균의 대부분이 산발적으로 설사환자에서 분리되었다고 보고하였다. 그 환자 93명중 47명이 설사환자로 2세 이하의 영아가 대부분인 것으로 보고하였다.

· 원인세균

병원성 대장균은 형태와 생화학적 성질이 일반 대장균과 같다(그림 3-4). 대장균(*Escherichia coli*)은 장내세균과(Enterobacteriaceae)에 속하며 Gram 음성의 간균이며 주모성의 편모가 있어서 운동성이 있지만 편모가 없는 비운동성인 것도 있다. 일반적으로 젖당 또는 포도당을 분해하여 산과 gas(CO_2와 H_2)를 생산하는 호기성 또는 통성혐기성균이며 보통 배지에서 잘 증식하며 최적 증식온도는 37℃이다.

지금까지 병원성 대장균 식중독은 감염형인 것으로 생각되었으나 1960년대 후반부터 1970

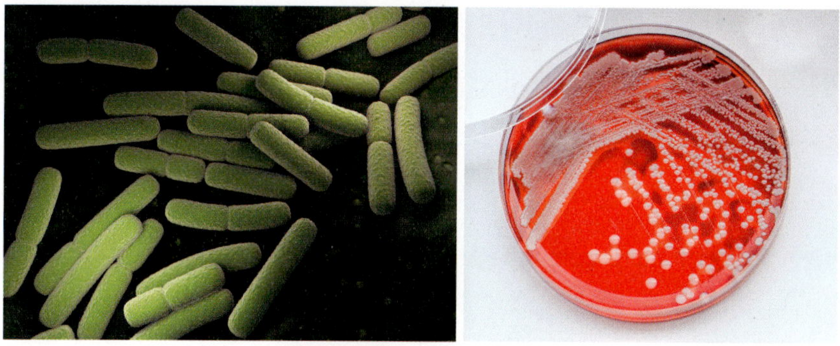

그림 3-4 병원성 대장균

년 초반까지 연구가 활발하게 이루어지면서 독소 생성 및 세포 침입성이 밝혀졌다. 병원성 대장균은 그 장관병원성의 차이에 따라 다음의 4종류로 구별된다.

장관병원성 대장균(Enteropathogenic *E. coli*, EPEC)

지금까지 병원성 대장균으로 알려진 균이다. 특히 이 균은 유유아의 설사증을 일으키므로 중요시되어 왔다. 유유아의 경우에는 소량의 균으로 감염이 일어나므로 산후조리원이나 육아 시설 등에서 대유행을 일으킨 예가 있다. 한편 성인에 있어서는 다량의 생균을 경구 섭취함으로써 급성 위장염의 식중독을 일으킨다. 이 경우의 증상은 살모넬라균 식중독과 유사하나 일반적으로 살모넬라균 식중독보다 증상이 가볍다.

장독소원성 대장균(Enterotoxigenic *E. coli*, ETEC)

이 균은 "enterotoxin(장독소)"이라는 독소를 생산하며 열에 약한 이열성 독소와 100℃, 15분에도 안정한 내열성 독소로 나눌 수 있다.

콜레라와 비슷한 물 같은 설사를 하지만 발열은 거의 없고 증상은 일반적으로 가볍다. 열대나 아열대지방에 여행하는 사람이 가끔 "여행자 설사"에 걸리나 그 대부분은 이 균에 의한 것으로 보고있다.

장관침습성 대장균(Enteroinvasive *E. coli*, EIEC)

이 균은 분류상 대장균이지만 경구감염병의 이질균(*Shigella*속)과 매우 유사한 증상을 보인다. 장점막의 상피세포에 침입하여 장에 궤양이 발생되어 급성 대장염을 일으켜 발열, 복통 등의 증상과 대변에는 점액만이 아니고 농(膿)이나 혈액이 섞여 점혈변까지 나타내기도 한다.

장관출혈성 대장균(Enterohaemorrhagic *E. coli*, EHEC)

현재 세계적으로 공포의 식중독균으로 알려져 있으며 원인세균은 *E. coli* O157 : H7으로 대장균 표면에 세포벽을 구성하는 O 단백질 항원(O항원)의 157번째 타입, 독소를 생산하는 편모부분이 존재하는 편모 항원(H항원)의 7번째 타입의 병원성 대장균을 의미한다. 뒤에 따라붙는 157, 26 등의 숫자는 특별한 의미없이 과학자들이 구별하기 위해 붙인 것이다. 병원성 대장균 가운데 O157 : H7이 가장 독성이 강하며 환자 발생도 많은 '주류'에 속하는 반면 O26은 이보다 독성도 약하고 환자발생도 많지 않은 '비주류'에 속한다.

O157 : H7은 일반 대장균과는 달리 "verotoxin"이라는 강력한 독소를 생성하는 성질을 가지고 있으며 이 verotoxin은 균이 증식할 때 만들어지는 것이지만 체내에 침입하여 대장에 머무른다.

O157 : H7은 1982년 미국 Oregon주와 Michigan주의 식중독 사고에서 최초로 확인된 이후 전 세계적으로 1983년 20건, 1995년 800건 이상으로 발생빈도가 꾸준히 증가하는 추세이다.

증상은 복부의 심한 통증과 장관조직이 파괴되어 약 80%가 출혈성 설사(점혈변)를 유발하고 출혈 후 이 독소는 전신을 돌면서 적혈구를 파괴하며 특히 더 무서운 것은 합병증으로 용혈성 요독증후군으로 진행하며 이들 중 5~10%는 사망하고 50%는 만성 신부전증이 된다.

이 균은 광범위하게 분포하기 때문에 원인식품이 매우 다양하여 환자와 보균자의 분변으로부터 직·간접적으로 오염되는 식품이면 모두 원인식품이 될 수 있고 쇠고기, 분쇄육, 햄, 소시지, 우유, 치즈 등과 채소, 과일, 샐러드, 두부, 음료수, 어패류, 햄버거, 도시락 등이 주요 원인식품이다. pH가 낮아 균이 증식하기 힘든 발효유나 사과주스, 마요네즈 같은 산성식품도 포함된다.

· 잠복기

이 균에 의한 식중독은 10~30시간의 잠복기 후 설사증상을 나타낸다.

· 중독증상

설사는 수양변, 점액변, 이질 모양의 혈변 등 여러 가지이다. 식욕부진, 구토, 복통을 수반하는 경우가 많다. 발열은 있는 경우와 없는 경우가 있다.

- **오염원**

병원성 대장균은 일반 대장균과 같은 정상 장내균이 아니므로 주로 환자나 보균자의 분변이 감염원이 된다. 건강한 사람은 2~8%, 개, 고양이, 소, 돼지 등의 동물에서는 7~22% 등 비교적 높은 보균율을 나타내고 있다. 또 이 균이 시판식품, 담수어, 하천수 등에서도 검출되는 점으로 보아 일반적으로 자연계에 감염원이 널리 분포되어 있는 것으로 생각되며, 이러한 것들로 부터 식품에 1차 또는 2차적으로 오염된다. 한편 환자가 된 유유아의 보육자, 간호자 등의 손을 거쳐서 직접 감염되거나 환자의 옷, 수건, 침구, 목욕물 등을 매개로 하여 감염된다. 어른은 일반적으로 분변으로 오염된 식품을 경구 섭취함으로써 식중독을 일으킨다.

- **발생상황과 원인식품**

이 균의 중독환자를 보면 특히 10~14세, 5~9세의 소년기와 유유아기에 많이 발생하는 것이 특징이며 계절에 관계없이 발생하지만 여름철에 비교적 많은 편이고 최근 지속적으로 증가 추세에 있다. 원인식품으로는 특별히 한정된 것은 없고 이 균에 오염되어 균이 증식된 식품이면 어느 것이고 식중독의 원인이 될 수 있다.

- **예방법**

제조·가공·조리 등 식품 취급 시에 환자나 보균자의 분변 등에서 식품이 오염되지 않도록 주의하여야 한다. 식품의 보존 시에는 냉장하여 세균의 증식을 방지하는 것이 중요하다. 하지만 저온에 강하여 영하 20℃ 환경에서 반년간 살아 있었다는 보고도 있으므로 냉장고를 과신하지 말아야 한다. 대장균에 공통되는 약점인 열에 약하다는 점을 이해하여 75℃에서 1분간 가열 조리를 하면 안전하다. 특히 환자가 사용한 물건, 식기, 칼, 도마 등의 소독을 철저히 하고 용도별 구분 사용으로 2차 오염을 방지하여야 한다.

4) 여시니아균 식중독

이 균은 페스트균인 *Yersinia pestis*와 같은 속의 균인데, 그 병원성은 1960년대 부터 주목되었다.

· **원인세균**

원인세균은 *Yersinia enterocolitica*이다(그림 3-5). 이 균은 Gram 음성의 0.5~1.0×1~2 ㎛ 크기의 간균으로 편모를 가진다. 다른 장내세균은 증식할 수 없는 0~5℃의 냉장 하에서도 증식이 가능한 전형적인 저온세균이다.

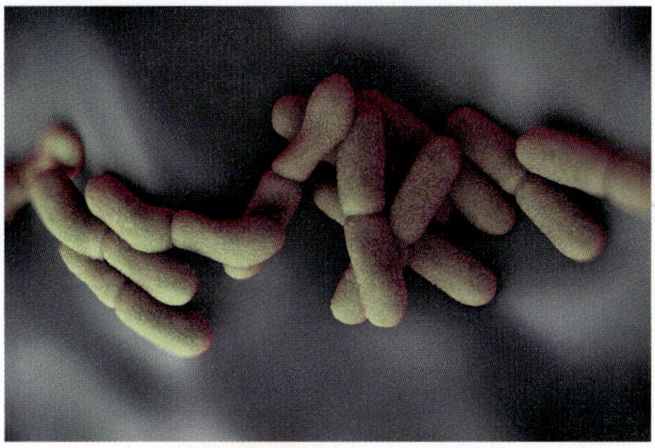

그림 3-5 여시니아균

· **잠복기**

이 균의 잠복기는 2~5일로 비교적 길다.

· **중독증상**

임상증상은 복통, 설사, 발열(39℃ 이상), 기타 다양하고 충수염 증상을 나타내는 경우도 있다. 경과는 보통 양호하다.

· **오염원**

감염원과 감염경로는 살모넬라균 식중독의 경우와 유사하며, 도살된 돼지와 소 등의 육류가 감염원이고, 동물의 분변과 함께 배출되어 오염된 음료수로 부터 감염되는 경우도 있다. 그 외 쥐, 기타 동물도 이 균을 보유하고 있기 때문에 이들을 매개로 하는 2차 오염에 의한 발생도 고려해야 한다.

· 발생상황과 원인식품

이 균의 병원성은 처음 유럽에서 알려졌지만 1972년에 일본에서 학교의 집단급식으로 인한 식중독 사례가 발표되었고 1980년에도 일본에서 초등학교 급식자 8,855명 중 1,051명(발병률 11.9%)이란 대규모의 식중독이 발생하였다.

원인식품은 오염된 물(약수물, 우물물), 돼지고기, 양고기, 쇠고기, 생우유, 아이스크림 등이 주요 원인이다. 이 균은 가열 가공한 식품에서는 거의 검출되지 않고 가공전의 생식품이 원인이 되는 경우가 많다고 생각된다.

· 예방법

예방법으로는 일반 세균성 식중독과 같이 식품의 오염방지, 증식방지, 가열살균 등이다. 저온에서 생육이 억제되지 않으므로 균이 0℃에서도 증식이 가능한 점을 고려할 때 냉장육 및 냉동육과 그 제품의 유통과정에서도 주의해야 한다.

5) 캠필로박터균 식중독

캠필로박터균 식중독의 중요성이 인식된 것은 1978년 미국에서 발생한 이 균에 의한 집단설사이었다. 그 하나는 Vermont주에서 6월에 발생한 것으로 환자수는 2,000명을 초과하였으며, 다른 하나는 그보다 약 2주일 늦게 Colorado주에서 발생하였으나 Vermont주 정도의 대규모는 아니지만 우유가 원인이 되어 이들 사례가 미국 전역에 보도되어 큰 반응을 일으켰다.

미국에서는 살모넬라균에 이어 두 번째로 많이 발생하는 식중독의 원인균이며 우리나라에서도 약 5% 정도가 이 균에 의해 발생되며 지속적으로 증가추세에 있는 것으로 조사되었다. 이 균은 인축공통질환의 원인균으로 주목되고 있으며 염소나 소의 유산을 유발하는 균으로 알려져 있다.

· 원인세균

이 식중독의 원인세균은 *Campylobacter jejuni/coli*이다. *Campylobacter*속은 나선균과

*Spirillaceae*에 속하는 Gram 음성 간균(그림 3-6)으로 만곡된 S자 또는 나선형을 띠고 5% 정도의 산소 존재 하에서도 증식 가능한 미호기성균이다. 1×1~5 ㎛ 정도의 크기로 한 개의 편모를 가지고 있어 운동성이 있다.

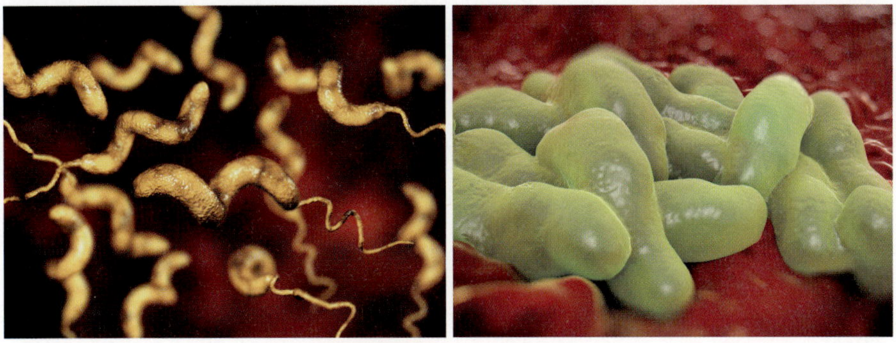

그림 3-6 켐필로박터균

- **잠복기**

감염균량이 400~500개/g 정도의 소량의 균으로도 발병될 수 있고 잠복기는 2~3일로 비교적 길다.

- **중독증상**

켐필로박터균 식중독의 증상은 설사, 복통, 권태감, 두통, 발열, 구토 등 많은 감염형 식중독과 거의 유사하다. 설사는 최초 부패취의 설사로 시작해 이어 수양변으로 변하지만 점혈변을 배설하는 경우도 있다. 그 횟수는 1일 수회 내지 수십회이다. 발열은 38~39℃로 설사 및 일반증상은 1~3일로 가볍지만 그 이상 가는 경우도 있다.

- **오염원**

건강한 소, 양, 개와 닭, 칠면조 등 가금류의 장관 내 또는 인간의 분변에 널리 분포되어 있다. 오염경로는 이 균이 분변과 함께 배출되어 하천수와 호수 등을 통해 음료수를 오염시키는 경우와 가축과 가금류의 도축과정에서 식육에 오염되어 이러한 것들로부터 식품에 1차 또는 2차 오염된다. 이들 동물과의 다양한 접촉에 의한 감염성 질병의 병원체이기도 하다.

• 발생상황과 원인식품

일본의 경우 1980년에 520명이 발생한 예가 처음 보고된 후 1982년 6월에 1,096명, 같은 해 10월에는 7,751명, 1983년 6월에 800명의 환자를 냈으나 원인식품은 분명하지 않았다. 우리나라에서도 이 식중독에 대한 관심이 높아져 1982년 이후 설사환자를 대상으로 균 분리가 시도되고 있으나 닭 등 가축의 설사변에서의 균 분리 및 배양조건에 대한 연구가 실시되었다. 그 후 1985년, 1986년(강호조 등)에는 우유 및 식육 보존조건에서, 1988년(오정선 등)에는 육계 및 도계장에서 *C. jejuni*의 오염을 조사했으며 이러한 몇몇 조사에서 살펴보면 아직 불분명한 점이 많은 것으로 나타났다.

원인식품은 살균되지 않은 우유, 물 등과 쇠고기, 닭고기, 생선, 조개, 굴, 버섯 등이 원인이 될 수 있다.

• 예방법

식품을 충분히 가열하여 섭취하며, 이 균이 수중에서 장시간 생존할 수 있으므로 마시는 물도 끓여 마셔야 한다. 닭고기, 육류 등은 생식을 금하고 생육을 만진 경우 손을 철저히 세척·소독하고 조리기구 등은 물로 끓이거나 소독하여 2차 오염을 방지한다.

6) 리스테리아균 식중독

리스테리아균은 자연계에 널리 분포되어 있어 토양, 하수, 조류, 어패류 및 각종 식품 등에 존재하는 환경생태균이면서 인축공통병원균이다.

• 원인세균

원인세균은 *Listeria monocytogenes*로 Gram 양성의 통성혐기성균으로 주모성 편모를 가지고 있다. 비교적 열에 대한 저항성이 크고, 습기가 있는 환경에서 잘 증식할 뿐만 아니라 4℃의 냉장조건에서도 생존하여 증식할 수 있으나 일반적으로 냉동온도인 -18℃에서는 증식하지 못한다. 낮은 산성조건, 6% 식염농도에서도 생존 가능하여 젖은 바닥이나 배수관, 스펀지, 천장의 응축수 등에서도 증식할 수 있다.

· 잠복기

감염균량은 g당 수개에서 수천개로도 발병될 수 있고 잠복기는 12시간에서 2~6주까지 범위가 매우 넓다.

· 중독증상

건강인의 발병은 드물고 임신부와 태아, 신생아, 노인이나 백혈병 등의 악성 질환자 등에서 많이 발생한다. 초기 증상으로는 발열, 근육통, 오심, 설사 등의 감기와 비슷한 증상이 나타나고 고위험군에는 수막염, 유산, 사산 및 패혈증 등을 일으키기도 한다. 치명율은 매우 높아서 10~40%에 달한다,

· 오염원

건강한 사람과 동물의 장내 상재균으로 토양, 하천, 오수, 야생동물, 가금류, 식물체 등에 존재하고 있다가 식품에 오염되거나 감염된 동물과 직접 접촉에 의해 감염되어 발병될 위험성이 높다. 자연환경에 널리 분포되어 있기 때문에 근본적으로 오염방지는 어려우나 식품을 위생적으로 제조 및 취급하면 위해를 줄일 수 있다.

· 발생상황과 원인식품

1923년 미국에서 사람의 리스테리증이 처음 보고되었고 1970년대 후반 들어 환자수가 크게 증가하여 이 균에 의한 식중독 발생을 예방하기 위한 노력은 세계적으로 이루어지고 있으나 2007년 홍콩 식품안전센터에서는 호주, 뉴질랜드, 영국 및 미국에서 20건의 식중독 발병을 보고하였다. 우리나라에서는 냉동만두의 원료로 쓰인 돼지고기와 수입 아이스크림 등에서 검출되어 물의를 일으켰다.

원인식품으로는 비살균 우유, 가금육, 식육, 훈제연어, 핫도그, 치즈, 아이스크림, 소시지, 채소

류 등이 있다.

- **예방법**

열에 대한 저항성이 크므로 충분히 가열조리해서 섭취하는 것이 좋다. 호냉성의 특성이 있으므로 특히 생식하는 저온 보존식품이 오염되지 않도록 냉장 보관온도(5℃ 이하) 관리를 철저하게 하여야 하고 식품취급의 전 과정에 걸친 위생관리를 철저히 하는 것이 중요하다.

7) 아리조나균 식중독

원인세균은 *Salmonella arizonae*로 Gram 음성, 간균, 주모성 편모를 가지고 있으며 도마뱀이나 뱀 등 파충류의 정상 장내세균으로 가금류의 알이 주된 원인이 되는 식중독이다.

3.4.2. 독소형 세균성 식중독

1) 포도상구균 식중독

포도상구균은 인체의 화농성 질환의 매우 중요한 원인세균으로 알려져 있고 환경에 대한 저항성이 강하여 인체의 정상피부나 비·인강, 머리카락, 분진, 실내 등 건조한 상태에서도 매우 오랫동안 생존할 수 있어 자연계에 널리 분포되어 식품의 오염기회가 많으므로 식중독의 원인세균으로서도 식품위생상 주목을 끌고 있는 식중독균이다.

1878년 Koch는 화농즙 중에서 포도상구균을 발견하였고, 1880년 Pasteur는 포도상구균의 배양에 성공하였다. 포도상구균이 명확하게 식중독균으로 인정된 것은 1914년 필리핀의 Barber가 어느 농장의 유방염에 걸린 소에서 착유한 우유에서 분리된 포도상구균을 다른 신선한 우유에 넣어 36.5℃에서 8.5시간 배양한 후 그 우유 50 mL를 음용해 본 결과 일정 시간이 경과한 후 심한 구토와 설사를 일으켰다. Barber의 보고는 식중독의 원인이 포도상구균의 감염에 의한 것이 아니라 이 균이 생성한 독소에 의한다는 사실을 확인한 최초의 보고이다.

포도상구균에 의한 식중독은 Botulinus균 식중독과 마찬가지로 포도상구균이 식품 내에서 증식하는 동안 생산된 독소를 섭취함으로써 발생되는 독소형 세균성 식중독의 대표이다.

국내에서 이에 대한 발생보고는 *Salmonella*균 식중독이나 장염 *Vibrio*균 식중독에 의한 것보다는 적은 편이었으며 초기에는 주로 세균학교실을 중심으로 포도상구균 자체에 대한 연구보고가 다수 발표되었고 몇 가지 대형사고로는 1977년 서울시내 초등학교 급식 빵으로부터 *Staphylococcus aureus*에 의한 8,000여명의 집단 식중독 발생 사고로 전세계적으로도 유래를 찾아볼 수 없는 대규모의 식중독사건이었음은 주지의 사실이다.

· 원인세균

포도상구균(*Staphyloccus*)은 원형 또는 타원형의 0.8~1.0 ㎛의 구균으로 포도송이 모양으로 집합하는 성질이 있기 때문에 그리스어의 포도 staphyle에서 이와 같은 이름이 붙여진 것이다(그림 3-7). 그러나 균이 포도송이 모양으로 집합하여도 반드시 포도상구균이라고는 하지 않는다. 형태학적으로 유사한 것으로는 *Micrococcus*, *Planococcus*가 있다.

포도상구균에는 황색포도상구균(*Staphylococcus aureus*), 표피포도상구균(*Staphylococcus epidermidis*) 및 부생포도상구균(*Staphylococcus saprophyticus*)의 3종이 있다. 이 중에서 식중독의 주된 원인이 되는 것은 황색포도상구균이다.

황색포도상구균은 Gram 양성의 구균으로 편모를 갖지 않으며 포자는 형성하지 않고 최적 증식온도는 35~37℃이며, 최적 pH는 7.7~7.5이다.

포도상구균 식중독의 원인이 되는 것은 균 자체가 아니라 이 균이 체외로 분비하는 독소이다.

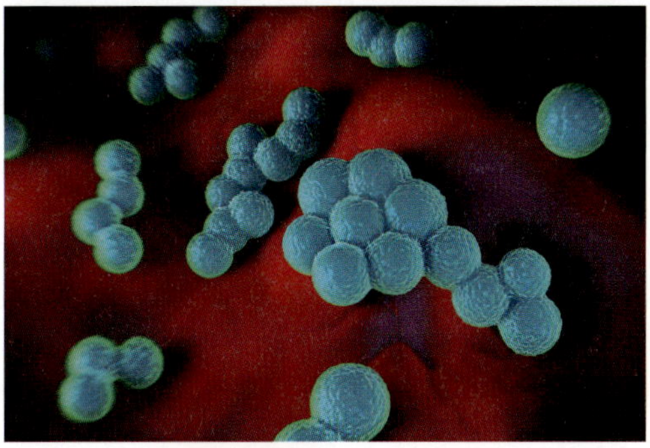

그림 3-7 포도상구균

이 독소는 포도상구균 엔테로톡신(staphylococcal enterotoxin)이라 부르는 단순단백질로 35~37℃에서 쉽게 생성되며 면역학적으로 A~E의 5종류가 알려져 있다. 이중 enterotoxin A형은 가장 독성이 강하며, 분자량은 30,000 전후이다. 포도상구균 자체는 내열성이 아니나 포도상구균 독소인 enterotoxin은 열에 대한 저항력이 강하여 120℃에서 20분간의 가열로도 완전히 파괴되지 않으며 218~248℃에서 30분간의 가열로 비로소 활성을 잃는다. 따라서 한번 생성된 독소는 일반 가열조리법으로는 파괴하기 어렵다.

Enterotoxin이라 하는 이름은 1930년 Dacks가 포도상구균이 생산하는 식중독 원인독소에 붙인 이름인데 그 후에 콜레라균, 대장균, 퍼프린젠스균, 세레우스균 등도 균체외독소를 분비하는 것이 발견되어 모두 enterotoxin(장독소)이라 부르기 때문에 혼돈되기 쉬운 면이 있다.

· 잠복기

식품 중에 이미 생성된 enterotoxin을 섭취함으로써 발병하기 때문에 대체로 1~6시간, 평균 3시간으로 잠복기가 아주 짧은 것이 특징으로 식중독 발생 시 이 병증을 추정하는 중요한 특징이다. 그러나 섭취 독소량과 독소에 대한 숙주의 감수성에 따라 잠복기는 다를 수 있다.

식품이 포도상구균의 오염을 받았다고 해도 반드시 enterotoxin을 생성하지 않으므로 식중독의 위험성은 없는 것이다. 그러나 18℃에서 3일간 또는 실온(25~30℃)에서 5시간이면 식중독을 일으키는데 충분한 독소가 생성되어 식중독을 일으키게 된다.

· 중독증상

3시간 전후의 잠복기 후 타액분비 항진, 오심, 구토, 심한 복통, 설사(보통 수양성) 등이 일어나는데 발열은 없거나 있어도 거의가 37℃ 정도이다. 보통 경과는 양호하여 1~3일이면 회복된다. 사망하는 일은 거의 없고 후유증도 없는 것이 특징이다.

· 오염원

오염원으로서 가장 중요한 것은 화농증에 의한 것으로 특히 식품 취급자 손의 상처 등에 화농증상이 있을 경우 그가 조리한 식품은 포도상구균의 농후한 오염을 받게 된다. 건강인의 약 30%가 이 균을 보균하고 있고 비강점막이나 인후, 피부에 식중독을 일으키는 포도상구균이 가끔 존재하고 있어 이것이 재채기나 기침 등을 통해 식품에 오염될 가능성이 있다. 또 유방염에 걸린 소의 젖은 위험한 오염원이고 손이나 조리기구 등을 통해 2차 오염된다. 이외에 포도상구균은 분진, 토양, 하수, 대변 등 자연계에 널리 분포되어 있으므로 식품이 오염되는 기회가 많다.

· 발생상황과 원인식품

포도상구균에 의한 식중독이 주목을 받게 된 것은 2차 세계대전 이후 특히 1955년 초등학교 급식에서 탈지분유에 의한 환자수 1,900명 이상이 되는 대규모 식중독사건이 발생하면서이다. 1955년부터 1988년에 이르기까지 약 30년간 장염비브리오균 식중독에 이어 두 번째로 많은 발생수를 나타내었으나, 1989년부터 살모넬라균 식중독에 이어 세 번째로 발생하고 있다. 우리나라에서도 1969년 9월 제17 육군병원에서 오염된 빵을 먹고 복통과 설사를 172명에서 집단적으로 발생한 사례가 있었으며, 1970년 10월 서울에 수학여행 온 충남 연기군의 초등학생 149명에서 발생된 포도상구균 식중독의 원인식품이 음식점 도시락의 생선묵무침이었다고 보고되었다.

1972년 모 공장직원들에게서 발생된 포도상구균 식중독으로 문제가 된 빵에서 *Staphylococcus aureus*가 분리되었다고 한다. 1977년 9월에 서울시내 초등학교 급식 빵으로부터 *Staphylococcus aureus*에 의한 8,000명의 집단 식중독은 대규모의 사건이었으며, 1980년 11월 강원도 춘천의 한 결혼식 피로연에서 발생한 집단식중독에서는 삶은 돼지고기가 포도상구균에 오염되어 비롯된 것으로 보고되었다. 1985년 1월 미8군 영내의 학생식당에서 햄에 의해 576명의 환자가 발생되었다.

이 식중독은 사계절을 통하여 발생되지만 기온이 높고 세균의 증식에 알맞은 5~9월에 발생율이 높다.

원인식품은 다종다양하여 육류 및 그 가공품과 우유, 크림, 버터, 치즈, 소스 등과 이들을 재료로 한 빵·과자류, 떡류와 유제품, 밥, 김밥, 도시락 등의 복합조리식품, 어패류와 그 가공품, 두부 등이 중요한 원인식품이다.

· 예방법

식품 취급자는 손을 청결히 하는 등의 개인위생관리를 철저히 하여야 하고 손에 창상 또는 인후염 등의 신체 다른 부위에 화농증상이 있으면 식품을 취급을 금지한다. 사용하는 모든 기구와 도구 등은 세척 및 소독 등을 철저히 하여 2차 오염을 방지한다. 식품은 적당량을 신속하게 조리한 후 모두 섭취하고 남은 식품은 실온에 방치하지 말고 5℃ 이하에 냉장보관하여야 한다.

2) 보툴리누스균 식중독

보툴리누스균 식중독은 Botulinus균(*Clostridium botulinum*)이 생산한 독소를 식품과 함께 섭취함으로써 일어나는 독소형 세균성 식중독의 하나이다.

Botulinus의 어원은 라틴어의 botulus, 즉 소시지라는 의미에서 온 것으로 일명 소시지 중독이라고 불려지기도 하였다. 유럽에서는 1,000년 이상 전부터 알려져 있었고 세균성 식중독 중에서 가장 치명률이 높기 때문에 옛 부터 두려워했던 식중독이다.

· 원인세균

*Clostridium botulinum*은 혐기성, Gram 양성, 편모를 가지는 운동성이 있는 간균이고 크기는 0.8~1.2×4~8 ㎛이다(그림 3-8). 이 균은 내열성의 포자를 형성한다.

보툴리누스균은 생성된 독소에 따라서 A, B, C1, C2, D, E, F, G 등 8종으로 분류되고 있으며 이 중 사람에게 식중독을 일으키는 것은 A, B, E, F의 4형이며 A형이 가장 치명적이다.

A, B, F형 균의 포자는 특히 내열성이 강하여 100℃에서 6시간, 120℃에서 4분 이상 가열해야 사멸된다. A형 균의 포자를 완전히 사멸하는데 필요한 온도와 시간의 관계를 표 3-3에 나타내었다.

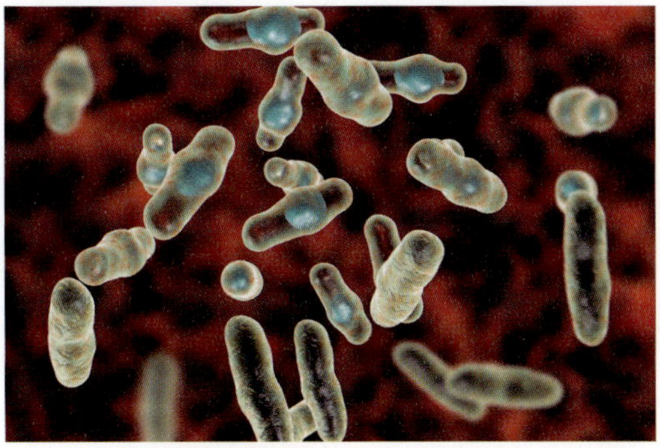

그림 3-8 보툴리누스균

표 3-3 A형 보툴리누스균 포자의 살균에 필요한 시간

가열온도(℃)	살균에 필요한 시간(분)
100	360
105	120
110	36
115	12
120	4

E형 균의 포자는 비교적 내열성은 낮아 80℃에서 20분, 100℃에서는 1~2분 이내에 사멸된다. A형 균은 채소, 과일, 육류, B형 균은 육류, 사료, E형 균은 어패류, F형 균은 육류와 관련이 있다. A형 균과 일부 B형 균 및 F형 균은 10℃ 이상에서 증식하며, 단백질 분해성이 강해 식품 중에서 증식하면 특유의 낙산(butyric acid) 냄새를 생성한다. 한편 단백질 분해성이 없는 B, E, F형 균은 3.3℃의 저온에서도 증식한 것이 보고되었고, 저온보관만으로는 중독을 예방할 수가 없다.

보툴리누스균이 생산하는 독소는 neurotoxin(신경독)으로 모든 동물에 대하여 가장 맹독성이다. 쥐의 경구 치사량은 0.001 ㎍이며 0.1 ㎍ 정도로 인간에게 중독을 일으킬 수 있는 맹독성이지만 열에 불안정하여 80℃, 20분과 100℃, 1~2분 가열로 파괴된다. A형 및 B형 균의 중독에 의한 치명율은 70%를 초과한다.

· 잠복기

보통 12~36시간이지만 2시간에서 긴 경우에는 8일이라는 말도 있다.

· 중독증상

주된 증상은 특이한 신경증상이지만 초기에 현기증, 두통, 오심, 구토, 복통, 설사 등의 소화기 증상이 나타나고 발열은 나타나지 않는다. 신경증상으로는 안증상이 꼭 나타나서 시력저하, 복시, 눈꺼풀하수, 동공확대 등이 일어난다. 또 구갈, 혀의 경기, 연하곤란, 사지 탈력감, 혹은 보행불능 등이 나타나며 중증에서는 폐뇨가 나타난다. 의식은 최후까지 명료하고 사망의 원인은 호흡곤란에 의한 질식이지만 보통은 발병 2~3일 이내에 일어난다.

· 오염원

*Botulinus*균은 저항성이 강한 포자형으로 토양, 물, 식품, 기타 자연계에 널리 분포되어 있으며 이외에 동물의 장관 등에도 분포되어 있다. 이 균에 오염된 육류, 채소, 어류, 갑각류 등의 식품 원료를 위생적으로 처리하지 않고 병조림, 통조림과 같은 밀봉식품, 소시지, 훈제품 등의 가공 시 가열이 불충분하게 되면 포자가 사멸되지 않고 살아남아 있다가 환경조건이 혐기적일 때 다시 발아, 증식하여 독소를 생산하게 되고 이러한 독소를 함유하는 식품을 섭취하면 식중독이 발생하게 된다.

· 발생상황과 원인식품

이 균에 의한 식중독은 세계 각지에서 발생되지만 균형은 나라와 지역에 따라 차이가 있다. 우리나라의 경우 김동한 등(1986)은 1986년 2월부터 12월까지 속초, 주문진, 동해, 부산 등 해안에서 토양, 해수를 대상으로 동지역과 서울근교 및 서울에서 불량 진공 가공식품을 대상으로 혐기성 식중독 세균 및 기타 혐기성 세균을 분리 동정한 결과 토양, 해수, 불량 진공 가공식품 등 총 480건에서 *C. botulinum*과 *C. perfringens*는 분리되지 않았으나 토양 140건과 해수 140건에서 분리동정된 *Clostridium*속은 각각 7균주이었고, 불량 진공 가공식품 200건에서 분리된 11균주의 *Clostridium*속은 모두 토양 및 해수세균이었다. 김동한(1987)은 또 1987년 2월부터 11월까지 여수, 목포, 군산, 아산과 인천지역에서 채취한 토양 185건, 해수 145건과 불량 통조림 및 진공가공식품 194건 등 총 524건에 대하여 *C. botulinum*의 분리동정 및 기타 *Clostridium*속에 속한 병원성 및 식품부패 관련균 등의 검출을 시도한 결과 *C. botulinum*은 분리되지 않았다고 보고하였다. 우리나라에서는 이 균에 대한 분리 보고나 연구된 예는 아주 적고 최근에 보고된 상기의 예가 있을 뿐이다. 미국이나 유럽에서는 B형 균 중독이 많은데 비하여 일본에서는 E형 균 중독이 압도적으로 많다.

원인식품으로는 주로 통조림, 병조림, 레토르트식품, 식육, 소시지, 생선 등이다. 식생활습관의 차이에 따라 나라마다 달라 통조림, 햄, 소시지, 육제품의 소비가 많은 독일, 영국, 미국 등의 구미에서는 A형과 B형 균에 의한 식중독이 많고, E형 균은 일본, 캐나다, 러시아, 스칸디나비아 국가 등에서 주로 발생한다.

· 예방법

이 균은 토양, 동물의 분변 등에 존재하기 때문에 이곳에서 생육된 채소와 곡류 등의 원료에 균의 오염 가능성이 높으므로 반드시 깨끗이 세척하고 생선 등 어류는 신선한 것으로 조리해야 한다. 식품 원료를 가공(조리) 및 기타 통·병조림으로 제조할 때 포자를 가진 균을 살균하기 위해서는 고압멸균법(121℃에서 15~20분)이나 100℃에서 30분 가열로 포자를 완전히 사멸시켜야 한다. 이 균의 독소는 단시간의 가열로 불활성화되므로 먹기 전에 반드시 가열 후 섭취해야 한다. 또 중요한 것은 의심되는 식품은 먹지 않는 것이다. 예를 들면 이상한 가스를 함유하고 있는 통조림 등은 위험식품이라고 생각하는 것이 좋다.

3) 퍼프린젠스균 식중독

*Clostridium perfringens*는 과거에는 Welchii균(*Clostrididum welchii*)라 불려졌으며 현재에도 관용어로 사용되고 있다. 본래 가스괴저균으로 알려져 있었으나 1953년 Hobbs 등에 의해 장염을 일으키는 식중독의 원인균이라는 것이 알려졌다.

*Clostridium perfringens*는 사람이나 동물의 장내 상재균으로서 토양, 물, 식품 등 자연계에도 널리 분포되어 있으며, 장관 내에서 포자를 형성할 때에만 독소(*Clostridium perfringens enterotoxin*)를 생산하며 이 독소에 의해 식중독이 발생하기 때문에 독소형으로 분류하지만 감염형과 독소형의 중간 형태인 중간형으로 분류하기도 한다.

· 원인세균

*Clostridium perfringens*는 Gram 양성의 간균으로 편모가 없고 포자를 형성하는 통성혐기성균이다(그림 3-9). 최적 증식온도는 43~47℃로 높은 편이고 15℃ 이하나 52℃ 이상의 온도에서는 거의 증식하지 못하고 포자와 독소 생성의 최적온도는 37℃이다. 이 균은 생산하는 독소 종류와 양에 따라 6가지 유형(A~F)으로 분류되고 이 중 식중독의 원인이 되는 것은 A형과 C형 균이다.

C형 균에 의한 식중독은 1946~1948년 사이 독일에서 발생한 치명률이 40%에 이르렀던 장괴저라고 불리는 Welchii균 F형(후에 C형으로 명명) 식중독으로 독일에서만 발생하였고 그 후 전혀 발생 예가 없었으므로 보통 식중독의 원인이 되는 것은 *C. perfringens* A형 균이라고 해도 좋다.

대부분 다른 혐기성 포자형성균에 비하여 내열성은 약하고 90℃에서 30분간 또는 100℃에서 5분 정도의 가열로 사멸한다. 그러나 식중독을 일으키는 A형 균의 포자는 100℃에서 1~4시간 가열에도 견디므로 내열성 변이주라고 불리고 있다.

· 잠복기

잠복기는 8~22시간, 평균 12시간 전후가 많다. 건강한 사람의 장관에도 존재하기 때문에 *C. perfringens*를 진단하려면 발병 후 48시간 이내에 분변 1 g 당 최소 10^6 이상의 포자가 발견되어야 한다.

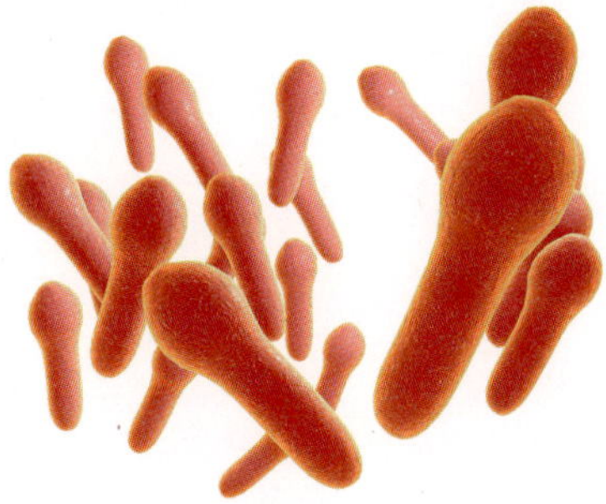

그림 3-9 퍼프린젠스균

· 중독증상

심한 설사, 복통이 주 증상이고 구토와 발열증상은 거의 없다. 설사는 물 같은 대변으로 1일 10~15회 정도에 달하지만 24시간 정도의 단시간으로 회복하는 일이 많고 생명의 위험성은 거의 없다.

· 오염원

물, 하수, 토양 등의 자연계와 사람이나 동물의 분변 등에 널리 분포하며 건강한 사람의 장관에도 존재한다. 사람의 보균율은 3~5%, 동물은 종류에 따라 다르나 10~40% 정도, 토양은 3~10% 정도라고 한다. 따라서 보균자, 가축, 쥐, 곤충류 등이 감염원이 되고 사람이나 동물의 분변이 주 오염원으로 식품에 직접 오염될 수 있다.

*C. perfringens*는 혐기성이고 그 포자가 내열성으로서 오염된 식품을 가열하는 동안에 식품중의 산소가 축출되어 혐기적 상태가 되고 대량 조리된 식품을 밀폐된 상태로 실온에 방치했을 때, 살아남아 있던 포자가 급속하게 발아, 증식하여 발생되는 경우가 많다.

· 발생상황과 원인식품

이 균에 의한 식중독은 영국, 미국, 스웨덴 등에서 많이 발생되었으며 미국에서는 환자수가 전 식중독의 30% 전후를 차지하고 있다.

이 균은 계절적인 편중현상을 거의 찾기 어렵고 다른 식중독에 비해 대규모의 집단 식중독이 발생되는 것이 특징으로 뷔페식당, 단체급식 등 대규모로 음식을 준비하는 업체에서 특히 주의해야 한다.

원인식품으로는 돼지고기, 닭고기, 칠면조고기 등과 그 가공품으로 주로 동물성 단백질 식품이다.

· 예방법

가열조리한 식품을 실온에서 오래 방치할 경우 잔존한 포자가 발아하여 증식되기 쉬우므로 조리한 식품은 바로 먹도록 하고 보존할 경우에는 식품을 대량으로 큰 용기에 보관하면 혐기조건이 될 수 있으므로 소량씩 용기에 담아 급냉하여 냉장한다. 또한 보존한 조리식품을 먹기 전에 충분히 가열하여 영양형 균을 살균하고 동시에 enterotoxin을 불활성화시킨다. 따뜻하게 배식하는 음식은 조리 후 배식 전까지 60℃ 이상을 유지하여야 하며, 차갑게 배식하는 음식은 조리 후 재빨리 냉각시켜 5℃ 이하에서 보관하여야 한다. 그리고 무엇보다도 이 균의 오염원으로부터 식품이 오염되지 않도록 하여야 한다.

4) 세레우스균 식중독

세레우스균 식중독은 유럽의 여러 나라에서는 아주 오래 전부터 알려져 있는 식중독으로 처음으로 신뢰할 수 있는 보고는 1955년 Hauge에 의해서이다. 그 후 스웨덴, 헝가리, 미국, 일본 등 여러 나라에서 많은 식중독 예가 보고되었다. 이 식중독은 처음에는 감염형과 독소형이 불분명했으나 러시아의 Ezepchuk가 세레우스균의 enterotoxin을 분리하였고 1972년 Fluer가 이 독소의 물리적, 화학적 성질을 규명함으로써 독소형임이 확인되었다. 독소형으로 분류하지만 감염발생 양상으로 보면 감염형과 독소형의 중간인 중간형으로 분류하기도 한다.

· 원인세균

원인세균은 *Bacillus cereus*로서 Gram 양성, 1.0~1.2×3~5 ㎛ 크기의 대형 유포자 간균으로 주모성 편모를 가지고 있어 운동성이 있는 호기성균이지만 어느 정도 혐기적 상태에서도 증식이 가능한 통성혐기성균이다(그림 3-10). 10~48℃에서 증식하며 최적 증식온도는 28~35℃이다. 포자는 내열성이므로 135℃에서 4시간 가열해도 죽지 않는다. 따라서 가열조리한 식품 중에도 살아남아 있다가 다시 적절한 조건이 갖추어지면 발아, 증식하면서 독소를 생산하고 이때 생산된 독소에 의해 설사형 또는 구토형 식중독이 발생된다.

설사형은 *B. cereus*가 체내로 들어오면 소장에서 증식하는 동안 생성된 열에 약한 enterotoxin에 의해 발생되며 구토형은 *B. cereus*가 식품에서 오염되어 증식하면서 생성된 대사물인 내열성 cereulide(펩타이드 독소)를 섭취하여 발생된다.

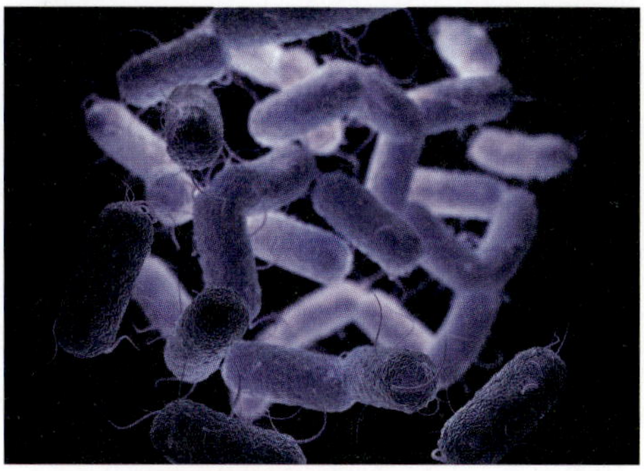

그림 3-10 세레우스균

· 잠복기

설사형은 8~15시간이고 구토형은 1~5시간이다.

· 중독증상

설사형은 8~15시간의 잠복기 후에 복통, 설사를 일으키며 구토형은 1~5시간의 잠복기 후에 오심, 구토를 일으킨다. 발열은 거의 보이지 않고 1~2일 후에 회복한다.

· 오염원

세레우스균은 대표적인 토양세균으로 자연계에 널리 분포되어 있다. 따라서 토양과 밀접한 곡류를 포함한 농작물과 채소 등의 식품 원료에 오염되고 식품의 제조·가공·조리과정에서 오랫동안 실온에 방치하는 등 비위생적으로 취급하게 되면 세레우스균이 이상 증식하여 식중독이 발생하게 된다. 조리기구 등에 의한 2차 오염도 있다.

· 발생상황 및 원인식품

향신료 사용 요리, 육류나 채소 스프, 바닐라 소스, 푸딩 등은 설사형의 식중독을 나타냈으며 쌀밥, 면류, 복합조리식품 등이 구토형의 식중독을 나타냈다.

· 예방법

곡류, 채소류는 세척하여 사용하고 조리 후의 방냉기간에 급속하게 번식하므로 조리된 식품은 장기간 실온방치를 금지하고 그 외 다른 세균성 식중독과 같이 식품 오염의 방지나 식품의 저온저장 등이 있다. 저온저장이 부적절한 김밥 같은 식품은 조리 후 바로 섭취하도록 한다.

3.4.3. 기타 세균성 식중독

1) NAG 비브리오균 식중독

NAG는 non-agglutinable(응집하지 않는다)이라 하는 의미로 콜레라균(*Vibrio cholerae*)의 항혈청에 응집하지 않는 *Vibrio*균이라는 의미이다.

이 그룹에는 *Vibrio cholerae* non-O1과 *Vibrio minicus*가 속하며 콜레라균과 같은 속의 균이다. Gram 음성 호기성 및 통성혐기성의 간균이다. 형태학적으로는 콜레라균과 구별할 수가 없다. 이 균은 하천, 하수, 연안해수 등의 담수나 저염도의 수중에 서식하는 균으로 물 또는 어패류를 매개로 해서 사람에게 감염되고 장관 내에서 enterotoxin을 생산하여 발병을 일으킨다. 임상증상은 10~60시간 정도의 잠복기 후 복통, 설사(수양성)를 일으키며 발열은 거의 없다. 중증일 때는 콜레라의 경과를 갖는 경우도 있다.

2) 알레르기성 식중독

이 식중독은 세균이 직접 원인이 되는 것이 아니라 식품에 세균이 번식하고 그 세균의 효소작용에 의해서 유해물질이 생산되어 발생하는 것이기 때문에 엄밀한 의미에서의 세균성 식중독과 다르며 학자에 따라서는 부분 항목으로 분류하고 있는 경우도 있다.

이 식중독의 원인물질은 amine류로 식품 중의 아미노산에 미생물의 탈탄산 효소가 산성의 조건하에서 작용하여 생성되는 것이다. 이러한 amine류로는 10종류가 있으나 이 중에서 특히 이 식중독의 원인물질로 중요한 것은 histamine이다. Histidine함량이 많은 꽁치, 고등어, 정어리 등 적색어류의 건어물과 그 가공품에 *Proteus morganii*가 번식하여 histamine이 다량으로 생성되는 것이다. 그 함량이 400~1,000 mg% 이상 생성되거나 또는 200~400 mg%이고 다른 amine이 공존하면 식중독이 발생된다고 한다. Histamine 이외에 tyramine, tryptamine 등도 유해하다.

이 식중독은 특이체질인 사람이 발병하는 식이성 알레르기 증상과 유사하여 식후 30~60분으로 이마, 목 부분, 상반신 또는 전신에 열감, 홍반, 두드러기성 발진을 나타내며 또 두통, 발열, 구토, 설사 등을 수반한다. 24시간 이내에 회복하는 수가 많으며 사망하지는 않는다. 치료는 항히스타민제의 투여가 유효하다.

3.4.4. 세균성 식중독의 예방법

식중독은 걸렸을 때의 치료보다 예방에 중점을 두지 않으면 안된다는 것은 말할 나위도 없다. 식중독의 예방에 대해서는 이미 각 식중독별로도 기술했으나 종합적으로 정리해보면 첫째 청결, 둘째 온도관리, 셋째 신속의 원칙이다. 다음에 이들 3원칙에 대해서 구체적으로 기술한다.

1) 청결(식품, 도구, 기구, 시설, 종업원 등)

① 식품은 항상 신선한 것을 사용한다.

② 작업장과 조리도구(칼, 도마 등), 기타 기구나 식기류 등은 사용 시마다 세척 및 소독하여 청결하게 관리한다.

③ 칼, 도마 등의 조리도구는 용도별(채소류, 육류, 어패류, 완제품 등)로 구분해서 2차 오염에 주의한다.

④ 식품을 취급하는 자(제조, 가공, 조리 등)는 개인위생관리(청결한 위생복장 착용, 손 세척·소독, 정기적인 건강검진 등)를 철저히 한다.

⑤ 매일 건강상태를 확인하여 손에 화농성 질환이 있는 자나 설사 등의 증상이 있는 자는 제조·가공·조리 등의 업무에 종사해서는 안된다.

⑥ 방충·방서 관리를 철저히 하여 쥐나 곤충의 침입을 방지한다.

⑦ 식품은 반드시 전용 용기에 넣어 뚜껑을 덮고 용도별로 구분 보관하여 교차오염을 방지한다.

2) 온도

· 식품의 저온유지

① 냉동식품은 실온에서 해동하지 말고 냉장해동 및 유수해동 등을 한다.

② 냉각 시에는 소량씩 소분하여 얼음용기나 급속냉각기 등을 이용하여 저온에서 신속히 냉각한다.

③ 식품특성에 따라 냉장식품은 0~10℃(5℃ 이하 권장), 냉동식품은 -18℃ 이하로 보관·유통·판매 등 전 과정에서 온도 등 보관기준을 준수한다.

· 가열에 의한 살균

① 식품의 중심부까지 충분히 익을 수 있도록 75℃(어패류는 85℃)에서 1분 이상 가열처리하고 가열 후 식품은 맨손으로 접촉하지 않는다.

② 먹다 남은 식품은 먹기 전에 반드시 다시 가열처리하여 섭취한다.

3) 신속한 처리

① 원재료는 소량씩만 꺼내어 신속하게 조리한다.

② 조리가 끝난 식품은 될 수 있는 한 신속히 섭취하고 바로 사용하지 않을 경우에는 즉시 냉장보관한다.

③ 대부분의 세균은 실온에서 빨리 증식하므로 모든 식품은 실온에서 2시간 이상 방치하

지 않도록 한다.

※ 식중독 예방 3대 요령	
손 씻기	손은 30초 이상 세제(비누 등)를 사용하여 손가락, 손등까지 깨끗이 씻고 흐르는 물로 헹구기
익혀 먹기	음식물은 속까지 충분히 익혀 먹기(중심부 온도 : 75℃(어패류는 85℃), 1분 이상)
끓여 먹기	물은 끓여서 마시기

3.5. 바이러스성 식중독

바이러스성 식중독이란 바이러스에 오염된 식품을 경구적으로 섭취하여 위장염 증상을 일으키는 건강상 장해를 말한다. 유아에서 성인까지 전 연령층에 감염성 위장염 증상을 나타내며 주요 원인 바이러스는 Norovirus이고 그 외 Rotavirus, Astrovirus 등이 있다.

· 원인균

원인 바이러스는 Norovirus이고 크기가 매우 작고 외가닥의 RNA를 가진 껍질이 없는(non-envelop) 바이러스이다(그림 3-11). 미량의 균으로도 감염이 가능하고 2차 감염으로 집단 식중독이 발생할 가능성이 높다.

동물이나 세포배양으로는 배양되지 않고 사람의 장관 내에서만 존재하고 있기 때문에 검출법, 소독효과, 감염형 등과 같은 분석법 연구에 어려움이 있다.

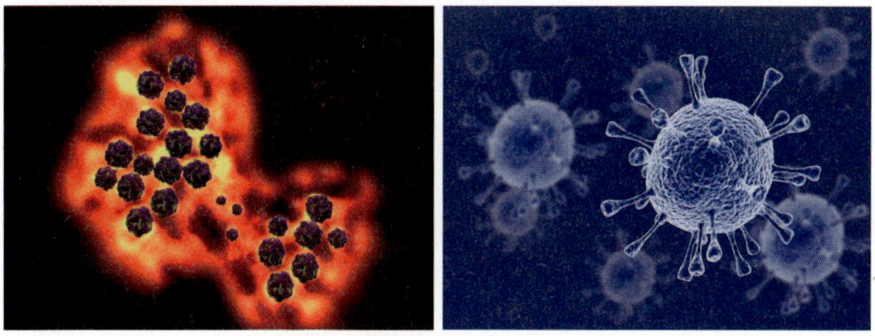

그림 3-11 노로바이러스

· **잠복기**

일반적으로 식품을 섭취하고 24~48시간 후 발병된다.

· **중독증상**

오심, 구토, 설사, 복통, 두통, 미열 등 세균성 식중독과 유사한 증상을 보이고 대부분 1~2일 이내에 회복되지만 고위험군인 어린이, 노인, 면역력이 약한 사람의 경우는 구토와 설사 등으로 인한 심한 탈수증상으로 사망에 이르게 될 수도 있다.

· **오염원**

사람의 장관 내에서 증식하기 때문에 주로 환자나 보균자의 분변이나 구토물과 함께 배출되어 오염된 물, 식품을 섭취했을 때 감염이 된다. 감염력이 강하고 사람을 통해 쉽게 전파되어 오염된 물건 등을 접촉한 손으로 입을 만지거나 환자를 간호할 때, 식품, 물건 등을 함께 사용했을 때도 2차 오염에 의해 발생된다.

· **발생상황과 원인식품**

Norovirus는 1968년 미국 오하이오주 노워크(Norwalk)에 있는 초등학교에서 발생한 집단 위장염환자의 분변으로부터 처음 분리되어 Norwalk virus로 불리었고 작고 둥근모양의 형태적 특성으로 소형 구형 바이러스(small round structure virus, SRSV)로도 불리다가 2002년 8월에 국제바이러스명명위원회에서 Norovirus로 명칭이 통일되었다.

대부분의 세균은 기온이 낮으면 번식력이 떨어지지만 Norovirus는 낮은 기온에서 오히려 활동이 활발해져 우리나라 겨울철 식중독의 주된 원인이 되고 있다.

원인식품은 주로 패류, 샐러드, 과일, 냉장식품, 샌드위치, 상추, 냉장조리 햄, 빙과류 등의 식품과 물에 의해 주로 발생된다. 특히 사람의 분변에 오염된 물이나 식품에 의해 발생된다.

· **예방법**

세균성 식중독의 예방법을 기본으로 하고 주요하게는 감염자의 분변, 구토물에 접촉하지 않으며, 접촉한 경우에는 충분히 세척하고 소독을 하여야 한다. 과일과 채소는 철저히 세척하며, 굴 등의 어패류는 중심온도 85℃에서 1분 이상 가열 후 섭취한다. 질병 발생 후 오염된 표면은 소독제로 철저히 소독하고 바이러스에 감염된 옷과 이불 등은 즉시 비누를 사용하여 뜨거운 물로 세탁하여야 한다.

3.6. 화학성 식중독

최근 급격한 경제성장과 더불어 생활의 향상과 식품산업이 크게 발달되어 각종 식품의 대량 생산이 가능하게 되었다. 이에 따라 예전의 자가제품의 소규모의 식품가공과 저장에 필요한 이상으로 각종 기술이 발달되어 식품의 보존성, 영양성, 미관성, 유통성 등을 고려한 보다 나은 제품을 생산하고자 여러 가지 화학물질을 식품첨가물로 사용하게 되는데 이중 인체에 큰 피해를 주는 경우가 있다.

이러한 화학물질에 의한 식중독의 발생은 세균성 식중독에 비하면 훨씬 적지만 이것이 일단 발생하면 대규모로 되는 경우가 많다. 더욱 환자에 후유증을 남기는 일이 있어 비참한 결과를 초래하는 일이 있다.

사실상, 화학물질에 의한 식중독의 발생은 계절과 관계가 없고 특정 다발성 식품도 없다. 화학물질에 의한 식중독은 유해물질이나 식품 중에 고의 또는 무지, 부주의, 기타 원인으로 혼입되어 일어나는 일이 대부분이기 때문에 그 예방대책은 소비자에게 요구할 수 없는 일이 많고 식품의 제조·가공·조리업자, 그 식품을 취급하는 사람들의 준법정신, 위생지식의 향상 그리고 올바른 위생관리의 철저와 무엇보다도 양심적인 생활 자세에 기대할 수밖에 없다.

화학물질에 의한 식중독의 발생원인을 보면 다음과 같다.

1) 의도적으로 식품에 첨가한 경우

① 허가받지 않은 유해성 식품첨가물 등

2) 비의도적으로 식품에 혼입되는 경우

① 식품제조·가공·조리 중 부주의나 오인 등으로 혼입

② 기구, 용기·포장에서 용출

③ 식품제조·가공·조리 및 보존 중 생성

③ 잔류농약

④ 기타 환경오염에서 기인

중독증상을 유발하는 화학물질은 매우 광범위하고 그 발생원인도 다양하지만 이 장에서는 주로 급성 또는 아급성의 식중독을 일으키는 물질에 대해서 기술하고 환경오염에서 기인하는 유해물질에 의한 중독은 6장에서 다루기로 한다.

3.6.1. 허가받지 않는 유해성 식품첨가물

1) 유해 보존료

식품위생법에서는 식품의 보존에 사용하는 보존료의 사용은 엄중하게 규제되고 있어 현재 우리나라에서는 13종이 허가되어 있으며 이는 대상 식품과 사용량과의 엄중한 기준이 설정되어 있다. 그러나 일부 업자에 의해서 허가받지 않는 유해 보존료가 사용되는 일이 있었으며 경제적으로 값싸고 소량으로 보존 효과를 나타내는 것으로 몇 가지 부정 사용되는 보존료는 다음과 같은 것이 있다.

· 붕산(H_3BO_3, Boric acid)

붕산은 연고로서 창상의 치유에 널리 사용되고 있는 것으로 예로부터 햄, 베이컨 등의 육가공품, 우유, 유제품, 마가린, 어묵 등에 사용되는 일이 있다. 급성중독은 1~3 g, 증상은 구토, 설사 등으로 허탈에 빠지는 경우도 있다. 치사량은 성인이 약 20 g, 소아는 약 5 g으로 되어 있으나 연속 섭취에 의해서 체내에 축적해 소화효소의 작용을 방해하여 식욕감퇴, 소화불량을 일으키고 또한 영양소의 동화를 막고 지방의 분해를 촉진해서 체중의 감소를 일으킨다. 붕산의 보존력은 비교적 약하므로 다량으로 사용되는 일이 있다.

· Formaldehyde(HCHO)

여러 가지 표본의 보존에 formalin(HCHO의 수용액)이 사용되고 있는 것으로 보존력이 강하다. 주류, 육, 육가공품, 우유, 유제품, 간장 등에 부정 사용된 일이 있으며 합성플라스틱 용기(요소수지 등)에서 검출이 큰 문제가 되어 규제대상이 되고 있다. 중독증상은 두통, 현기증, 호흡곤란 등을 일으키고 소화작용을 저해하여 소화기관을 해치고 구토를 일으킨다.

· Urotropin(Hexamethylene tetramine)

Formaldehyde와 암모니아의 반응생성물인 백색분말 결정으로 물에 녹기 쉽다. 이것도 formalin과 같이 식품의 보존료로서 사용되는 일이 있다.

· 승홍(염화 제2수은, $HgCl_2$)

강력한 살균력을 이용하여 의약품(소독약)으로서의 가치가 있으나 보존력도 강하므로 주류, 기타 식품의 보존료로서 몰래 사용되는 일이 있다. 그러나 독성이 강하여 치사량이 0.5 g이므로 매우 위험하다. 급성중독이 되면 구토, 복통, 경련 등을 일으키고 장 및 방광의 점막이 침해된다. 만성중독의 경우에는 신장장애, 구내염, 반상치를 생성하고 뼈의 성장에 악영향을 끼친다.

· β-Naphthol

곰팡이의 발육 저지력이 강하고 간장의 표면에 생기는 흰 효모(*Zygosaccharomyces*)를 방지하는 데 사용되는 일이 있었으나 독성이 강하므로 현재는 사용이 금지되고 있다.

신장을 해치고 단백뇨를 일으킬 위험이 있다. 고양이에 0.1 kg을 경구투여하면 수 시간 내에 죽는다고 한다.

- **Thymol**

무색의 결정으로 특유의 취기와 자극성의 맛을 가진다. 다량 섭취하면 석탄산 중독과 같은 증상을 나타낸다. 독성은 석탄산의 1/10 정도이다.

- **로단 초산 ethylester($CH_3COOC_2H_5$)**

간장의 곰팡이 방지에 효과가 있으나 독성이 상당히 강하고 첨가하면 좋지 않은 냄새가 생겨 실용상의 결함이 인정된다.

2) 유해 인공착색료

식품의 인공착색에 사용하는 색소는 독성의 유무에 문제가 있으므로 엄중한 규제가 실시되고 있다. 식품의 착색료로서는 착색력이 좋고 빛, 열, 산, 알칼리 등에 강하며 값이 싼 것을 원하고 있다.

현재 우리나라 식품위생법에서는 29종의 색소가 허가되고 있으나 전술한 바와 같은 조건을 모두 충족시키는 것은 거의 없으므로 가끔 허가되지 않은 부정 착색료가 사용되는 것으로 다음과 같은 것이 있다.

- **Auramine**

염기성의 황색색소로 자외선 하에서 선명한 황색의 형광을 발생한다. 빛, 열에 안정하므로 아주 광범위하게 사용되었다.

일찍이 단무지의 착색료로서 널리 사용되었으나 독성이 강하여 사용이 금지되었다. LD_{50}=0.48 g/kg(쥐에게

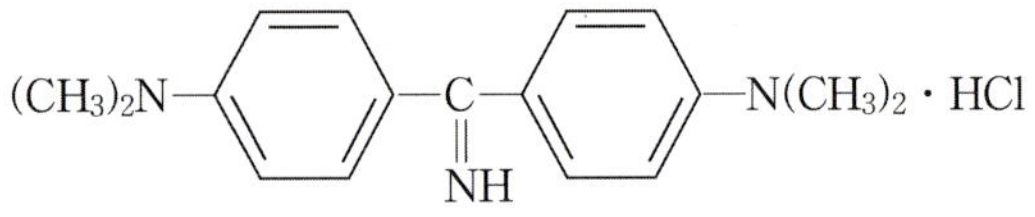

Auramine

경구투여할 경우)으로 나타났으며 만성독성도 강하여 간장에 대한 발암성이 의심되고 있다.

이 색소는 열, 빛에 안정하고 색이 흐르지 않으므로 단무지나 과자류, 면류, 카레분 등에 사용되었다.

체내흡수가 높고 다량을 섭취하면 20~30분 후에 두통, 심계항진, 맥박감소, 의식불명을 일으킨다.

· Rhodamine B

분홍빛의 염기성 색소로 auramine과 같이 쉽게 구입되므로 과자나 붉은 생강, 어묵, 과자 등에 부정으로 사용되는 일이 있었다. 자외선 조사에 의해 등적색의 형광을 발생한다. 급성독성으로는 전신착색, 색소뇨 배출(혈뇨로 착각하는 일이 있다) 등을 일으키고 치사량은 0.1~0.2 mg/kg(쥐 투여)에 이른다. 전신 착색은 0.1 g/kg에서 일어난다. 만성독성도 강하므로 식용에 이용하는 것은 위험하다.

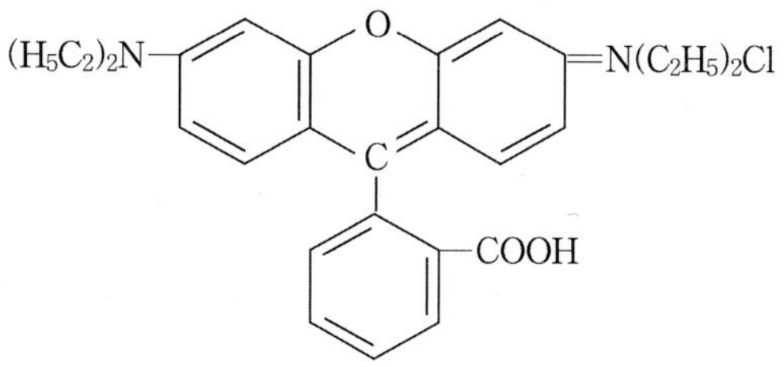

Rhodamine B

· 기타

p-Nitroaniline(황색, 과자), picrinic acid(황색) 등의 화학약품이나 silk scarlet(등적색, 대구알젓), methyl violet(자색), butter yellow 또는 spirit yellow 등의 발암성 유해 착색료가 사용된 일이 있고 고춧가루를 붉게 착색하기 위해 sudan III가 자주 사용되었다.

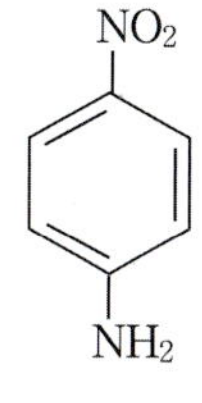

p-Nitroaniline

이 외에도 불허용 유해 착색료로는 orange II, methylene blue, malachite green, crystal violet, gentian violet, bismark brown 등이 있으며 한때 사용되다가 유해한 것으로 판명되어 사용금지된 orange I, orange SS, ponceau SX, oil red XO, naphtal yellow S, yellow OB, yellow AB, guinea green B, light green, SF yellowish, acid violet GB 등이 있다.

이들 tar색소는 그 독성이 다르나 일반적으로 장기, 혈액, 신경계에 대하여 독성을 나타낸다. 급성은 물론 만성중독에서도 발암성과 장기에 대한 만성적 장해를 일으키는 문제점이 있다.

3) 유해 표백료

유해 착색료와 마찬가지로 유해 표백료도 많이 쓰이고 있다.

· Rongalit

채소류에서 감자, 연근, 우엉 등에 가끔 표백하기 위해 rongalit가 사용되는 일이 있었다. Rongalit는 산성아황산나트륨과 formalin을 작용시킨 후 환원해서 만들어진 표백료이다. 원래는 발염제로 사용되는 공업용 약품인 것을 물엿이나 연근 등 식품 표백에 이용하여 문제가 되었다. Rongalit의 표백작용은 아황산보다 강하나 이것을 사용한 식품 중에는 아황산과 다량의 formaldehyde가 잔류하여 독성을 나타낸다.

· Nitrogen trichloride(NCl_3)

자극성이 있는 휘발성 액체로 미국에서 밀가루의 표백과 숙성에 사용되었으나 개 사육에 사용 후 히스테리 증상을 보여 현재는 사용이 금지되고 있다.

· 형광염료

압맥, 국수, 어육제품 등의 표백료로 사용된 적이 있으나 독성문제로 지금은 사용이 금지되었다. 형광염료의 경우 독성이 충분히 밝혀지지 않았지만 독성이 큰 것으로 알려지고 있다.

· 과산화수소(H_2O_2)

어묵이나 국수류의 표백료 및 살균제로 제한없이 사용됨으로써 잔류가 문제가 되었다. 살균제로는 허가되어 그 사용기준이 정해져 있지만 표백료로는 허가되어 있지 않은 식품첨가물이다.

4) 유해 인공감미료

경제사정이 좋아지게 됨에 따라 기호품의 생산 중 단맛이 든 식품의 증가는 어느 식품보다도 많아지게 되었다. 단맛이 나는 식품으로는 설탕, 포도당, 과당, 감미료에는 사카린나트륨, 아스파탐, 글리실리친산나트륨, 글리실리친산3나트륨 등이 있다. 단맛을 주는 여러 가지 기호품의 선호도는 점차 증가되고 있으나 설탕의 과잉섭취는 오히려 문제점이 많아 인공감미료의 필요성이나 의의도 변화되고 있다. 최근에는 다이어트차원에서 또 다른 변화를 주고 있으며 설탕의 대용품으로 각종 감미료가 출현되어 이로 인한 중독사고도 많이 발생하게 되었다.

· Dulcin

설탕의 250배의 감미를 가지며 가열에 강하고 여러 나라에서 많이 사용되어 왔으나 독성관계로 사용이 취소되었으며 우리나라에서도 1966년 11월 이후 사용이 금지되었다.

섭취 후 혀에 불쾌한 느낌이 남으며 소화효소에 대한 억제작용이 있고 분해 시 *p*-aminophenol이 혈액 속에 생겨 혈액에 독작용을 일으켜 중추신경계에 자극을 주는 것으로 알려져 있다.

동물실험 결과 간종양(liver tumor)을 일으키거나 적혈구의 생산을 억제한다는 사실이 밝혀졌다.

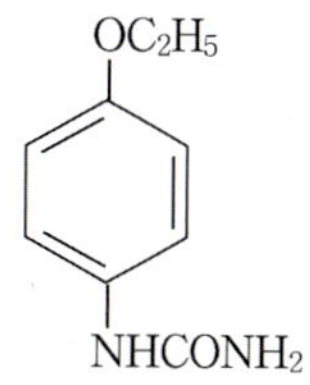

Dulcin

· Cyclamate

Sodium cyclamate와 calcium cyclamate가 있으며 설탕의 약 40배의 감미를 가지고 있다. 설탕에 가까운 맛을 나타내어서 거의 모든 가공식품에 사용되어 왔으나 발암성 문제로 각국에서 사용이 금지되었고 우리나라에서도 널리 사용되어 왔으나 1970년부터 사용이 금지되었다.

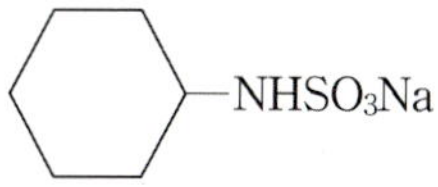

Sodium cyclamate

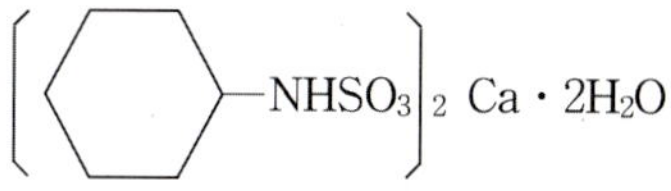

Calcium cyclamate

Cyclamate는 가수분해되어 발암성인 cyclohexylamine을 생성한다.

· *p*-Nitro-*o*-toluidine

본래 색소의 원료로서 설탕의 200배의 감미가 있어 설탕이 부족되었던 시기인 제2차 세계대전 후 일본에서 사용되어 많은 중독사고를 일으켜 살인당이라고까지 불리어졌다. 독성이 강하여 섭취 2일 후에 위통이 일어나고 4일 후에 사망한 예도 있다. 증상은 섭취 후 2~3일 후 나타나며 위통, 식욕부진, 구역질, 권태, 미열 및 황달증상을 일으키고 혼수상태에 빠진 후 사망한다.

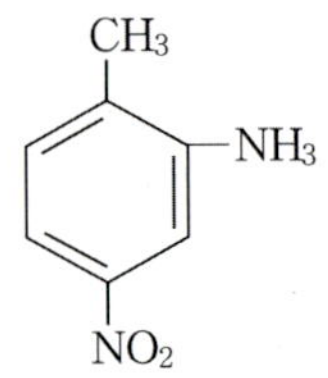

p-Nitro-*o*-toluidine

· Ethylene glycol

본래는 자동차의 엔진 냉각용수의 부동액으로 사용되는 액체인데 물에 타면 단맛이 있고 알코올처럼 취하는 느낌이 있어 설탕이 부족할 때 식혜, 팥앙금 등의 감미료로 사용된 적이 있었다. 이것은 체내에서 산화되어 oxalic acid가 되고 이 염류가 뇌나 신장에 축적되어 신경장해 등의 중독증상을 일으킨다.

· Peryllatine

자소유중의 성분인 peryllaldehyde에서 추출되며 설탕의 약 2,000배의 감미를 가진 것으로서 이 화합물은 oxime기를 가지고 있어 불안정하므로 쉽게 aldehyde로 분해되며 동물실험 결과 신장을 자극하며 염증을 일으킨다.

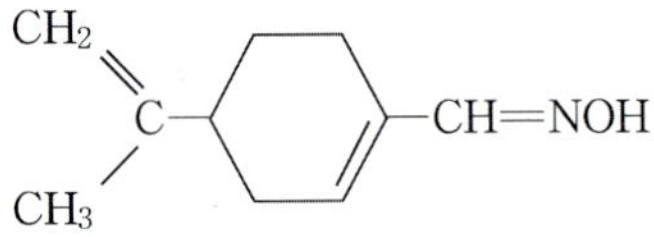

Peryllatine

5) 증량제

Ca-carbonate, Na-carbonate, Al-silicate, kaolin, 산성백토, bentonite 등은 곡분, 설탕,

어분, 향신료 등에 증량제로 사용되어 과량으로 섭취하면 소화불량, 설사, 구토, 복통 등 위장염 증상을 일으킨다.

6) 기타

· Methyl alcohol(CH_3OH)

무색의 액체로 주류의 대용으로 사용되며 많은 중독사고가 발생되었으며 현재는 주류의 methyl alcohol 함유량은 보통 0.5 mg/mL(과일주만은 1.0mg/mL) 이하로 규제하고 있다. Methyl alcohol은 알코올 발효과정에서 pectin으로부터 생성되기 때문에 포도주, 사과주 등의 주류나 정제가 불충분한 ethyl alcohol이나 증류주에 미량씩 함유되어 있다.

중독증상은 섭취한 후 수 시간 내에 두통, 현기증, 복통, 설사 등을 일으키고 특히 시신경장해에 의해서 눈에 염증을 일으켜 실명의 원인이 된다. 중증인 경우에는 마취상태에 빠지고 호흡장애나 심장 쇠약에 걸려 사망하게 된다.

Methyl alcohol의 독성은 체외로의 배설과 체내에서의 산화가 느려서 formalde-hyde와 formic acid 등이 생성되기 때문에 산독증을 일으키고 시신경세포에 formic acid가 영향을 미친다.

· 4-에틸납(Tetra ethyl lead)

Antiknocking제로 사용되는 것으로 음용 알코올에 혼입되어 중독사고가 일어난 경우가 있다.

3.6.2. 부주의 및 오인, 환경오염 등에 의해 혼입된 유해물질

중금속, 잔류농약, 염소화합물 등의 유해물질들이 환경오염, 기계설비의 결함, 기술부족 또는 시설을 과신하여 부주의한 위생관리나 사용 시 오인 등으로 인하여 중독사건이 발생하고 있다.

1) 유해 금속류

유해 금속류는 식품의 제조, 가공, 포장에 의하여 오염된 식품을 섭취했을 때 중금속염들이 체내에 잔류 축적되어 중독현상을 일으킨다. 식품위생상 유해금속으로 문제가 되는 것은 비소, 납, 구리, 주석, 수은, 아연, 안티몬, 카드뮴 등이다(표 3-4).

표 3-4 유해성 금속에 의한 중독 증상

금속명	주된 화합물명	주된 중독경로	중독증상	발생시간
Cu	황산구리, 녹청	첨가물, 식기, 용기	구토(토물은 청록색), 위통	수분~2시간
Zn	아연도금, 염화아연	식기, 용기, 오용	오심, 설사, 구토, 복통	1~2시간
Cd	카드뮴의 각종 염류	식기, 용기, 오용	오심, 구토, 경련, 설사	15~30분
Pb	4-에틸납, 비산납	기구, 오용	복통, 구토, 설사, 만성중독	30분 이상
As	비산, 아비산, 비산납	농약, 첨가물	위통, 설사, 구토, 출혈	10분 이상
Sb	주석제 식기, 토주석	식기, 오용	구토, 설사, 출혈	수분~1시간
Hg	승홍, 유기 수은제	오용	구토, 복통, 설사, 전신경련	2~30분
Bi	아질산, 비스머스	식기, 오용	구내염, 장염	1~2시간
Ba	염화바륨, 탄산바륨	오용	구토, 설사, 복부경련	1~2시간

· 비소(As, Arsenic)

비소는 수은과 함께 그리스, 로마시대로부터 의약으로서 사용되어 온 오랜 역사를 가진 중금속으로 유리 제조, 안료, 보존료, 살충제, 농약 등으로 널리 사용되어 왔다.

오염경로는 식품 제조·가공 중 부주의가 원인이 되기도 하고 살충제, 쥐약 등으로 사용되던 것을 밀가루 등으로 오인하여 중독되는 예도 있으며, 비소화합물을 살포한 채소류를 잘 씻지 않고 섭취했을 때 중독이 일어나기도 한다.

비소화합물의 종류는 비산($H_3AsO_4 \cdot 1/2H_2O$), 아비산(As_2O_3), 비산납($PbHAsO_4$), 비산칼슘($Ca_3(AsO_4)_2$) 등이 있으며 화합물의 형태에 따라 독성이 크게 다른데 물에 녹아서 아비산으로 된 3산화비소(As_2O_3)는 인간의 최소치사량이 70~180 mg으로 무기화합물 중 가장 독성이 강하다.

중독증상은 37~38℃의 발열을 수반하며 식욕부진, 설사, 구토 등의 위장증상과 탈모, 흑피증, 각화증 등의 피부증상, 운동저하, 신경염 등의 신경증상 등이 나타난다.

※ **비소 맥주 중독사건**

1901년 영국에서 발생한 맥주 중독은 비소가 수백 ppm 함유된 포도당을 원료로 사용했기 때문에 제품인 맥주에 비소가 5~15 ppm 혼입되었다. 환자발생은 6,000명 이상이었고 70명 이상의 사망자가 발생하였다.

※ **비소 조제분유 중독사건**

1955년 일본에서 발생한 조제분유에 의한 유아의 비소 중독은 산도가 높은 원유로부터 분유를 제조할 때 유질안정제로 사용하는 인산나트륨(sodium phosphate)에 비소를 다량으로 함유한 불결한 약품을 사용했기 때문에 일어난 것이다. 이 약품중의 비소 함량은 As_2O_3로 환산해서 5~8%이며 사고를 일으킨 분유 중에는 21~35 ppm의 비소(As_2O_3로 환산)가 함유되어 있었다. 이 때문에 출생 후 2개월에서 2살 된 중독아는 2~5 mg/일의 비소를 섭취한 것이 된다. 중독량은 성인 5~150 mg, 극량은 1일 15 mg으로 되어 있으므로 체중을 고려하면 다량의 비소를 섭취한 셈이 된다.

· **납(Pb, Lead)**

납은 독성이 강한 중금속으로서 토양 등 자연에 광범위하게 함유되어 있는 원소로 보통 우리들이 섭취하고 있는 식품 중에도 납은 함유되어 있다.

오염경로는 농약, 도료, 안료 및 도자기, 옹기류, 법랑의 유약, 통조림 등 금속관의 납땜한 이음새 부분이나 상수도 납관 등에서 용출되면 음료수 및 식품 등에 이행되어 중독을 일으킬 가능성이 있다.

체내에서의 흡수율은 소화관에서 5~10%, 기도를 통해 흡입된 경우는 50%이다. 따라서 납은 주로 호흡기로 흡수되며 그 외에 오염된 물을 마시거나 식품을 섭취하여 소화기를 통해 흡수된다. 흡수된 납은 간에 들어가 대부분은 담즙에서 대변으로 배설되지만, 배설되지 않은 것은 혈액에 들어가 뼈 등의 경조직에 축적된다. 뼈에 침입한 납은 축적성이 커서 미량 오염이라도 장기간 노출되면 만성중독에 이를 수 있다. 뼈에 축적되지 않은 납이 혈액 중에 들어가 혈중 납농도가 높아지면 골수에 대하여 독성을 나타내고 혈중농도가 400 mg/mL(정상치 100~300 mg/mL)을 넘으면 빈혈 등의 혈액 장해를 일으킨다.

납 중독은 전신권태, 두통, 피로감, 식욕부진 등이 나타난 후 변비, 납산통(배꼽 주변 복부의 찌르는 듯한 통증), 납창백(모세혈관의 수축에 따라 얼굴이 창백), 치은부 청회색선(연록 ; 잇몸 가장자리가 황화납에 의해 흑자색으로 착색), 조혈계통 장애로 적혈구 감소, 빈혈 등의 전형적인 증상이 나타나며, 급성중독으로 발생하는 경우는 거의 없고 만성중독이 대부분이다.

· 구리(Cu, Cupper)

구리는 인체에 필수적인 무기질이나 다량 섭취하면 중독을 일으킨다. 1회 섭취량이 0.5 g 정도이면 중독되며 치사량은 15~20 g 정도이다.

오염경로는 습기나 탄산이 많은 곳에서 구리제 식품용 기구·용기가 부식되어 발생한 유독성 녹청($Cu(OH)_2$, $CuCO_3$)이 식품에 이행되어 중독을 일으키는 경우가 많고 채소의 착색제로 사용되는 황산구리($CuSO_4$), 구리 chlorophylline염 등에 의하여 또는 과수 등에 살포되는 bordeau액($CuSO_4$)이 과일의 표피에 잔존할 때 중독이 일어나게 된다. 급성중독의 경우 메스꺼움, 구토, 발한, 다량의 타액분비, 복통, 현기증, 호흡곤란 등의 증상이 일어난다.

· 주석(Sn, Tin)

주석은 통조림관 내면을 도금하는데 사용되는 금속물질로서 주로 과일, 채소 주스의 통조림에서 주석이 용출되어 중독되는 경우가 발생한다. 그 원인으로는 사용된 식품이나 물에 질산염이 많이 함유되어 있으면 주석이 과일, 채소 중의 유기산과 물에 녹기 쉬운 착화합물을 형성하여 용출되기 쉽게 된다. 주석은 다른 금속에 비해 독성이 약하지만 알킬화 주석화합물은 수용성이기 때문에 인체에 빨리 흡수되므로 매우 유독하다고 한다.

통조림 주스의 경우 용출되는 주석의 최대허용량은 미국은 300 ppm, 영국은 250 ppm, 우리나라와 일본은 150 ppm 이하로 규정하고 있다.

중독증상은 구역질, 구토, 설사, 권태감 등이 나타난다고 한다.

· 수은(Hg, Mercury)

수은은 무기수은과 유기수은으로 나뉘는데 무기수은의 승홍(염화제2수은 ; $HgCl_2$), 감홍($HgCl$)은 주로 소독약으로 많이 사용하고 유기수은은 알킬수은(메틸수은, 에틸수은)이다. 무기수은은 생태계 내에서 적절한 조건이 되면 유기수은으로 상호변환이 되기도 한다.

오염경로는 식품의 보존료로 부정하게 사용되기도 하고 수은제 농약 등이 살포된 사료를 젖소가 섭취할 경우 우유에 수은이 침착되어 인체에 중독되는 경우도 있다. 또한 유기수은을 취급하는 화학공장의 폐수에 의하여 농작물, 수산물, 축산물이 오염되는 경우가 있다.

승홍의 경우 치사량은 0.5 g이고 감홍의 치사량은 0.1~0.2 g이다. 동물에 대한 급성독성에서 보면 유기수은과 무기수은은 그다지 독성에 차이를 나타내지 않는다. 유기수은은 Minamata병의 원인이 되기 때문에 매우 독성이 강한 물질이라는 인상이 강한데 무기수은의 독성도 무시할 수 없다.

※ Minamata병

1953년경부터 일본의 Minamata시의 어촌부락에서는 원인불명의 중추신경질환이 발생하기 시작하였다. 이 질병은 주로 Minamata시에서 잡은 어패류를 장기적으로 섭취한 어민과 그 가족에게 발생한 것이다. 증상은 사지말단의 지각이상과 마비, 보행장해, 현기증, 언어장해 등이 있는데 더 진행하면 구심성시야협착, 난청, 연하곤란 등이 나타난다. 또 이 병은 6개월 정도 후 최고에 달해 사망하든가 혹은 후유증이 남아 완전히 회복하는 것은 곤란하며, 환자의 대부분은 후유증으로 고통을 받는다.
Minamata병의 원인물질은 그 후 연구에 의하여 메틸수은임이 밝혀졌다. 이 물질은 Minamata시에 있는 화학공장에서 비닐화합물의 제조공정 중 촉매로 사용한 무기수은화합물로부터 생성되어, 그 하수 중에 함유되어 이것이 어패류 중에 이전 농축된 것이 밝혀졌다.
1965년에는 일본 Sakanogawa지역에도 원인불명의 신경질환이 발생하였는데, 당시는 하구 근처의 농협창고 내에 있던 농약의 수은제(페닐수은)가 지진에 의해 건물이 파괴될 때 대량으로 유출되었기 때문이 아닌가 하는 설도 있었는데 증상이 페닐수은이 아니라 메틸수은인 점, 환자의 모발 등에 축적된 것이 페닐수은이 아니라 메틸수은인 점, 또 발생분포가 하구와 상류 쪽에서도 발견된 점, 하천 바닥의 수은축적이 상류의 공장 배수구에서 계속되고 있다는 점 등의 이유에서 원인은 공장폐수 중의 메틸수은이라는 것이 확정되었다.
그러나 Minamata병의 원인물질이 결정되었어도 환자의 치료법이 확립되지 않아서 지금까지 중증자는 병상에서 신음하고 있다. 현재 대기오염, 수질오염 등 인명과 관계있는 공해가 각지에서 발생하여 큰 사회문제가 되고 있다.

중독증상은 유기수은은 무기수은에 비해 장관에서의 흡수가 95% 정도로 매우 좋으며 지용성으로 쉽게 중추신경계로 들어가기 때문에 중추신경의 이상증상이 나타난다. 즉 지각이상, 시야협착, 난청, 언어장해, 말초신경마비, 보행곤란, 정신장해 등의 신경장해 증상을 일으키며 신경에 관한 장해 이외에는 특이할 만한 증상은 없다. 한편 무기수은의 장관흡수율은 약 10%인데 장기간 대량으로 섭취하면 전신권태감, 식욕부진, 두통 등의 일반 증상이 나타나며 구내염, 신장장해, 정신불안정 등이 일어난다.

· 카드뮴(Cd, Cadmium)

카드뮴은 독성이 매우 강한 중금속으로 공업용 기구나 기계, 생활용품에 널리 이용되어 환경 및 식품 오염을 유발시키고 있다.

오염경로는 각종 기구, 용기의 도금에 사용되어 이들로부터 카드뮴이 용출되어 중독이 일어나기도 하고 카드뮴 공장의 폐수에서 오염된 음료수를 장기간 섭취하거나 오염된 토양에서 자란 농작물의 섭취로 심각한 중독증상을 나타내어 사회적으로 문제가 되기도 하였다.

카드뮴의 장관흡수율은 5% 정도라고 생각되며 체내에 들어온 카드뮴의 1/2~1/3은 간장과 신장에 축적된다. 신장의 카드뮴 축적량이 증가하면 신장의 기능장해가 발생한다. 치사량은 명확하지 않으나 0.03 g으로 중독을 일으킨다.

※ Itaiitai병

일본에서 발생한 병으로 환자는 40세 이상의 출산횟수가 많은 여성 고령자에게 많이 발생했다. 처음에는 어깨, 허리, 무릎 등에 신경통을 호소하며 경과는 매우 완만하지만 점차 진행하여 뼈의 만곡, 변형을 일으켜 보행 불능이 되고 조그마한 충격에도 골절되기 쉽다. 전신에 통증이 퍼져 몸을 약간 움직이거나 기침을 해도 통증을 호소하게 되는데 최후에는 「이타이 이타이(아프다, 아프다라는 뜻)」라고 고통 받으며 죽는 대단히 비참한 병이다.

원인은 광산에서 배출된 카드뮴을 함유한 현탁 입자가 하천으로 들어가 그 물을 사용한 논을 오염시키고 여기에서 생육된 쌀이 카드뮴에 오염되어 이 쌀을 섭취한 사람에게 중독되는 것이라고 생각된다.

중독증상은 가용성 카드뮴을 섭취하였을 경우에는 구토, 설사, 복통, 허탈, 의식불명이 되고 만성중독의 경우는 신장장해, 뼈의 병변으로 골연화증 등을 일으키는 것이 특징이다. 또 카드뮴 대사에 이상이 생긴다. 영양학적으로 카드뮴 결핍상태이거나 임신, 수유 혹은 노령 등 카드뮴의 수요가 높아지는 상태에서 카드뮴을 빼앗기면 중독증상이 악화된다. 카드뮴에 의한 급성중독은 드물며 대개 만성중독이 일어난다.

• 아연(Zn, Zinc)

아연은 철, 알루미늄, 구리 다음으로 많이 생산되어 사용되고 있다. 체내에서는 철 다음으로 많이 존재하며, 여러 생체 내 과정에서 중요한 역할을 하는 미량 필수원소이다. 독성은 그다지 강하지 않지만 필요량 이상 과잉되면 중독을 일으킬 수 있다.

아연을 도금한 기구나 용기에서 아연이 용출되어 중독을 일으키는 경우가 있다. 아연이 함유된 용기에 주스류와 같은 산성식품을 담을 경우 아연이 침식해서 아연염으로 되어 식품에 혼입되어 중독되거나 물을 담은 아연 용기를 끓이면 산화아연(ZnO)이 되고 이것이 위 내에서 염화아연($ZnCl_2$)으로 되어 중독을 일으키기도 한다. 그 예로 아연도금 양동이에 보관하고 있던 유산균 음료를 섭취하여 중독된 사건이 일본에서 발생하였다.

급성중독량은 400~500 mg/kg 정도이고 치사량은 3~5 g이다. 급성중독증상은 30분~1시간에 복통, 구토, 설사, 구역질, 경련 등을 일으킨다.

• 안티몬(Sb, Antimony)

안티몬에 의한 식중독은 많지 않으나 법랑, 도자기 등의 착색제로 안티몬 안료를 사용하므로 식품에 오염될 가능성이 크고 식품 중에 유기산과 반응하여 주석산칼륨안티몬과 같은 가용성 염이 생성되어 중독되기도 한다. 안티몬은 3가(Sb^{3+})가 독성이 강하며 0.06 g 이상 경구투여하면 곧 구토가 일어난다. 치사량은 0.12~1 g 정도이다.

중독증상은 구역질, 구토, 설사, 경련 등이며 심하면 심장마비로 사망하기도 한다.

2) 잔류농약

농약은 초기에는 무기물과 천연물이 주류를 이루고 있었는데 1945년경 DDT나 parathion이 시장에 등장하면서 유기합성농약의 시대로 접어들었다.

본격적으로 농약이 사용된 이후 해충의 구제나 농산물 증대 등에 기여했지만, 각종 농약을 많이 사용함에 따라서 자연 환경의 파괴뿐만 아니라 농약에 의한 중독 사고가 많이 발생하고 있다. 대부분 농약을 잘못 사용하거나 살포한 농약류가 잔류되어 물, 토양 등의 환경을 오염시키고 다시 어패류 및 기타 다른 생물에 이행, 농축되어 중독이 발생하기도 한다.

농약은 거의 유기화합물이므로 무기화합물보다 인체조직에 보다 쉽게 흡수, 축적되는 반면에 그 분해속도나 체외로 배설되는 속도가 느려서 체내에서 독성이 제거되기는 어렵다. 따라서 미량이라도 인체에 축적되므로 오염된 식품의 장기간 섭취로 인한 만성중독에 대한 피해는 무시할 수 없다.

농약은 등록 시 대상작물과 안전사용기준(사용기간, 사용량, 횟수 등)이 정해져 있다. 이것은 독성시험으로 얻어진 최대무작용량에서 산출한 ADI(1일 섭취 허용량)를 기초로 정해진 「잔류허용기준」을 초과하지 않도록 실험적으로 결정된다(그림 3-12).

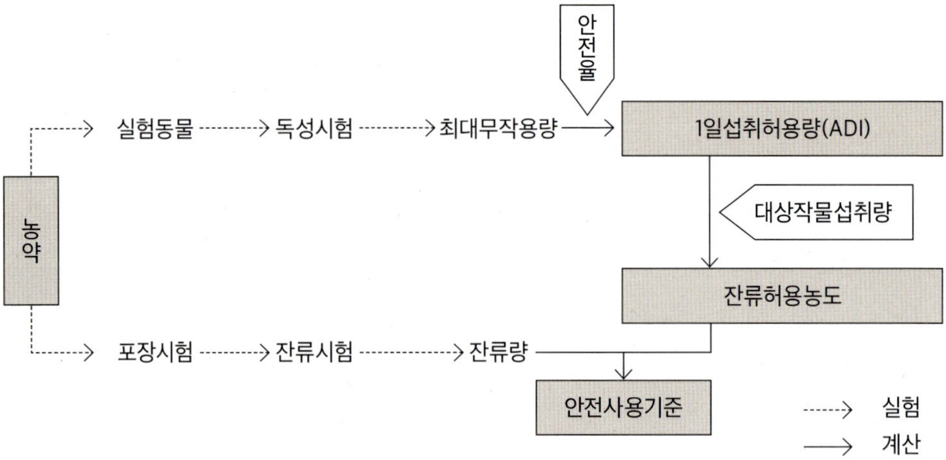

그림 3-12 농약의 허용농도와 사용기준

따라서 올바르게 사용기준을 준수하면 허용농도 이상의 잔류는 일어나지 않는다.

농약은 살충제, 살균제, 제초제 등으로 크게 나눌 수 있으며, 화학적으로는 유기염소제, 유기인제, carbamate제, 금속제 농약 등으로 분류된다.

· 유기염소제

유기염소제로는 DDT(dichloro diphenyl trichloroethane), DDD(dichloro diphenyl dichloroethhane), HCH(hexachloro-cyclohexan; BHC로 불리어 왔으나 WHO에서 명칭변경), drin제(aldrin, dieldrin, endrin), chlordane, heptachlor 등이 있다.

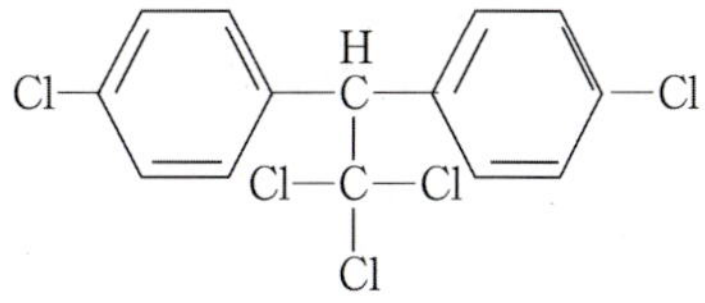

DDT

유기염소제는 일반적으로 유기인제보다 독성은 약하지만, 화학적으로 매우 안정하고 잘 분해되지 않는 특성을 가지고 있으므로 이들 유기염소제들이 토양이나, 채소류, 과일류에 잔류되어 인체에 영향을 끼치게 된다. 이러한 잔류물들이 체내에 축적되어 만성중독을 일으키거나 환경을 오염시켜 사용을 금지하고 있다.

1945년 처음으로 벼룩, 이 등의 위생해충에 고통을 받았던 때에 DDT와 HCH는 경이적인 약물이었다. 그 후 현재까지 DDT가 개발도상국에서 malaria를 비롯한 감염병 해충을 구제하는데 맡은 역할은 대단히 크다. 그 이유로 DDT의 살충력을 발견한 Miller박사에게 1948년도의 노벨상이 주어졌다.
그러나 사용개시 후 10년도 지나지 않아 환경과 식품의 오염이 나타나고 많은 중독 예가 나타나 지구의 장래를 우려하는 소리가 커지면서 농약의 대부분은 잔류성이 적고, 선택독성(효과는 크고 인축독성은 낮은 것)이 있는 것으로 변화되었다.

표 3-5는 담배밭에 사용한 aldrin이 토양 중에서 epoxy화되어 dieldrin으로 변하며, 이것이 오이로 이행하는 모양을 나타내고 있다. 오이의 잔류허용농도(dieldrin)는 0.02ppm이므로 aldrin 사용 후 3년간은 오이를 경작하지 않는 것이 좋다. 이와 같이 토양을 매개로 한 간접오염 이외에 이들 농작물을 먹이로 준 가축에 오염이 이행하는 문제도 일으킨다. HCH를 사용한 볏짚을 먹이로 한 젖소의 젖 중에 높은 양의 β-HCH가 나온 경우가 있었다.

표 3-5 토양에서 오이로 dieldrin의 이행

Aldrin사용 후의 경과	Dieldrin의 잔류(mg/kg)		이행률(%)
	토양 중	오이	
1 년	0.559	0.073	12.2
2 년	0.279	0.033	11.8
3 년	0.124	0.023	18.5
4 년	0.032	0.003	9.4

Baldwin 등의 보고에 의하면 유기염소제가 사과에 3.5 ppm이 검출되었을 때 이것을 충분

히 씻어도 3.05 ppm이 잔존하며 또 껍질을 벗긴 과육에서도 1.78 ppm 정도 잔존하므로 침투성이 매우 강하며 잔류효과도 크다고 한다. 그 밖에도 DDT 등의 유기염소제를 살포한 사료를 먹은 가축의 고기에서도 농약의 잔류가 문제되고 있다.

중독증상은 섭취 30분 후에 구토, 복통, 설사, 두통, 시력감퇴, 전신권태 등의 증세가 일어나고 중증일 경우 혼수상태가 계속되다가 사망하게 된다.

표 3-6 토양 중의 염소계 농약의 잔류

농약명	통상사용량(kg/a)	잔류량(%)		95% 소실 소요년수
		1년 후	3년 후	
Aldrin	0.1~0.3	26	5	3
Chlordane	0.1~0.2	55	15	4
DDT	0.1~0.25	80	50	10
Dieldrin	0.1~0.3	75	40	8
Heptachlor	0.1~0.3	45	10	3.5
γ-HCH	0.1~0.25	60	25	6.5

· 유기인제

살충제로 널리 사용되고 있는 유기인제로는 parathion, malathion, diazinon, dichlorvos(DDVP) 등으로 해충에 대한 독성이 강하지만 유기염소제에 비해 안정성이 약하고 가수분해되기 쉬우므로 널리 사용되고 있다. 최근에는 저독성 유기인제로서 diazinon, malathion 등이 개발되어 사용되고 있다.

유기인제의 작용기전은 체내에서 흡수되어 체내효소인 cholinesterase와 결합하여 이 효소의 작용을 억제한다.

체내에서 혈액과 조직 중에 생성된 acetylcholine이 acetic acid와 choline으로 분해되지 않고 체내에 축적되어 중독증상을 일으킨다. 인체 내의 cholinesterase의 활성이 40% 이하가 되면 중독증상이 일어나고, 5~10%이면 생명이 위험하다.

$$\text{acetylcholine} \xrightarrow{\text{cholinesterase}} \text{acetic acid} + \text{choline}$$

유기인제는 급성중독이 주로 일어나고 만성중독의 경우는 드물다. 중독증상은 신경독에 의한 것으로 부교감신경증상으로 구역질, 구토, 다한, cyanosis 등의 증상이 일어나고 교감신경 증상과 근력감퇴, 근육마비, 전신경련 등이 나타난다.

· Carbamate제

Carbamate제는 유기염소제의 사용금지로 개발되어 제초제, 살충제 등으로 널리 사용되고 있다.

작용기전은 유기인제와 동일하여 cholinesterase와 결합하여 acetylcholine 과다를 초래하여 신경기능을 마비시킨다. 유기인제와 유사한 작용을 갖고 있기 때문에 중독 증상도 유사하지만 생체 내에서의 대사, 분해, 배설이 빠르므로 회복은 유기인제보다 빠르다. Carbamate계 화합물 중의 physostigmine은 cholinesterase의 저해작용이 있기 때문에 녹내장의 안압저하 목적으로 치료에 이용된다.

· Pyrethroid제

식물에서 추출한 천연 pyrethrin과 천연 pyrethrin을 합성한 합성 pyrethroid를 총칭하여 pyrethroid제 라고 부른다. 식물성 농약으로 유기인제나 유기염소제 등에 비해 분해기간이 짧아 환경에 안전하고 인축에 유해성이 적은 반면 살충효과는 우수한 장점을 가지고 있다.

중독증상은 다른 농약류에 비해 인체에 비교적 안전하기는 하나 신경계를 과잉 자극하여 전신 권태감, 근연축, 가벼운 운동실조를 보인다 흥분, 손발의 떨림, 타액분비 과다, 심하면 간헐적 경련, 호흡곤란 등이 나타난다.

· 유기불소제

Monoflouroacetate 및 그 유도체가 여기에 속한다. 우리나라에서는 야생 쥐의 구제에 사용되고 있다. 또 monoflouroacetamide 및 그 유도체는 감귤류 등 과수의 침투성 살충제로서 사용되고 있다.

· 금속제 농약

금속제 농약은 비소제, 구리제, 수은제. 주석제 등이 있다. 비소제에는 비산납, 비산석회, 구리제에는 bordeaux액, 수은제에는 mercury phenylacetate, 주석제에는 tributyl tartarate salt, triphenyl tartarate salt 등이 있다. 그 외 아연, 망간 등의 유기산염과 그 유도체 등이 과일, 채소 등의 병충해 방제에 사용되고 있다.

이들 농약류가 체내에 흡수되면 단백질 변성을 일으키고 단백질 기능 및 특정 효소의 작용을 저해하므로 독작용을 나타낸다.

3) PCB

PCB(polychlorobiphenyl)는 미강유 중독사건의 원인물질로서 chlorobiphenyl과 같은 종류의 다염소화합물의 총칭이다. 이 물질은 복사용지, 변압기유, 전자제품, 화장품, 도료 등 다양한 분야에 사용하고 있어 급속한 사용량의 증가와 더불어 환경 오염물질로 주목받고 있다. 이 물질은 매우 안정하여 자연계에서 거의 파괴되지 않고 지용성이기 때문에 환경을 통해 어패류, 기타 동·식물을 오염시키면 이들이 상위개체로 이동하면서 고농도로 농축되므로 인체에 이행되는 것을 우려하고 있다.

중독증상은 손톱이나 피부의 흑·갈색소 침착, 피부각화, 체온조절 이상으로 체열발산, 눈꼽증가 등이 나타나며 전신 증상으로 수족마비, 식욕부진, 탈력감, 간장해, 고지혈증도 나타난다. 중독된 임산부로부터 출생한 신생아는 전신이 검은빛을 띠었지만 기형은 보이지 않았으며 성장하면 색소는 없어진다고 한다.

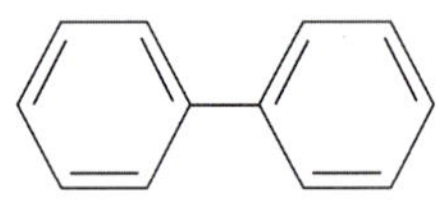

Biphenyl

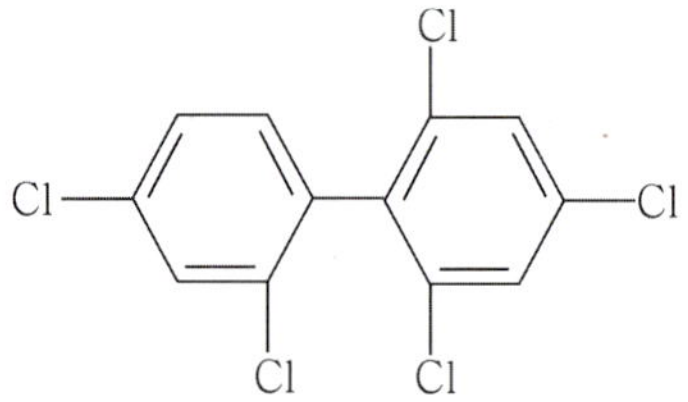

2,4,6,2',4'-poly chlorinated biphenyl

유증환자의 체내에서 PCB 등이 지방조직에 축적되므로 정확한 치료법도 없어 서서히 배설하기만 기다리는 것 뿐인데 배설속도는 아주 느려서 치료되기까지는 장시간이 걸린다.

※ 미강유에 의한 중독

미강유 섭취에 의한 장해는 polychlorobiphenyl(PCB)에 의한 식품의 직접 오염으로 식품 제조공정에서 과실의 전형적인 사건인 것이다.

1968년 10월 일본의 서부일대에 피부에 색소침착, 종창, 발진 등의 증상을 나타내는 병이 발생하였다. 자각증상에 의해서 나타난 환자수는 14,000명 까지 달하였다. 원인식품은 쌀겨기름으로 판명되었으며 이 병은 미강유유증으로 불리어졌다. 이 PCB는 미강유의 탈취공정에서 탱크 중의 기름을 가열하기 위한 열매체로 사용된 것인데 이것이 파이프에 생긴 미세한 구멍으로 누출되어 기름에 혼입되었다.

3.6.3. 제조·가공·조리 과정 중 생성되는 유해물질

최근 발암성물질에 대해서 깊은 관심을 갖고 있는데, 식품의 제조·가공·조리 과정에서 성분이 변이되거나 식품성분 간 상호작용에 의한 N-nitroso 화합물의 생성, 3,4-benzopyrene과 같은 다환 방향족 탄화수소 및 곰팡이독 등의 유해물질이 생성되어 식중독을 비롯하여 암까지 유발되어 문제가 되고 있다.

1) N-nitroso 화합물

N-nitroso 화합물은 전구물질인 각종 amine류나 amide류와 이것을 nitroso화하는 아질산염(질산염)과 질소산화물(NO_2, N_2O_3, N_2O_4)의 상호반응에 의해서 식품의 제조, 가공, 조리과정에서의 생성뿐만 아니라 위(胃)와 같은 생체 내에서의 생성 가능성도 있으며, 곰팡이나 자동차의 배기가스에 의해서 공기 중에서도 생성될 가능성이 있다.

Dimethylnitrosoamine 50 ppm을 함유한 먹이로 사육한 쥐가 1년 후에 높은 비율로 간장암을 발생했다는 보고(1956년) 이래 N-nitroso 화합물은 발암성물질로 주목받게 되었고 이제까지 100종류 정도의 N-nitroso 화합물을 실험하였는데 그 중 약 70%가 발암성을 나타내고 있다. 또 이들 N-nitroso 화합물은 다량은 아니지만 대부분의 식품 중에 존재하며 식품의 보통 성분인 2급 amine, 3급 amine 등과 아질산염으로부터 산성조건 하에서 용이하게 생성된다.

아질산염은 육류나 어육가공품 등에 발색제 또는 *Clostridium botulinum*의 생장을 억제하는 보존료로도 사용되는데 그 과정에서 육류에 존재하는 amine이나 amide와 반응하여 N-nitrosoamine이나 N-nitrosoamide를 생성한다. 또한 미량이지만 거의 모든 농산물에 함유되어 있다. 채소류(오이, 시금치, 토마토, 무 등), 침채류 중에는 질산염이 고농도로 함유(무, 배추 등에서 1,000 ppm에 달함)되어 있어 이를 섭취하게 되면 질산염이 타액 중에서 질산이온이 되고 구강 내 세균 또는 구강 내 조직의 산소에 의해 아질산으로 환원된다. 이것이 체내로 공급되면 위에서 위산의 매우 강한 산성조건으로 N-nitroso 화합물이 쉽게 생성될 수 있는 조건이 된다. 그러나 실제로는 아질산이 산성조건 하에서 dimethylamine과 같은 2급 amine보다 아미노산류나 비타민 C 등과의 반응속도가 매우 빠르기 때문에 보통의 식생활에서는 사람의 위 내부에서 NDMA(nitrosodimethylamine)의 생성은 매우 어렵다고 생각된다.

표 3-7 Nitrosoamine류의 발암성

Nitrosoamine	실험동물	발암 부위	Nitrosoamine	실험동물	발암 부위
Dimethyl-	쥐	간, 폐, 비강	Methylamine	쥐	식도
Diethyl-	쥐	간, 식도	Nitrosopyrolidine	쥐	간
Di-N-propyl-	헴스터	폐	Nitrosopyperidine	쥐	간, 식도
	쥐	간, 식도	Nitrososalcosine	쥐	식도

식품 중 N-nitosamine은 아질산으로 처리한 어류, 맥주, 햄, 베이컨 등이 공급원이다. 주된 N-nitroso 화합물과 발암성을 표 3-8에 나타내었다.

표 3-8 주된 N-nitroso 화합물과 그 발암성

Nitroso 화합물	화학구조의 형태	구조식	대표예	표적 장기
N-nitrosoamine	대칭형 N-니트로소 디알킬아민	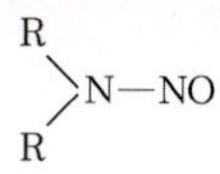	N-nitrosodimethylamine (NDMA)	간
	비대칭형 N-니트로소 디알킬아민	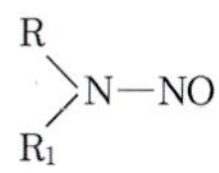	N-nitrosobutylmethylamine (NBMA)	간, 식도, 방광
	환상형 N-니트로소 아민	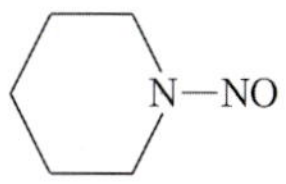 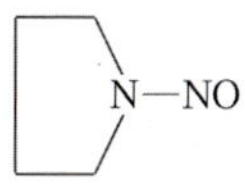	N-nitrosomorpholine (NMOR)	간
	N-니트로소 아미노산	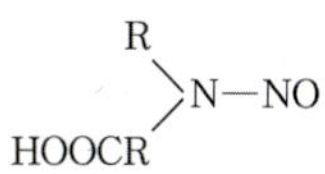 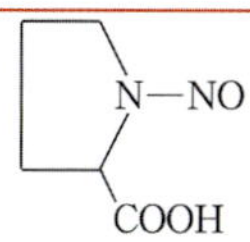	N-nitrososarcosine (NSAR)	발암성 없음
	N-니트로소 아미노알코올	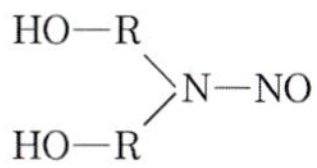 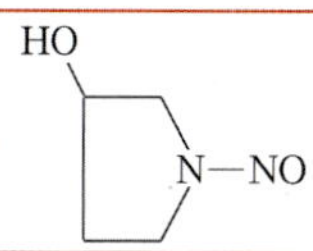	N-nitrosodiethanolamine (NDELA)	간
N-nitrosoamide	N-nitroso-urea	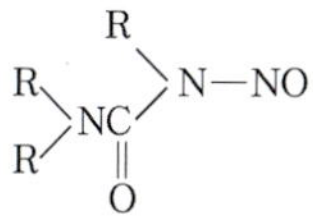	N-nitrosomethylurea (NMU)	전위, 신경
	N-니트로소 글라니딘	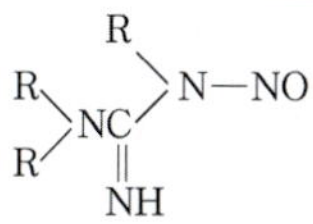	N-methyl-N-nitroso-N-nitroguanidine	신위
	N-nitroso-urethane	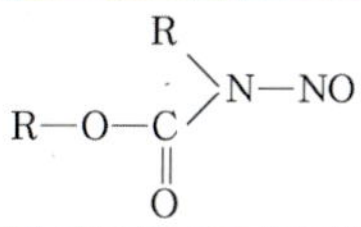	N-nitrosomethylurethane (NMUT)	간, 전위, 폐

2) Benzopyrene

다환 방향족 탄화수소(PAH, polycyclic aromatic hydrocarbons)는 유기물이 산소가 부족한 상태로 불완전 연소할 때 배출되는 것으로 담배연기나 자동차 배기가스 등 공기 중으로 배출되는 매연 중에 특히 많으며 대기, 물, 토양 등 우리 주변에 널리 분포되어 있다. 제조·가공·조리 과정에서 식품을 과도하게 가열하여 태우거나 훈제시킨 훈제어류와 훈제육, 식물성기름, 기타 가공품이나

오염된 토양에서 수확한 곡류, 채소류에도 함유되어 있다. 해산물 중에도 그 함유량이 높은데 표 3-9에 나타내었다. 약 100여종의 다환 방향족 탄화수소 중에서 일부가 발암성을 가지고 있으며 발암성인 것 중에서는 3,4-benzopyrene이 강력한 발암성 물질로 알려져 있다.

일상생활에서 benzopyrene의 섭취량은 식품에서 0.13~1.2 g/인/일, 대기에서 0.24~0.3 μg/인/일, 담배(30~40개)에서 0.53 g이라고 한다. 식품에서의 섭취량은 조리법에 크게 좌우되는데 굽는 조리법에서 큰 폭으로 증가한다. Benzopyrene의 발암성에 관해서는 기도 섭취에 의한 폐암이 알려져 있다.

표 3-9 식품 중의 benzopyrene(단위 : ppb)

식품	검체수	최저치	최고치	평균치
굴	6	0.27	2.61	1.15
바지락	5	0.04	0.45	0.27
미역	6	0.61	9.04	2.74

3) 단백질 가열 변성물 중의 변이원성 물질

강한 변이원성인 benzopyrene보다도 구운 물고기의 연기 중에 훨씬 강하게 변이원성을 나타내는 다른 물질의 존재가 의심되어 상세한 검토를 시작했었다. 그 결과 일반적으로 가열처리한 생선이나 육류에서 특히 구워질 때에는 다량으로 변이원성 물질이 생성되는 것이 Sugimura 등에 의해 발견되었다. 그것은 단백질, creatine, creanitine, 아미노산 등의 가열분해물이며 특히 tryptophan에서 생기는 try-P-1, try-P-2 등은 *Salmonella* TA98을 사용한 변이원성 시험에서는 benzopyrene이나 aflatoxin B_1의 100배의 강도를 나타냈다.

이것들은 다시 동물실험에서도 발암성을 표시해 화제가 되었으나 이들 열분해 유해물의 생성률 및 그 변이원성은 공존식품성분에 의해 크게 좌우된다(예를 들면 채소주스의 공존으로 불활성 된다)는 것도 있어 어느 정도 인간에 영향을 주고 있는가 명확하지 않으나 사람의 발암물질로서 의심되는 것으로서 금후 연구할 필요가 있을 것이다.

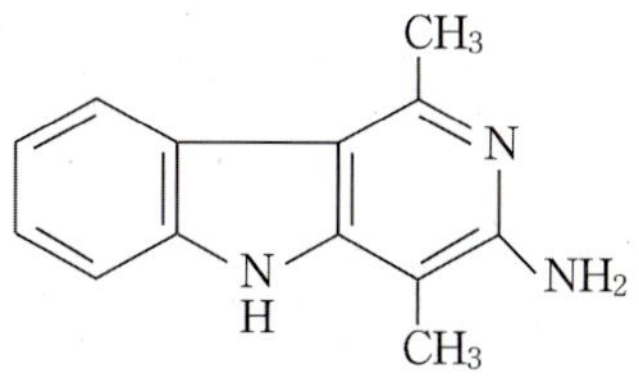

Try-P-1

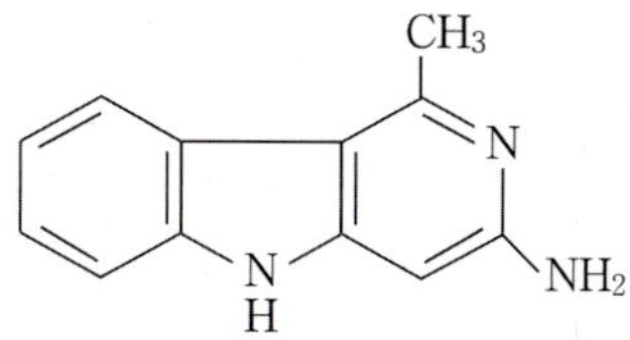

Try-P-2

4) Trihaloromethane

암으로 인한 사망률이 제일 높은 시대에 살고 있는 우리들은 매일 음용하고 있는 수돗물 중에 발암성 물질이 있다면 여간 심각한 문제가 아니다. 환경오염 문제가 심각해지고부터는 수돗물에 대한 우려감이 높아지면서 무분별한 지하수 개발과 그 여파로 정화수나 지하수의 오염도 사회문제로 대두되고 있다.

수돗물 수원이나 정화수 등에서 문제가 있는 유기염소 화합물 중에서 분해가 잘 안 된다든지, 생체 내에서 축적능이 증가한다든지, 장기적으로 독성을 가지고 있는 물질들이 특히 문제가 크다.

Trihaloromethane(THM)은 methane의 3개의 수소가 할로겐으로 치환된 화합물로서 chloroform($CHCl_3$), bromoform($CHBr_3$), bromodichloromethane($CHBrCl_2$)의 총칭이다. 이들 물질은 물의 염소소독 시 유기물질과의 반응에 의해 생성되는 오염물질로서 물속의 총 유기탄소량이나 COD값이 증가함에 따라 생성량이 증가된다. 1974~1975년의 미국 EPA(환경보호청)의 조사에 의하면 미국내 80개 도시의 모든 수돗물의 검사결과에서 $CHCl_3$ 0.1~311 μg/L, $CHBr_3$ 0~92 μg/L, $CHBrCl_2$ 0~116 μg/L, $CHBr_2Cl$ 0~100 μg/L의 농도로 검출되었다. 일본의 수돗물에서는 동경($CHCl_3$로서 평균 41 μg/L), 오사카(10~80 μg/L), 아이찌(1.5~79 μg/L)로 검출됨으로써, 1981년에 수돗물 중의 trihaloromethane의 제어 목표치가 0.1 mg/L(총 trihaloromethane으로서 연간 평균치)로 설정되었다. 이 규제치는 미국의 규제치와 동일하고 캐나다의 규제치(0.35 mg/L)에 비해 낮다.

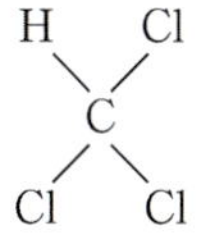

Chloroform(Trichloromethane)

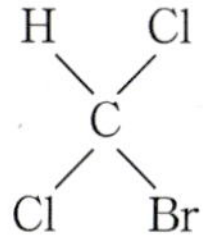

Bromodichloromethane

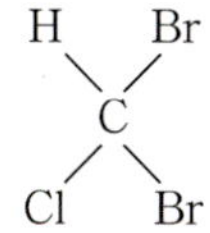

Dibromochloromethane

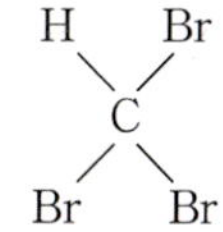

Bromoform(Tribromomethane)

세계보건기구(WHO)는 1984년, 수돗물 중의 chloroform은 0.03 mg/L 이하로 규제하여야 한다는 보고치를 내놓고 있으며, 일본에서도 총 trihalomethane 0.1 mg/L, chloroform 0.03 mg/L를 규제 목표치로 하고 있다. 한편 우리나라에서도 먹는 물 수질기준에서 총 trihalomethane은 0.1 mg/L 이하로 규제하고 있다.

미국 EPA의 계산으로는 사람의 연간 chloroform 섭취량 93 mg 중, 먹는 물을 통한 섭취가 64 mg으로 69%를 차지하고 있으며, 공기를 통한 섭취는 20 mg, 식품을 통한 섭취는 9 mg이다. Chloroform은 물에 함유된 humin질에서 생성되는 것으로 추정된다. Chloroform에는 약한 발암성이 있는 것으로 보고되고 있다.

이와 같은 물질 중에서 발암성 물질로 알려져 있는 것은 trichloroethylene, tetrachloroethylene, 1,1,1-trichloroethane 등이 있으며 그 기준은 표 3-10과 같다.

표 3-10 먹는 물의 일부 수질기준

구분	기준
미생물에 관한 기준	생균수가 1 mL 중 100 CFU 이하일 것 총대장균군·대장균·분원성대장균군은 100 mL에서 불검출
유해한 유기물질에 관한 기준	물 1 L 당 trichloroethylene 0.03 mg 이하 물 1 L 당 tetrachloroethylene 0.01 mg 이하 물 1 L 당 1,1,1-trichloroethane 0.1 mg 이하 물 1 L 당 phenol 0.005 mg 이하
소독제 및 소독부산물에 관한 기준	물 1 L 당 trihalomethane 0.1 mg 이하

3.7. 자연독 식중독

현재 우리가 식용하고 있는 대부분의 식품은 여러 사람의 검증을 거쳐 안전한 것을 택하여 식품으로 인정을 하고 있지만 때로는 특정식품의 종류나 부분적 부위에 따라 천연적으로 유독한 것들이 있다. 인류의 시작과 함께 시작된 식생활은 많은 경험적인 지혜를 통하여 안전한 것을 선택한 것이 오늘날 식품으로서 가치를 지니지만 식용하고 있는 동·식물에는 같은 식품이라 하더라도 종류에 따라 유독한 것이 있거나 특정부위만이 유독한 것이 있다. 이러한 경우 취급할 때에 적당히 제거를 하여 조리를 하지 않은 경우나 무지로 인한 오용을 할 경우에 중독을 일으키는 수가 있는데 이와 같이 천연의 동·식물에 의한 식중독을 "자연독 식중독"이라고 한다.

자연독 식중독은 식물성 자연독과 동물성 자연독으로 대별된다.

3.7.1. 식물성 식중독

1) 독버섯

버섯은 미생물의 일종인 곰팡이이다. 진균류인 곰팡이의 자실체가 눈에 보일 정도까지 크게 발달한 것으로 담자균의 대부분과 자낭균의 일부가 속한다. 버섯은 그 향과 맛이 좋으며, 영양가도 높아 옛 부터 귀한 식품으로 인정을 받아오고 있다. 그뿐만 아니라 최근의 연구로는 항암작용이 있고 체내에서의 cholesterol치를 떨어뜨린다는 연구 결과에 따라 건강을 위하여 건강

그림 3-13 여러 가지 독버섯의 종류

과 약용식품으로 식이요법에 이용되는 식품으로 많이 사용되고 있다. 그러나 이러한 버섯이 약 300여종의 식용버섯 이외에 유독버섯이 30여종이 있으므로 잘 구별하여 섭취해야 할 것이다.

유독성분은 맹독성으로 식중독을 일으킨다고 판명된 버섯으로는 알광대버섯, 화경버섯, 무당버섯, 땀버섯, 끈적버섯, 미치광이버섯, 웃음버섯, 깔때기버섯 등이 있다(그림 3-13). 유독성분으로는 muscarine, muscaridine, choline, neurine, phaline, amanitatoxin, lampterol, agaricic acid, pilztoxin 등이다.

Husemann는 독버섯의 종류에 따라 중독증상을 다음과 같이 세가지로 분류하였다.

위장형 중독

주로 위장염, 구토, 복통, 설사 등의 가벼운 증상이 나타나며 이것으로 인한 사망률은 낮다. 화경버섯, 외대버섯, 삿갓외대버섯, 노랑다발버섯 등이 있다.

콜레라형 중독

심한 위장염, 허탈, 경련, 혼수상태, 황달, 혈뇨, cyanosis를 일으키며 사망하기도 한다. 알광대버섯, 독우산광대버섯, 흰알광대버섯 등이 있다.

뇌증형

Amanitatoxin에 의한 동공확대, 광란상태, 근육경직 등의 증상과 muscarine에 의한 동공축소, 침흘림(유연), 땀흘림 등의 부교감신경의 자각증상, 발한, 허탈, 장연동 항진 증상으로 구분한다. 미치광이버섯, 환각버섯, 광대버섯 등이 있다.

그 외 W.W. Ford는 위장형, 콜레라형, 뇌증형, 혈액독형, 신경계장해형 중독의 다섯가지로 분류하기도 한다.

독버섯의 유독성분 및 특징은 표 3-11과 같다.

표 3-11 독버섯의 유독성분 및 특징

유독성분	주요 증상	독버섯 종류
Muscarine	- 맹독성 - 내열성 구토, 설사, 위장의 경련성 수축, 자궁수축, 호흡곤란, 각종 체액분비항진, 침흘림, 발한, 동공축소	땀버섯, 광대버섯, 마귀광대버섯(파리버섯)
Muscaridine	- 뇌증상, 동공확대, 일과성 발작	광대버섯
Choline	- 약독성, 무스카린과 비슷	삿갓외대버섯
Phaline	- 맹독성, 열에 약해 가열로 파괴 - 구토, 설사, 콜레라 증상, 강한 용혈작용	알광대버섯, 독우산광대버섯
Amanitatoxin	- 강한 맹독성 - 구토, 설사, 복통 등 위장증상, 경련, 간장·신장조직 파괴	독우산광대버섯, 알광대버섯, 흰알광대버섯
Lampterol	- 심한 구토, 복통, 설사 등 위장증상	화경버섯

· 독버섯 감별법

독버섯은 식용버섯과의 감별은 쉽지 않으며, 보통 경험적으로 전해오는 구별법으로 다음과 같이 통용되고 있다.

① 버섯의 줄기가 세로로 잘라지는 것은 식용버섯이다.

② 색이 아름답고 선명한 것은 유독하다.

③ 버섯 특유의 향이 아니고 악취가 나는 것은 유독하다.

④ 버섯을 잘랐을 때 유즙(乳汁)이 분비되는 것은 유독하다.

⑤ 쓴맛, 신맛이 나는 것은 유독하다.

⑥ 버섯을 끓이는 물에 은수저를 넣었을 때 흑변되는 것은 유독하다.

2) 감자

감자의 발아부위와 녹색부위에는 solanine이라는 배당체가 생성되므로 이 부분을 제거하지 않으면 중독을 일으킨다.

Solanine은 alkaloid성 solanidine에 glucose, galactose, rhamnose가 결합한 배당체로

생체 내에 존재하는 cholinesterase의 작용을 억제함으로써 독성작용을 나타내는 것으로 알려져 있으며, 열에 비교적 안정하며 물에 녹지 않고 뜨거운 알코올에 녹는 특징이 있다.

감자의 solanine 함량은 계절적인 차이가 있으나 0.04~0.116 g/kg 정도이면 중독의 위험은 없으나 발아부위나 녹색부위가 있는 감자는 그 함량이 1 g/kg 이상에 달하는 것이 있다. Solanine 함유량이 0.2~0.4 g/kg 이상의 것은 중독의 위험이 있다.

중독증상은 중추신경독으로 용혈작용 및 운동중추의 마비, 다량 섭취하면 섭취 후 수 시간 내에 복통, 위장장해, 두통, 허탈, 현기증, 졸음, 가벼운 의식장해 등을 일으키며 발열은 없다.

예방법으로는 감자의 발아부위나 녹색부위를 제거하고 조리해야 한다.

한편, 부패한 감자에서도 sepsine이라는 독성물질이 생성되어 이 독성물질에 의해서도 중독증상이 나타나기도 한다.

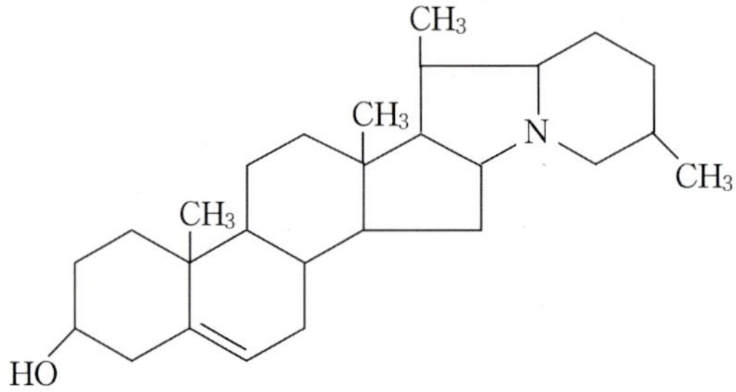

Solanidine

3) 청매, 수수, 은행

덜 익은 매실이나 살구씨, 복숭아씨에는 cyan 배당체인 amygdalin이란 독성물질이 함유되어 있어 청매 자체의 효소인 emulsin 및 체내 효소에 의해 가수분해 되면 청산(HCN)을 생성하여 중독증상이 나타난다.

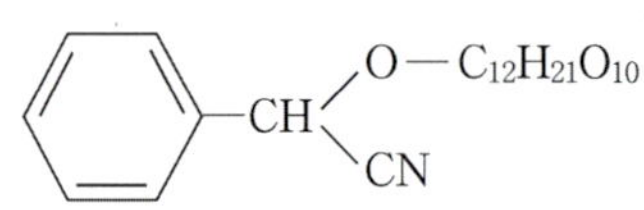

Amygdalin

청매를 날로 많이 먹으면 중추신경의 자극과 마비를 일으킨다. 많은 량을 섭취하면 사망하기도 한다.

이밖에 cyan 배당체에는 수수의 duhrrin과 미숙한 은행의 methyl pyridoxine, 미얀마콩(오색콩)의 phaseolunatin 등이 있다.

예방법으로는 수용성이므로 물로 여러 차례 세척 및 담가서 제거하거나 오래 끓여서 청산을 휘발시키는 방법이 있다.

4) 불순 면실유

면실유는 미국에서는 널리 식용되고 있다. 목화씨에는 기름이 많이 함유되어 있는데 그 속에는 항산화작용이 있는 gossypol이란 독성물질이 존재한다. Gossypol은 면실유의 정제과정 중 대부분 제거되지만 불충분한 정제과정을 통한 잔류가 문제되어 중독의 원인이 된다. 중독증상은 출혈성 신염과 신장염 등의 증상을 나타낸다.

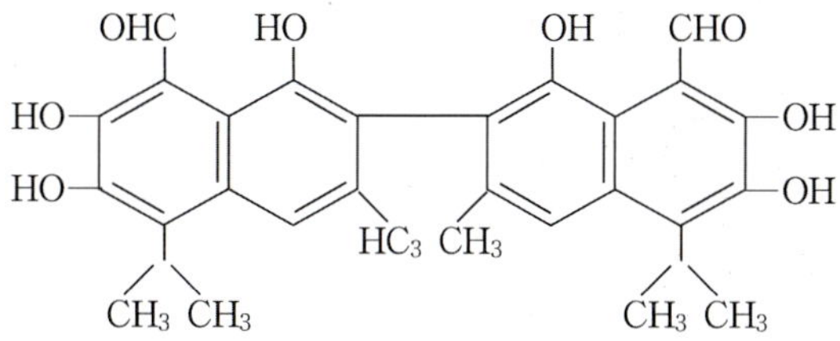

Gossypol

5) 독보리

독보리는 보리밭에서 보리와 같이 섞여 자라는 1년생 초본이다(그림 3-14). 50~80 cm의 키로 화본과(Gramineae)에 속하며 줄기나 잎은 보통 보리와 같다. 독보리씨에는 유독 alkaloid인 temuline($C_7H_{12}N_2O$)이 약 0.06% 함유되어 있다. 중독증상은 두통, 현기증, 이명, 무기력, 헛소리 외에 오심, 구토, 위통, 변비 또는 설사 등의 소화기 증상을 나타내며 독보리 중독은 구미에서 많이 발생한다.

그림 3-14 독보리

6) 독미나리

독미나리는 하천, 개천 등의 습지에 번식하는 미나리과(Umbeliferae)에 속하는 다년생 초본이다(그림 3-15). 보통 미나리는 높이 약 30 cm인데 비하여 독미나리는 이보다 커서 높이가 90 cm 이상 되는 것으로 미나리와 혼동해서 먹고 중독에 걸린다.

유독성분은 cicutoxin이며 특히 뿌리에 다량으로 함유되어 있다.

중독증상은 섭취한 후 수분~2시간 이내에 구토, 경련, 현기증을 일으키고 중증일 때는 10~20시간에 호흡마비로 사망한다.

그림 3-15 독미나리

$$\overset{\displaystyle OH}{\overset{|}{CH_3CH_2CH_2CH}}(CH{=}CH)_3(C\equiv C)_2CH_2CH_2CH_2OH$$

Cicutoxin

7) 미치광이풀

미치광이풀은 산간 음지에 자생하는 가지과(Solanaceae)의 다년생 초본으로 봄에는 자황색을 띠는 종형의 꽃이 핀다(그림 3-16).

유독성분은 hyoscyamine, atropine, scopolamine으로 잎, 근경 중에 함유되어 있다. Hyoscyamine과 atropine은 약품의 제조 원료로 중요하게 쓰이기도 한다.

중독증상은 뇌흥분, 심계항진, 호흡정지 등의 증상을 나타낸다. 흥분기에는 광란상태가 되어 뛰어 돌아다니는데서 미치광이풀이라는 이름으로 나타내었다.

그림 3-16 미치광이풀

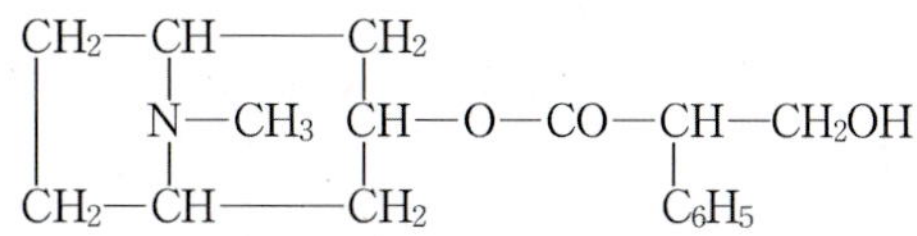

L체: Hyoscyamine
DL체: Atropine

8) 붓순나무

붓순나무는 목련과(Magnoliaceae)에 속하는 상록수로 열매가 향신료로 사용되는 대회향과 비슷하므로 잘못 알고 사용하여 중독을 일으키는 일이 있다(그림 3-17).

이 열매에는 shikimin, shikimitoxin, anisatin, hananomin 등의 유독성분을 함유하고 있다.

중독증상은 구토, 현기증, 경련 등이며 심할 때는 cyanosis, 사지냉감 등을 나타내며 극심한 경우에는 사망하는 경우도 있다.

그림 3-17 붓순나무

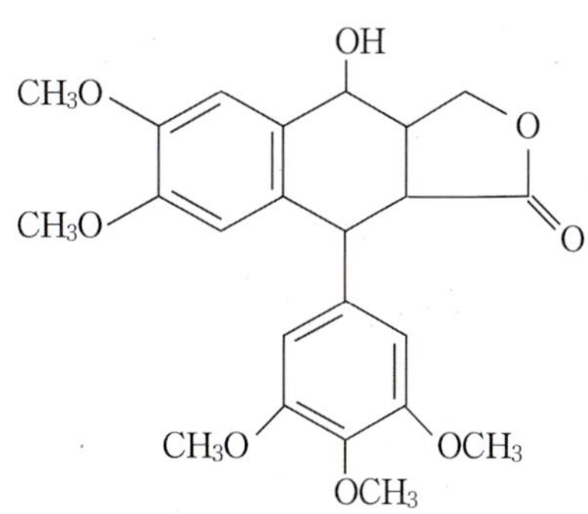

Shikimitoxin

9) 독공목

독목공은 1.5 m 정도의 키를 가지는 낙엽관목으로 산야에 자생한다. 열매는 적색에서 익으면 흑자색으로 단즙을 함유하고 있다(그림 3-18). 그 열매에는 coriamyrtin, tutin을 함유하며 이것을 먹으면 구토나 경련을 일으켜 죽는 일이 있다.

그림 3-18 독공목

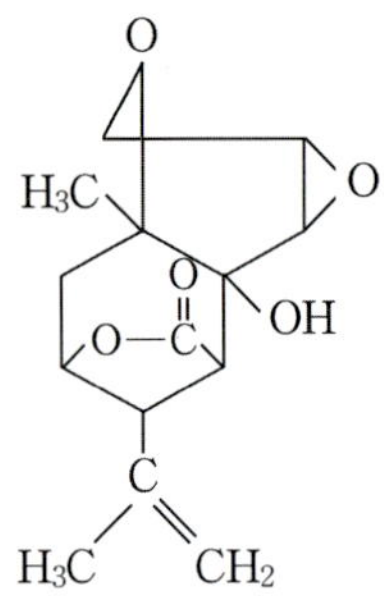

Coriamyrtin

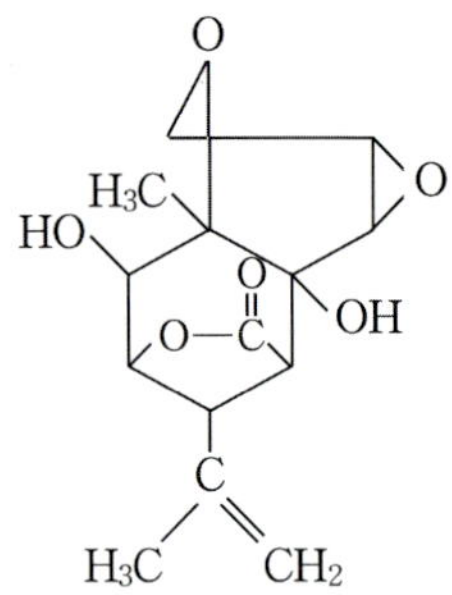

Tutin

10) 꽃무릇

꽃무릇은 산야에 자생하는 꽃무릇과(Amaryllidaceae)에 속하는 다년생 식물로 가을에 진홍색의 꽃이 핀다(그림 3-19). 지하에 구상의 인경에 있어 이것에는 전분이 약 8%가 함유하고 있어 전분제조 시 lycorine이 제거되지 않으면 섭취 시 중독을 일으킨다. 구토가 주증상이고 중증에서는 경련, 호흡마비를 거쳐 죽는 수도 있다.

그림 3-19 꽃무릇

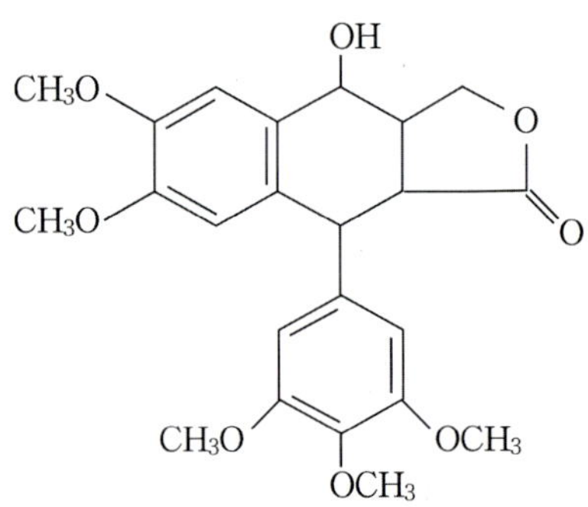

Lycorine

11) 가시독말풀

가시독말풀은 아열대 및 열대, 대만에 자생하는 가지과(Solanaceae)에 속하는 다년생 초본으로 키는 1 m 정도이며 꽃은 담자색으로 깔때기 모양이다(그림 3-20). 열매는 달걀 모양으로 겉에 가시가 있다.

종자가 참깨와 비슷해서 잘 못 먹는 수가 있고 유독성분인 scopolamine, hyoscyamine, atropine이 잎이나 종자에 함유되어 있다.

중독증상은 식후 30분 후에 산동, 경련, 뇌흥분 등의 증상이 일어난다.

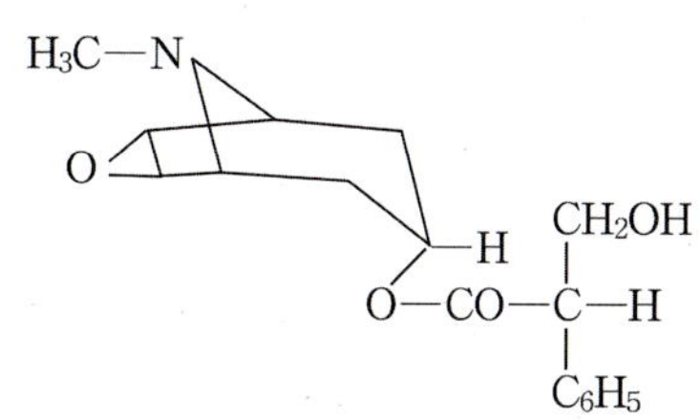

Scopolamine

그림 3-20 가시독말풀

12) 바꽃

바꽃의 종류는 많으며 모두 미나리아재비과에 속하고 부자 또는 오두라고도 불려 졌다(그림 3-21). 뿌리와 줄기에 alkaloid인 aconitine 등 맹독성분을 함유하며 마비성 중독을 일으킨다.

산나물로 잘못 채취하는 수가 있으며 또 가을에 자색의 꽃을 피우기 때문에 꿀벌이 바꽃의 꿀을 채집하고 이 꿀을 사람이 섭취함으로써 중독되는 경우가 있다.

중독증상은 입술, 혀가 얼얼한 통증, 인후, 위에 작열감을 느끼고, 구토, 사지마비, 연한곤란, 산동, 언어장해를 일으킨다. 중증일 때는 3~4시간에서 인사불성이 되어 호흡마비로 사망에 이른다.

그림 3-21 바꽃

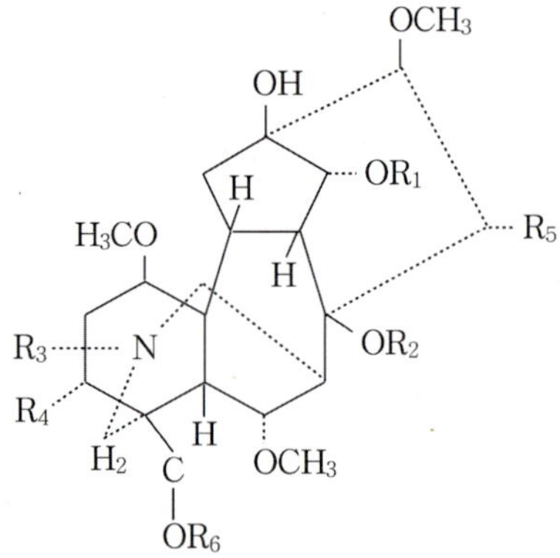

$R_1 = COC_6H_5$ $R_2 = COCH_3$
$R_3 = C_2H_5$ $R_4 = OH$
$R_5 = OH$ $R_6 = CH_3$

Aconitine

13) 피마자

설사약으로 이용되는 피마자유는 ricinoleic acid를 많이 함유하고 있다. 종자에는 alkaloid인 ricinine과 유독 단백체인 ricin 및 그 밖에 심한 알레르기 증상을 나타내는 allergen이 함유되어 있다.

중독증상은 복통, 구토, 설사와 알레르기 증상을 나타낸다. 열에 쉽게 파괴되는 ricin은 피마자 이외에 많은 식물의 잎, 뿌리, 구근 등과 특히 콩과식물의 종자에 널리 분포되어 있다.

14) 미얀마 콩(五色豆)

미얀마 콩은 미얀마에서 많이 나는 콩으로 주로 콩고물로 사용되고 있다. 이 콩에는 phaseolunatin이라는 cyan 배당체를 함유하고 있어 다량으로 섭취 시에는 중독증상을 일으킨다.

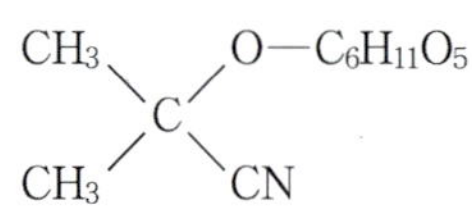

Phaseolunatin

그 밖에 대두, 완두, 땅콩, 강낭콩 등에는 protease 작용을 억제하는 물질을 함유하고 있다. 이 protease inhibitor 중에서 대표적인 것이 trypsin inhibitor이며 이중 잘 알려진 것이 kunitz inhibitor이다. 그 밖에 saponin과 그 배당체인 sapogenin이 함유되어 있어 유해작용을 한다.

중독증상은 실험실 조건에서 다량 섭취 시 강한 용혈작용을 나타낸다.

3.7.2. 동물성 식중독

1) 복어

복어는 세계 각지에 널리 분포되어 있으며 100여종이 알려져 있고 우리나라는 40여종 정도가 분포되어 있고 식용으로 사용되는 것은 10여종이 있다.

복어독에 대해서 과학적으로 많은 연구를 하여 순수하게 독소를 추출한 것은 1909년 Tahara로 이 독소를 tetrodotoxin이란 명칭을 붙였다.

이 독소는 물에 녹지 않는 약염기성 물질로 106℃에서 4시간 정도의 가열로 파괴되지 않으며 산에서는 안정하나 알칼리에서는 불안정하여 4% 수산화나트륨 용액에서 20분 내에 분해되어 무독화된다.

이 독소는 스스로 만들어지지 않고 복어가 자라면서 먹이나 미생물 등을 통해 복어 몸속에 만들어지는 것이기 때문에 서식지에 따라 독성의 차이가 있을 수 있다. Tetrodotoxin은 매우 강한 독성을 가지며 치명율이 약 50% 정도로 1960년부터 1970년대에 조리하고 버린 내장 등을 서민들이 모르고 가져다 조리해 먹고 사망 사고가 빈번히 발생하기도 하였다.

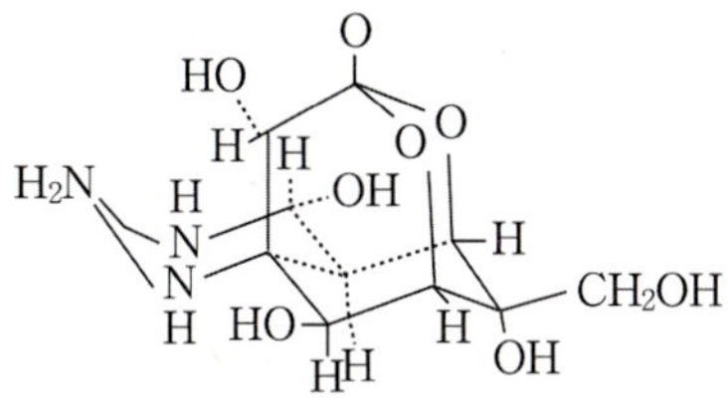

Tetrodotoxin

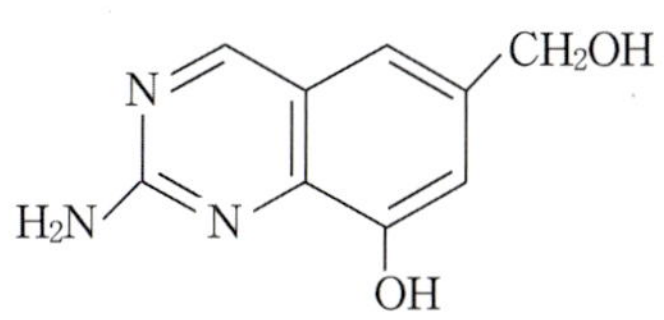

2-Amino-6-hydroxymethyl-8-hydroxquinazol

독성은 복어의 종류 및 부위에 따라서 독의 정도가 달라지는데 생식선(난소) 〉 간 〉 장 〉 피부 〉 육질부 순으로 난소와 간의 독성은 매우 강하고 육질은 미량의 독을 함유하고 있는 종도 있지만 일반적으로 중독되는 일은 거의 없다. 또 계절에 의한 독성의 차이가 있어 산란기 직전인 5~7월에 독성이 가장 강하다.

중독증상은 식후 30분~5시간에서 시작하여 경과가 심한 경우에는 발병 후 5분 만에 사망하는 경우도 있다. 그러나 중독증상이 나타나더라도 8시간 생명이 보존되면 거의 회복할 가망이 있다고 본다. 이때 초기증상으로는 입술이나 혀의 마비에 이어서 손발의 통증, 사지의 마비, 피부감각이나 미각, 청각 등의 둔화와 마비가 일어난다. 그 후 중증일 경우에는 호흡중추가 침해되어 호흡곤란, cyanosis(청색증)를 나타내며 호흡마비에 의해 사망하기도 한다. 증상의 진행이 신속하므로 치료할 여유도 없으므로 발병 즉시로 독소를 배설시키는 일이 중요하다고 본다.

복어중독 예방법으로는 다음과 같다.

① 반드시 복어요리 전문가가 만든 요리를 먹도록 한다.

② Tetrodotoxin이 많은 부위인 난소, 간, 내장 등의 유독부위를 제거한다.

③ 제거한 유독부분은 사람이나 고양이, 개 등의 눈에 띄지 않게 비닐봉지에 담아서 버리거나 땅속에 묻는다.

④ 복어조리에 사용한 조리기구는 깨끗이 세척한다.

⑤ 치료에는 적당한 해독제가 없으므로 섭취한 즉시 위세척 또는 설사를 하도록 하여 위장내의 독소를 제거하는 것이 중요하다.

2) Ciguatera

카리브해에서 잡은 "시가(cigua)"라고 하는 소라를 먹어서 일으키는 중독에 붙여진 이름인데 그것이 확대되어 열대 및 아열대의 산호초 주변에 생식하는 독어에 의하여 일어나는 중독의 총칭이다.

독성분은 분자량 15,000의 지용성 함질소화합물이라 추정되며 ciguatoxin이라 이름이 붙여졌고 가열로 파괴되지 않고 독의 강도는 복어독과 비슷하다. 그밖에 수용성의 palytoxin, maitotoxin, ciguaterin, grammisxin 등의 존재도 밝혀졌으나 palytoxin의 구조식 이외에는 아직 밝혀지지 않았다.

중독증상은 매우 복잡하여 식후 1~8시간에 나타나며 구토, 설사, 복통 등의 소화기 증상과 혀, 구진, 전신의 마비 등이 일어나며 두통, 현기증도 있고 기타 온도 감각의 실조가 특징으로 전기쇼크나 드라이아이스를 만지는 느낌이며 따뜻한 것을 차갑게 느낀다.

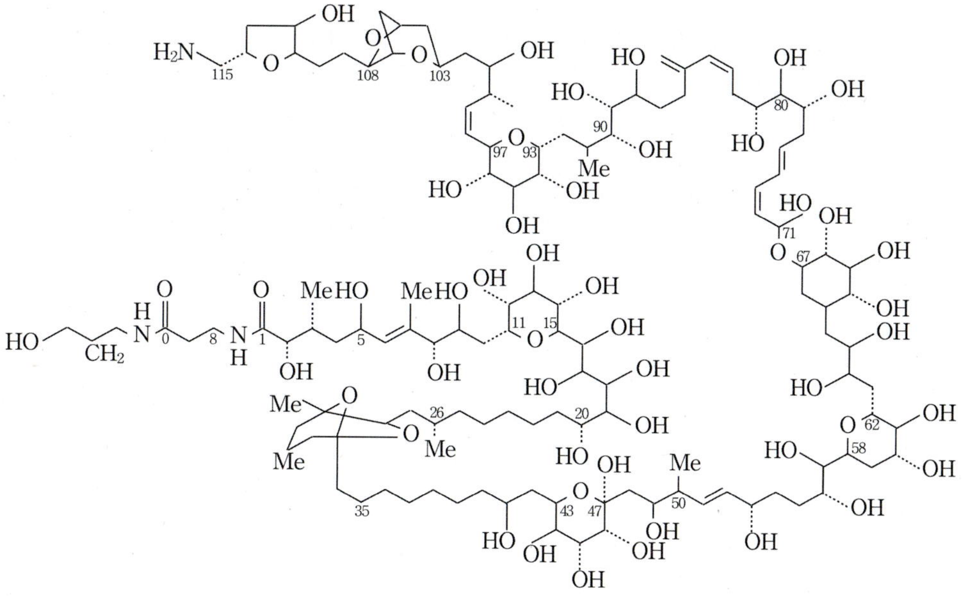

Palytoxin

3) 독꼬치

독꼬치는 열대지역이나 아열대 연안에 분포하고 있는 독어로 몸길이가 1 m 이상이나 되며 비늘이 80개 정도로 이보다 1/3밖에 되지 않는 식용꼬치와는 쉽게 구별할 수가 있다(그림 3-22).

중독증상은 30분~수 시간의 잠복기를 거쳐 우선 입술, 안면의 마비를 느끼고, 사지 또는 전신에 감전된 것 같은 마비로 탈력감을 느낀다. 중증에서는 언어장해, 연하곤란, 보행곤란이며 전반적으로 말초신경마비, 운동기능장해를 주 증상으로 한 중독이라고 말할 수 있다.

그림 3-22 독꼬치

4) 조개류

조개류에 의한 중독은 해수 중에 발생하는 유독 plankton에 의해 생성된 독소를 조개류가 섭취하면 조개의 중장선 및 소환기관에 축적되고 이 독소를 함유한 조개를 섭취했을 때 조개독에 의한 식중독이 발생하게 된다.

조개독의 생성은 적조현상과 관계가 있고 우리나라의 경우 유독 plankton에 의한 적조현상은 봄부터 초여름까지 자주 발생하므로 이 시기에 조개독 발생에 의한 식중독에 항상 주의해야 한다.

· Saxitoxin

검은조개, 섭조개(홍합), 대합조개 등의 쌍각류 조개의 독성화에 의한 식중독이다.

중독증상은 대개 섭취 후 30분 후에 나타나며 안면마비, 사지마비, 운동실조, 언어장해를 일으키며 최종적으로 호흡마비로 사망한다. 주증상이 마비성 증상을 나타내므로 마비성 조개중독이라고 불리어진다.

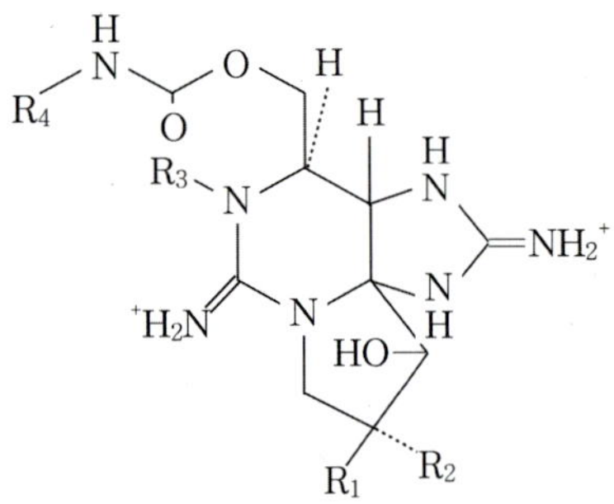
Saxitoxin

Saxitoxin의 급성중독은 쥐의 복강 내 주사로 LD_{50}이 0.01 mg/kg으로 복어독에 못지않은 맹독성을 가진다. 산에 안정하며 열에도 강하여 100℃에서 30분 가열하여도 완전히 파괴되지 않고 알칼리에 불안정한 것은 복어독과 비슷하다.

· Venerupin

Venerupin 중독은 모시조개, 굴, 바지락에 의한 중독으로 섭취 후 24~48시간 후에 증상이 나타나며 초기증상으로는 구토, 두통, 변비, 미열, 황달 등을 거쳐 피하출혈에 의한 반점 등이 나타나고 이런 점에서 현재 알려져 있는 다른 조개중독과는 차이가 있다. 중증인 경우에는 뇌증상으로 의식혼탁, 잇몸출혈, 토혈, 혈변을 일으키며 회복은 오래 걸려 20일이 지나도 전신권태를 느낀다. 독성분은 venerupin으로 100℃에서 3시간 가열해도 파괴되지 않고 120℃에서는

50% 이상, pH 9 이상의 알칼리 용액에서 장시간 가열하면 파괴된다.

이외에 설사성 조개독은 전에는 지용성 조개독이라고 불렀던 것인데 유독 plankton을 포식한 조개에 의한 중독으로 설사가 주된 증상이기 때문에 이와 같이 불려졌다. 원인 plankton은 전체적으로 확정되지 않았지만 Dinophysis fortill 이외에 몇 개가 의심되며 지용성화합물이고 내열성이어서 가열조리에 의해 잘 파괴되지 않는다. 조개의 ether추출물을 물에 현탁하여 체중 16~20 g의 쥐에 주사하여 24시간 내에 사망시키는 독량을 1 MU로 정하고 있다.

3.7.3. 곰팡이독

곰팡이독(mycotoxin)은 곰팡이가 생산하는 2차 대사산물로서 사람이나 동물에 급성 또는 만성중독을 유발하는 유해물질을 말하며 곰팡이독에 의해서 일어나는 질병을 총칭해서 곰팡이독증(mycotoxicosis)이라 한다.

Mycotoxin 생산 곰팡이는 *Aspergillus, Penicillium, Fusarium* 등의 속이 알려져 있으며, 이미 100여종 이상의 mycotoxin이 발견되고 있는데 한 종류의 곰팡이에서 여러 종류의 mycotoxin이 생산되는 것과 또 같은 mycotoxin이 여러 종류의 곰팡이에서 생산되는 것도 있다.

곰팡이독은 R. J. Townsend(1964)에 의하면 간장독, 신경독, 신장독, 광과민성 피부염물질과 기타로 분류된다(표 3-12). 그러나 이것은 어디까지나 편의상 분류이고 실제로 곰팡이독은 몇 개의 증상이 겹쳐서 나타나는 경우가 많다.

곰팡이는 식품의 수분함량이 15~16% 이상이고 고온다습하면 많이 발생하며, 감염성이 없고 항생물질의 효과가 없다. 곰팡이를 제거하여도 독소는 남아 있으므로 식품의 수분을 없애는 등의 방법으로 곰팡이가 발생하지 못하도록 사전에 예방하는 것이 중요하겠다. 곰팡이가 확인된 원료는 폐기하도록 한다.

표 3-12 사람 또는 가축에게 식중독을 일으키는 곰팡이독

Mycotoxin	피해동물	주된 증상	원인식품	곰팡이균
(간장독)				
Aflatoxin	사람, 조류, 포유동물, 물고기	간장해, 간암	땅콩, 면실, 밀가루	*Aspergillus flavus* *A. parasiticus*
Ochratoxin	소	지방간, 유산	옥수수	*A. ochracepis*
Sterigmatocystin	사람, 원숭이	간장해, 간암	남아연방의 지방식물	*A. versiolor*
Luteoskyrin	사람	간장해, 간경변	황변미	*Penicillum islandicum* Sopp
Islanditoxin		간출혈	황변미	*P. islandicum* Sopp
Cyclochlorotin		간장해	황변미	*P. islandicum* Sopp
Rubratoxin	소, 돼지	간, 간장해, 장기출혈	옥수수	*P. rubrum*
(신경독)				
Citreoviridin	사람, 고양이	중추신경장해, 간장해상행성뇌신경장 해, 중추신경계출혈	쌀	*P. citreoviride*
Paturin	젖소		사료	*A. clavatus* *P. vetiae* *P. expansun*
Maltoryzine	젖소	마비, 중추신경계장해	맥아가 혼입된 사료	*A. oryzae* var. microsporum
Tremorgen	젖소	경련	사료	*P. cyclopium*
Cyclopiazonic acid	돼지	경련	사료	*P. cyclopium*
(신장독)				
Citrinin	사람 돼지, 소	신장염 신장염	쌀 밀, 배합사료	*P. citrinum* *P. viridicatum*
(피부염물질)				
Sporidesmin	소	간장해가 선행되는 광과민성 안면피부염	목초	*Pithomyces chartarum*
8 methyl psoralen, 4', 5', 8'trimethyl psoralen	사람, 가축	광과민성피부염	셀러리	*Sclerotine sclerotiorum*
(*Fusarium*독소군)				
Fusariogenin	사람	식중독성무백혈구증 (조혈조직장애)	맥류	*Fusarium. poe* *F. sporotrichoides*
Nivalenol	소, 돼지	방사선장해와 같은 병변	밀	*F. nivale*
Diacetoxy scirpenol	소	설사, 심유 저하	옥수수	*F. tricinctum*
T-2 toxin		체중 증가 정지		*F. scripi*
Butenolide				*F. scripi*
Trichodermin				*Trichoderma viride*
Zearalenone(F-2 toxin)	돼지	발정증후군(외음부, 유선 비대)	옥수수	*F. graminerum(Gibberlella zea)*
Emetic factor	사람, 돼지	구토	밀, 보리	*Fusarium* sp.
(기타)				
Shaframine	소, 젖소	설사, 유산	붉은 클로바	*Rhizoctonia leguminicola*
Stachybotryotoxicos 원인물질	사람, 가축	Stachybotryo 중독증	포자흡인	*Stachybotryo atra*

1) *Aspergillus*속이 생산하는 독소

• **Aflatoxin**

현재 알려져 있는 것 중에서 가장 강력한 발암성 물질이다. 1963년 aflatoxin B_1의 구조가 결정된 이래 대사산물을 함유한 13종의 비슷한 구조가 밝혀졌다.

Aflatoxin은 형광성을 가지며 365 ㎛의 자외선에 의해서 청색의 형광을 나타내는 B군(blue B)과 녹색의 형광을 나타내는 G군이 있고 M군은 자색의 형광을 나타낸다.

급성중독 및 발암성이 강해서 특히 식품위생상 문제가 되는 것은 B_1과 M_1이다. M_1은 B_1의, M_2는 B_2의 동물체내 대사산물로 오염사료를 먹은 동물의 젖이나 분뇨 중으로 배설되는데 독성은 거의 원체와 변함이 없다(표 3-13).

표 3-13 Aflatoxin류의 급성독성

구분	동물	경구 LD_{50}(mg/kg)	구분	동물	경구 LD_{50}(mg/kg)
B_1	오리새끼	0.24	B_2	오리새끼	1.7
B_1	토 끼	0.33	G_1	오리새끼	0.78
B_1	고양이	0.55	G_2	오리새끼	3.45
B_1	쥐	7.2	M_1	오리새끼	0.32
B_1	쥐	9	M_2	오리새끼	1.23

급성독성 증상은 간장해인데 B_1은 4 mg/kg 투여로 햄스터에 최기형성을 나타낸다. Aflatoxin은 여러 가지 동물에 간장해를 일으키는데 감수성이 높은 오리새끼의 경구급성독성은 체중 1 kg당 환산해서 LD_{50}=0.24 mg (B_1) 〉 0.32 mg(M_1) 〉 0.78 mg(G_1) 〉 1.23 mg(M_2) 〉 1.70 mg(B_2) 〉 3.45 mg(G_2)로 보고되었다.

또 먹이 중 15 ppb의 혼입으로 쥐에 간암을 발생하고 Fischer계 rat에서는 1 ppb에서도 발암성을 나타내었다. 이것은 현존하는 물질 중에서 가장 강한 발암력이 있다. Wogan과 Newberne이 실시한 실험에 의하면 사료 중에 B_1을 15 ppb 첨가해서 매일 rat에 투여하면 수컷에서는 68주 후, 암컷에서는 평균 82주 후에 100%의 간암이 발생하였다. 그 대부분은 폐로의 전이가 확인되었다.

※ Aflatoxin에 의한 중독사건

1960년 영국에서 10만 마리 이상의 칠면조 새끼가 겨우 수개월 사이에 폐사하는 농업상 큰 사고가 있었다. 조사결과 원인은 브라질에서 수입한 땅콩 박(粕)에 곰팡이가 기생하였기 때문이라고 판명되었다. 이 곰팡이는 누룩곰팡이와 유사한 *Aspergillus flavus*의 특정한 균주이며, 간장을 해치는 물질을 생산하는 것이다. 이 독소는 곰팡이 이름에서 aflatoxin이라고 이름지어졌다. 동물실험 결과 aflatoxin은 포유류, 가금, 어류 등에 급성 간장 장해를 일으킬 뿐만 아니라 미량을 쥐에 장기적으로 경구투여하면(10 μg/일, 90일간) 전형적인 간암이 발생된다는 것을 확인하였다. 이 발견을 계기로 곰팡이의 유독 대사산물의 문제는 전 세계적으로 관심을 불러일으키게 되었다.

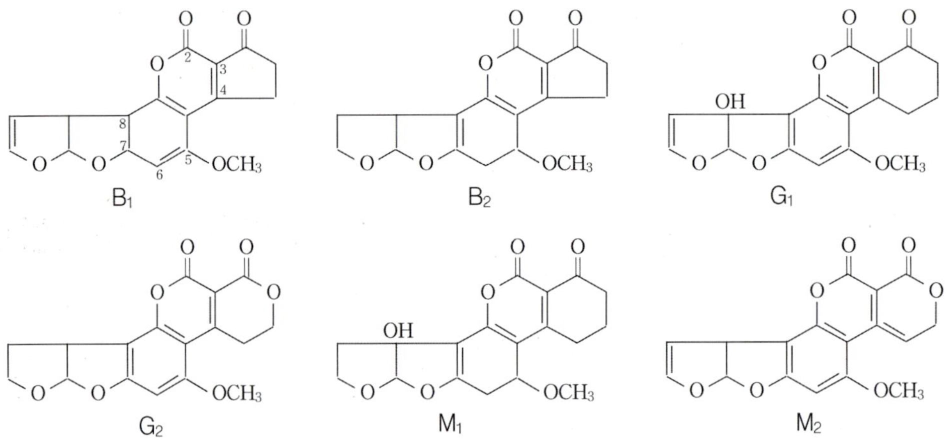

그림 3-23 Aflatoxin류의 구조식

화학발암물질로는 butter yellow가 유명한데, 발암 필요량은 900 μg/일(aflatoxin 60,000배), 또 최근에 발암성이 주목되고 있는 dimethylnitrosamine 750 μg/일(aflatoxin의 500배)과 비교하면 aflatoxin의 발암력은 매우 강력하다고 생각된다. 역학적으로도 세계에서 사람에게 발생한 간암의 지리적 분포와 aflatoxin의 식품오염과의 사이에는 상관관계가 깊으며 표 3-14에 나타낸 것과 같다.

Aflatoxin은 모든 알칼리와 강산에는 불안정하고 곰팡이 자체는 열에 약하여 쉽게 사멸되지만 독소는 열에 안정하여 200~300℃의 고온에서 비로소 분해된다. B_1을 고압솥에서 30분 가열하여도 약 30%가 파괴되는 정도이다.

Aflatoxin 생산의 최적 조건은 온도 25~30℃, 습도 80% 이상, 식품 중의 수분 16~17% 이상, pH 4.0이다. 균의 증식에는 탄수화물이 좋은데 aflatoxin 생산에는 지방의 공존이 촉진효과를 나타낸다. 따라서 땅콩 이외에 대두, 옥수수, 보리 등이 오염될 가능성이 높다.

표 3-14 Aflatoxin 섭취량과 사람 간암(역학조사)

지역	Aflatoxin 1일 추정섭취량(mg/kg)	간암발증(10만명당/년)
케냐	3.5	1.2
타이(손구크라이스)	5	2
스와질랜드	5.1	2.2
케냐	5.9	2.5
스와질랜드	8.9	3.8
케냐	10	4
스와질랜드(래본보)	15.4	4.3
타이(라트브리)	45	6
스와질랜드	43.1	9.2
모잠비크	222.1	13

우리나라는 옛부터 된장, 간장, 탁주의 양조에 누룩곰팡이를 사용하고 있다. 이 곰팡이에 의하여 aflatoxin 생산능력이 있는지에 대해서 여러 연구기관에서 조사하였는데 현재까지 양조발효공업에서 사용되고 있는 곰팡이류에서는 aflatoxin 생산균주는 발견되지 않았다. 또 완제품인 된장, 간장, 청주에서도 aflatoxin은 검출되지 않았다.

그리고 수입 땅콩과 땅콩버터 속에서 aflatoxin이 검출된 것을 계기로 해서 수입 땅콩 등의 검사체제가 강화되었다. 현재 우리나라는 동물의 사료 등 원료의 수입의존도가 높기 때문에 수입곡류에 대하여 엄중한 수입검사를 할 필요가 있다.

· Sterigmatocystin

*Aspergillus versicolor*의 대사산물로 급성독성은 쥐에 대한 LD_{50} = 166 mg/kg(경구)인데 발암성을 가지며, 쥐에 0.15~2.25 mg/일의 투여에서 1년에 간암이 발생됐다. 급성독성이 aflatoxin에 비해 약한 것은 이것이 불용성이기 때문인 것 같다.

*A. versicolor*는 일본의 곡류에서 검출률이 높으며 이들이 보통 sterigmatocystin의 생산 능력을 갖고 있다.

· Ochratoxin

*Aspergillus ochraceus*의 대사산물로 A, B, C 3종류가 알려져 있는데 ochratoxin A가 가장 독성이 강하다. 쥐에 대한 LD_{50} =28 mg/kg(경구), 새끼에 대해서는 1~5 mg/kg이다. 간의 glycogen 합성효소를 저하시키고 간의 지방변성과 신장조직에 심한 장애를 준다.

· Maltoryzine

1954년 일본에서 맥아근 사료에 의해 젖소 약 40두가 집단중독을 일으켰다. 이 원인은 maltoryzine 생산성을 가진 곰팡이(*Aspergillus oryzae var. microspour*)에 의한 것이 밝혀졌다. Maltoryzine의 급성독성은 LD_{50} =3 mg/kg(복강주사)으로 경련, 근육마비를 지나 사망에 이른다. 부검에 의하면 뇌와 장막에 현저한 출혈이 나타났다.

2) *Penicillium*속이 생산하는 독소

· Citreoviridin

황변미 곰팡이의 하나로 주로 타이완 쌀에서 발견되었으며, *Penicillium citreoviride*의 대사산물이다. 신경독으로 중추신경장해의 관련성이 의심되며 실험적으로 쥐, 고양이의 경구투여에서 마비와 호흡장해를 일으키는 것이 밝혀졌다. 쥐에 대한 최소 치사량은 10 mg/kg(피하주사), 8 mg/kg(복강주사) 및 30 mg/kg(경구)이다.

· Islanditoxin

황변미 곰팡이의 일종인 *Penicillium islandicum*의 대사산물로 이집트산 쌀에서 처음 분리되었고 가장 독성이 강한 함염소환상 peptide로 속효성이 있다. 쥐에 대한 급성독성은 LD_{50} =335 μg/kg(정맥주사), 475 μg/kg(피하주사) 및 655 μg/kg(경구)이다. 간장독으로 2~3시간 내에 쥐는 급사하고 부검에서 현저한 출혈을 수반하는 간세포의 파괴가 확인된다. 췌장장해도 동시에 보인다. 현재까지 유통되고 있는 농산물에서 이 물질이 검출된 보고는 없다.

· Luteoskyrin

이 물질은 황변미의 오염곰팡이로 분리된 *Penicillium islandicum* 대사산물의 하나로 인공적 대량생산에서 분리 정제하여 독물학적 연구가 이루어졌다. 이 독물의 쥐에 대한 급성독성은 LD_{50} =147 mg/kg(피하주사)과 221 mg/kg(경구)으로 보고되었다. 간장독이면서 만성독성으로 간장에 발암성이 있다.

· Citrinin

황변미 곰팡이의 하나로 *Penicillium citrinum*이나 *Aspergillus niveus* 등의 곰팡이가 생산하고 주로 태국 쌀에서 분리되었다. 쥐에 대한 급성독성은 LD_{50} =35 mg/kg(피하 또는 복강내 주사)이다. 증상은 독성이 강한 신장독으로 급성 또는 만성 신장염을 일으키고 신장에서 수분의 재흡수가 억제된다.

· Patulin

Patulin은 Gram 음성균 및 양성균에 작용하는 항생물질로서 치료용으로 사용되어 왔다. 그러나 현재는 그 독성 때문에 사용되지 않는다.

과일주스에서 빈번하게 오염되어 문제가 되고 있고 1952년 일본에서 118두의 젖소 집단중독이 있었는데 이것은 사료에 독성균주인 *Penicillium urtical*의 오염으로 patulin이 생산되었기 때문이다.

· 기타

*Penicillium glabrum*의 대사산물인 citreomycetin과 *Aspergillus oryzae*나 *Aspergillus tamarii*가 생산하는 kojic acid도 장기투여하면 만성적 신장장해를 일으킨다는

것이 밝혀졌다.

3) *Fusarium*속이 생산하는 독소

붉은 곰팡이병의 발생은 세계 각국에서 발견되며 밀, 보리, 옥수수 등을 식용이나 사료로 사용하기 때문에 인축에 중독이 발생하였다.

· Tricothecene류

T-toxin으로 T-2 toxin, nivalenol, deoxynivalenol, diacetoxyscirpen 등의 독소를 생성하며 식품에서도 검출되고 있다. 독성은 방사선장해와 유사한 증상을 나타내며 기타 설사, 구토, 오심도 알려져 있다. 발암성은 없다.

· Zearalenone

가축의 사료나 축산물에 빈번히 발생하는 것으로 *Fusarium*속에 오염된 사료에 의한 돼지의 불임증 원인물질로 알려져 있다. 자궁비대 등 estrogen작용을 한다.

4) 맥각중독증(Ergotism)

자낭균의 일종인 맥각균(*Claviceps purpurea*)이 보리, 호밀 등에 기생하여 균사덩어리인 균핵을 만든다. 이것이 맥각이며 먹으면 맥각중독이 된다. 맥각에는 ergotamin, ergotoxin 등의 유해한 alkaloid 외에 histamine, tyramine 등의 amine도 함유되어 있어 이들의 복합작용으로 중독이 일어난다고 생각된다.

중독증상은 구토, 설사, 복통 등의 소화기증상과 지각이상, 경련 등의 신경증상을 나타내며 오한, 사지의 열감, 통증, 피부의 괴저를 발생한다. 자궁근육을 수축시키는 작용이 있어 임산부의 조산이나 유산을 유발하는 수가 있는데 산부인과 영역에서는 진통촉진제로 이용한다.

5) 기타

우크라이나 지방에서 수천 두에 이르는 말의 집단중독을 일으킨 *Stachybotrysatra*의 유독대사산물에 의한 stachybotrys 중독증, 미국 조지아주를 중심으로 발생한 돼지의 집단중독 시 발견된 *Penicillium rubrum*의 대사산물인 rubratoxin A가 있다.

*Fusarium*독은 *Gibberella*속의 유독대사산물에 의한 것으로 사람과 동물의 중독 예는 복잡하다.

4.1. 감염병 유행의 양식

4.2. 감염병의 생성과정

4.3. 경구감염병

4.4. 인수공통감염병

CHAPTER 04

식품과 감염병

감염병은 세균, 바이러스, 리케차, 원충 등과 같은 병원체에 의해 감염되어 발병하는 질환으로 음식의 섭취 및 호흡에 의한 병원체의 흡입, 다른 사람과의 접촉 등 다양한 경로를 통해 사람과 사람 사이 또는 동물 사이에 전파된다. 식품을 통해 인체에 감염될 수 있는 감염병은 경구감염병과 인수공통감염병, 기생충질환 등이 있고 병원체에 따른 감염병의 종류는 표 4-1과 같다.

표 4-1 병원체에 의한 감염병의 분류

병원체	질병
세균	장티푸스, 파라티푸스, 콜레라, 세균성이질, 장출혈성대장균감염증, 렙토스피라증(Weil's disease), 성홍열, 디프테리아, 백일해, 파상풍, 탄저, 결핵, 브루셀라증 등
바이러스	유행성 간염, 급성회백수염, 감염성 설사증, 천열
리케차	발진티푸스, 발진열, 쯔쯔가무시증, Q열
원충	아메바성 이질

또한 우리나라 「감염병 예방 및 관리에 관한 법률」에서 정한 법정 감염병은 1급, 2급, 3급, 4급 감염병과 기생충감염병, 세계보건기구 감시대상 감염병, 생물테러감염병, 성매개감염병, 인수공통감염병 및 의료관련감염병 등으로 분류되어 있다(표 4-2).

표 4-2 법정 감염병의 분류(시행일 2020.1.1)

	제1급 감염병	제2급 감염병	제3급 감염병	제4급 감염병
특성	생물테러감염병 또는 치명률이 높거나 집단 발생의 우려가 커서 발생 또는 유행 즉시 신고하여야 하고, 음압격리와 같은 높은 수준의 격리가 필요한 감염병	전파가능성을 고려하여 발생 또는 유행 시 24시간 이내에 신고하여야 하고, 격리가 필요	발생을 계속 감시할 필요가 있어 발생 또는 유행 시 24시간 이내에 신고	제1급감염병부터 제3급감염병까지의 감염병 외에 유행 여부를 조사하기 위하여 표본감시 활동이 필요
종류	-에볼라바이러스병 -마버그열 -라싸열 -크리미안콩고출혈열 -남아메리카출혈열	-결핵(結核) -수두(水痘) -홍역(紅疫) -콜레라 -장티푸스	-파상풍(破傷風) -B형간염 -일본뇌염 -C형간염 -말라리아	-인플루엔자 -매독(梅毒) -회충증 -편충증 -요충증

표 4-2 계속

	제1급 감염병	제2급 감염병	제3급 감염병	제4급 감염병
종류	-리프트밸리열 -두창 -페스트 -탄저 -보툴리눔독소증 -야토병 -신종감염병증후군 -중증급성호흡기증후군(SARS) -중동호흡기증후군(MERS) -동물인플루엔자 인체감염증 -신종인플루엔자 -디프테리아	-파라티푸스 -세균성이질 -장출혈성대장균감염증 -A형간염 -백일해(百日咳) -유행성이하선염(流行性耳下腺炎) -풍진(風疹) -폴리오 -수막구균 감염증 -b형헤모필루스인플루엔자 -폐렴구균 감염증 -한센병 -성홍열 -반코마이신내성황색포도알균(VRSA) 감염증 -카바페넴내성장내세균속균종(CRE) 감염증	-레지오넬라증 -비브리오패혈증 -발진티푸스 -발진열(發疹熱) -쯔쯔가무시증 -렙토스피라증 -브루셀라증 -공수병(恐水病) -신증후군출혈열(腎症候群出血熱) -후천성면역결핍증(AIDS) -크로이츠펠트-야콥병(CJD) 및 변종크로이츠펠트-야콥병(vCJD) -황열 -뎅기열 -큐열(Q熱) -웨스트나일열 -라임병 -진드기매개뇌염 -유비저(類鼻疽) -치쿤구니야열 -중증열성혈소판감소증후군(SFTS) -지카바이러스 감염증	-간흡충증 -폐흡충증 -장흡충증 -수족구병 -임질 -클라미디아감염증 -연성하감 -성기단순포진 -첨규콘딜롬 -반코마이신내성장알균(VRE) 감염증 -메티실린내성황색포도알균(MRSA) 감염증 -다제내성녹농균(MRPA) 감염증 -다제내성아시네토박터바우마니균(MRAB) 감염증 -장관감염증 -급성호흡기감염증 -해외유입기생충감염증 -엔테로바이러스감염증 -사람유두종바이러스 감염증

4.1. 감염병 유행의 양식

감염병이 집단적으로 발생하여 유행을 하는 데는 표 4-3과 같이 감염원(병원체, 병원소), 감염경로(접촉기회), 숙주의 감수성의 세 가지 조건이 필요하다.

표 4-3 감염병 유행의 3대 조건

유행조건	유행요소	유행요건
감염원	병원체, 병원소	양적으로나 질적으로 질병을 일으킬 수 있을 만큼 충분할 것
감염경로	환경, 접촉기회	병원체에 감염될 수 있는 환경 조건이 구비되어야 함
숙주의 감수성	감수성 인간	병원체에 대한 면역성이 없어야 하며 감수성이 있을 것

4.1.1. 감염원

감염원은 병원체를 감수성 숙주에게 전파시킬 수 있는 모든 것을 뜻한다. 따라서 감염원에는 병원체와 병원소가 있다.

병원소는 병원체가 생활 증식하고 생존하여 질병이 전파될 수 있는 상태로 저장되는 장소를 말한다. 병원소에는 인간 병원소(환자, 보균자, 환자와 접촉한 자), 동물 병원소(곤충이나 동물), 토양, 오염된 음식물 등이 있다.

4.1.2. 감염경로

감염경로는 감염원으로부터 감수성 숙주에게 병원체가 전파되는 과정으로 질병 양상에 따라 각기 다른 경로를 보인다. 대체적으로 환자나 보균자에 의해 배출된 병원체가 음식물, 물, 매개동물(파리, 바퀴, 쥐 등), 토양 등을 통해 전파되는 경로를 밟는다.

4.1.3. 숙주의 감수성

병원체가 숙주에 침입했을 때 병원체에 대한 면역성이 없어서 질병이 발생하는 경우를 감수성이 있다고 한다.

감염병이 어느 집단 모두에게 전파된다 하더라도 모두가 발병되는 것은 아니며, 개인마다 그 감염병에 대한 감수성의 차이 즉, 면역(immunity)과 저항력의 차이가 있기 때문이다.

그러므로 감염병이 유행할 때는 병원체에 대한 저항력을 증대시키기 위해 예방주사를 접종시켜 면역을 증대시켜야 한다.

4.2. 감염병의 생성과정

감염병이 생성되는 과정은 대체로 6개의 요인이 구비되어야 하며, 이 요인들이 연쇄적으로 이루어져 감염병이 발생된다.

감염병의 생성과정을 보면 다음과 같다.

① 병원체

② 병원소

③ 병원소로부터 병원체의 탈출

④ 전파

⑤ 새로운 숙주에 침입

⑥ 감수성 숙주의 감염

이상의 과정은 연쇄적이며, 이 과정 중 어느 하나라도 결여되거나 방해를 받으면 감염병의 새로운 발생은 일어나지 않는다. 모든 과정을 거쳤더라도 마지막 과정인 감수성 숙주가 면역성이 있다면 감염병은 발생되지 않는다.

그러므로 감염병의 예방대책은 이상의 과정 중 한가지 요인을 없애는 것이라고 할 수 있다.

4.3. 경구감염병

음식물을 통하여 매개되는 감염병을 소화기계감염병 또는 경구감염병이라고 한다. 경구감염병은 감염병 환자나 보균자로부터 배출된 병원체에 의해 오염된 음식물을 섭취하여 일어나는 것으로 이질, 장티푸스, 파라티푸스 및 콜레라 등으로 모두 제2급 감염병에 속한다. 이 밖에도 디프테리아, 성홍열, 폴리오, 감염성 설사증, 유행성 간염 등이 있다.

현재 우리나라는 경제생활의 향상과 더불어 질병예방과 건강을 위한 국민생활 환경의 개선, 특히 안전급수와 식품위생에 주력하고 정부의 적극적인 감염병 예방관리를 통하여 최근에 이르러서는 대부분의 감염병은 많이 줄었으며 폴리오는 1960년대 말부터 도입된 경구용 백신의 효과적인 적용에 의하여 1984년 이래 발생이 없어 우리나라에서는 이미 박멸된 것으로 간주되고 있다.

4.3.1. 경구감염병의 감염경로

경구감염병의 병원체는 사람을 숙주로 하는 기생체이다. 특히 사람에 대해 강한 병원성을 가지고 있으므로 미량의 균이라도 입을 통하여 침입하면 발병하게 된다.

경구감염병의 감염경로는 다음 2가지가 있다.

· **직접감염**

환자나 보균자에 의해 배출된 병원체가 중간 매개체 없이 피부접촉, 비말접촉에 의해 가족이나 간호인 등의 감수성 숙주에게 직접 전파되어 감염되는 것을 말한다.

· **간접감염**

환자나 보균자에 의해 배출된 병원체가 활성전파체인 파리, 바퀴, 쥐 등의 매개동물과 비활성 전파체인 공기, 토양, 물, 우유, 음식물, 조리기구, 개달물(환자의 수건, 컵, 안경, 완구, 의복 등) 등에 의해 물이나 식품 등이 오염되고 이것을 경구적으로 섭취했을 때 감염되는 것을 말한다. 이런 경우에는 가끔 폭발적으로 발생되는 수가 있으며 이를테면 집단 이질 등이 대표적인 예이다.

감염경로는 그림 4-1과 같다.

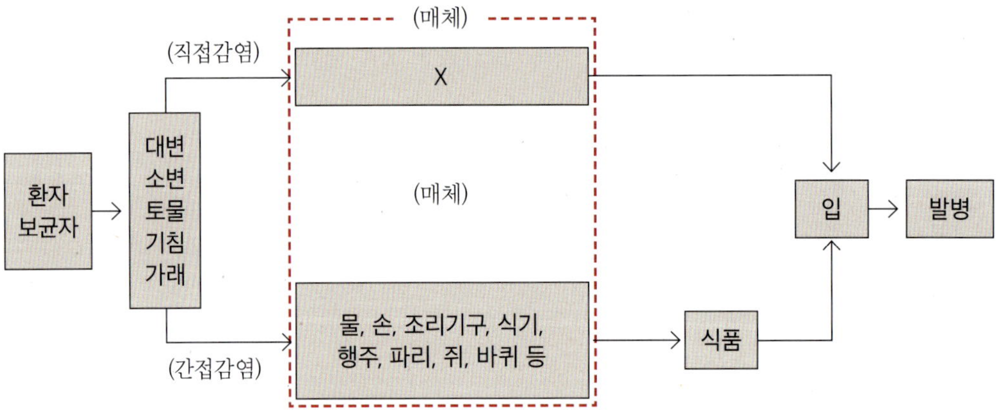

그림 4-1 경구감염병의 감염경로

4.3.2. 경구감염병의 종류

1) 세균성 이질(Shigellosis)

이질에는 이질균에 의해서 일어나는 세균성 이질(bacillary dysentry)과 원충에 속하는 아메바에 의해서 일어나는 아메바성 이질(amoebic dysentry)이 있는데 대부분은 세균에 의한 것이므로 세균성 이질을 뜻한다. 저개발국가에서는 가장 위험한 감염성 설사질환으로 취급된다.

· 병원체

이질의 병원체인 이질균(*Shigella*속)은 장내세균과에 속하는 티푸스균이나 대장균과 같이 0.5~0.7×2~3 ㎛ 크기의 Gram 음성의 간균, 호기성이지만 편모가 없어 운동성이 없는 점이 이들 균과 다르며 포자는 만들지 않는다(그림 4-2).

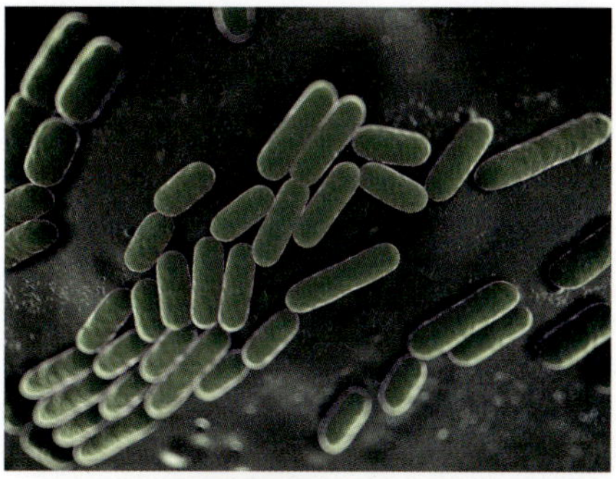

그림 4-2 이질균

· 증상

잠복기는 2~7일, 보통 2~3일로 처음에는 전신의 권태감, 식욕부진, 두통의 초기증상을 거쳐 오한, 발열, 복통, 설사가 일어난다. 발열은 38℃ 전후, 때로는 40℃를 넘는 일도 있다. 처음에는 물 같은 변이 많고 점점 점혈성 설사를 1일 2~3회에서 심하면 10회 이상 하고 설사 후에 남는 불쾌한 동통을 호소한다. 식품을 매개로 하여 대량의 균에 의한 감염을 받을 경우에는 잠복기가 짧고 구토가 극심하기 때문에 식중독으로 혼동되는 일이 많다. 이질에서 중요한 것은 경증환자와 보균자가 많은 점이며 철저히 관리를 해야 되는 것으로 식품위생상 중요하다.

· 감염원 및 감염경로

환자 또는 보균자가 배출한 분변에 오염된 물이나 배변 시 더럽혀진 손으로 식품이나 식기 등을 오염시켜 감염되는 일이 가장 많다. 파리, 바퀴 등의 위생해충이나 쥐 등이 화장실이나 기타 불결한 장소에서 이질균을 운반해 식품을 오염시키기도 하고 간혹 환자나 보균자의 분변이나 구토물 등과 직접 접촉에 의한 감염이 되기도 한다.

· 예방법

환자 및 보균자의 격리, 위생적인 음료수 공급, 배설물의 위생적 처리, 식품취급자의 위생적 습관 등을 들 수 있다.

이질균은 비교적 저항성이 약해서 55℃에서 30분, 60℃에서 10분의 가열로 죽는다. 또 1%의 석탄산에는 15~30분간, 70%의 알코올에는 수 분 이내에 죽는다. 식사 전에 식품의 가열을 충분히 하고 손의 소독을 철저히 해야 한다.

2) 장티푸스(Typhoid fever)

급성 전신성 열성질환으로 대표적인 경구감염병이다. 세계적으로 연간 약 2,200만 명이 발생하여 이 중 약 20만 명이 사망하는 것으로 추정된다. 선진국을 제외한 전 세계 대부분의 국가에서 발생하며 특히 아시아, 아프리카, 라틴아메리카에서 자주 발생한다. 우리나라는 1970년대 이전에는 연간 3,000~5,000명의 환자가 발생하였으나 최근에는 매년 200명 내외의 환자가 지속적으로 발생하고 있다. 성별, 연령별 발생 차이는 뚜렷하지 않으며 전국적으로 연중 발생한다.

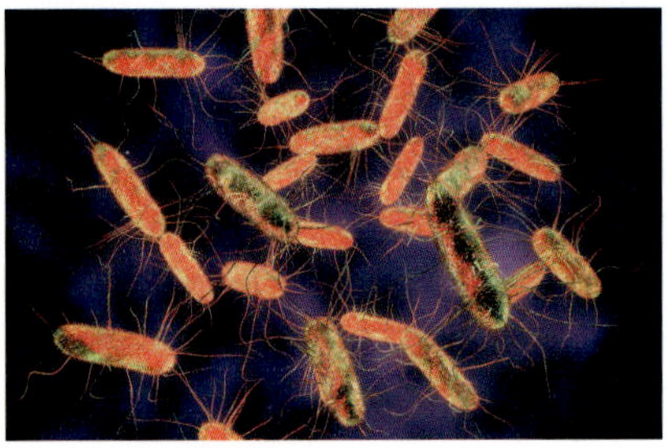

그림 4-3 장티푸스균

• 병원체

장티푸스는 *Salmonella typhi*(장티푸스균)에 의해서 발생된다(그림 4-3). 이 균은 장내세균으로 Gram 음성, 통성혐기성의 단간균이며 주모성 편모를 가지고 있어서 활발하게 운동하고 대변에서 60시간, 물에서 5~15일, 얼음에서 3개월, 육류에서 8주 정도 생존이 가능하다. *Salmonella*속 식중독과 같은 속이어서 성상에 비슷한 점이 많다.

• 증상

잠복기는 3일~21일, 평균 10~14일로 긴 잠복기를 거쳐 발병한다. 처음에는 오한이 반복되면서 점점 열이 높아지고 이 시기에는 두통, 전신권태, 식욕부진 등이 나타나므로 감기와 혼동하기 쉽다.

1주 끝 무렵이 되면 열은 39~40℃에 달해 피부에 약간 발진이 나타난다. 심할 때에는 설사, 장천공 및 장출혈, 간장·비장의 비대, 담낭염 등을 일으키기도 한다. 또 의식혼탁, 헛소리 등의 증상도 나타나 그 시기가 가장 위험하다. 3~4주에 들어서서는 열이 올랐다 내렸다 하면서 차차 떨어져 증상도 서서히 회복된다. 고열을 치료하지 않는 경우 4주 내지 8주 동안 지속되기도 한다.

이환기간 동안 지속적으로 보통 수일에서 수주까지 대변과 소변으로 균이 배출되고 치료하지 않는 경우 약 10%의 환자는 발병 후 3개월까지 균을 배출한다.

• 감염원 및 감염경로

이질과 같으나 감염원으로서는 대변 이외에 소변을 들 수 있고 환자나 보균자의 담낭에서 생성, 증식하므로 대개 담도계 이상과 관련된다. 장티푸스에서는 10년 이상도 보균하는 예가 가끔 있어 영구보균자 또는 만성보균자가 크게 문제되는 경우가 있다. 만성보균자란 1년 이상 소변이나 대변에서 장티푸스균이 검출되는 경우로 대개는 장티푸스를 앓고 난 환자들 중 2~5% 정도가 만성보균자로 이행되나 만성보균자의 1/3 정도는 장티푸스의 과거력이 없는 사람에서도 보균자가 생기는 것으로 알려져 있다. 이들은 별다른 치료를 받지 않는 한 평생 동안 장티푸스 보균자가 된다.

그 좋은 예로 유명한 "Typhoid Mary"인데, 여자 요리사였던 Mary Mallon은 10년간에 8가족을 이동하며 7회의 유행을 일으켰다. 이중에는 200명을 넘는 대유행도 있었으며, 남아프리카에서 동일인이 5회나 유행의 감염원이 된 예도 있다. 우리나라에서도 보균자가 감염원으로 된 예가 많이 있다.

사람만이 유일한 병원소로 감염경로는 주로 환자와 보균자의 대·소변, 타액 등에서 배출된 병원체에 의해 오염된 물이나 식품을 통해 발생된다. 또한 소량의 균으로도 감염이 가능하여 환자나 보균자와의 직접 접촉에 의해서도 감염되고 변기, 화장실 손잡이, 수건 등에 의한 간접감염도 가능하다. 원인식품으로는 얼음, 두부, 굴 등에 의한 예도 있다.

· **예방법**

환자의 격리, 보균자의 조기발견 및 관리를 하여야 한다. 특히 장기보균자는 2년간 보균검사를 실시한다. 손 세척 등의 개인위생관리를 철저히 하고 환경위생이 가장 중요하므로 급수시설의 위생적 개선 및 오수는 위생적으로 처리하여야 하고 오염의 우려가 있는 식품은 섭취 전 가열하여 섭취한다. 예방접종을 실시하며 치료는 항생물질을 사용한다.

3) 파라티푸스(Paratyphoid fever)

파라티푸스균(*Salmonella paratyphi* A, B, C)에 의해서 일어나는 급성 전신성 열성질환으로 장티푸스와 임상적 또는 병리적 소견이 유사하나 증상은 가볍다. 또한 감염원 및 감염경로도 동일하며 보통 장티푸스에 비해 발생 수준이 낮고 해가 갈수록 현저히 줄어들고 있다.

4) 콜레라(Cholera)

콜레라는 수인성 외래감염병으로 인도의 간지스강에 상재하고 있는 풍토병으로 오래전부터 알려져 있으며, 이 지역을 기점으로 주로 교역 루트를 통하여 1817년부터 1923년 사이에 6차례의 세계적인 대유행이 있었다.

우리나라에서도 이 기간에 몇 번의 콜레라가 침입하여 유행한 바 있으며 해방 후인 1946년에 많은 해외동포들의 귀국으로 대유행을 일으켜 무려 15,644명의 환자 발생과 그 중 10,181명의 사망으로 치명율이 65.1%나 되었다. 그 후 1963년에는 환자 414명 발생에 36명이 사망하여 치명율이 8.6%로 감소되었고 1964년, 1969년, 1970년, 1980년, 1991년, 1995년에 유행적 발생이 있었다. 그 이후로는 환자가 산발적으로 발생하고 있다.

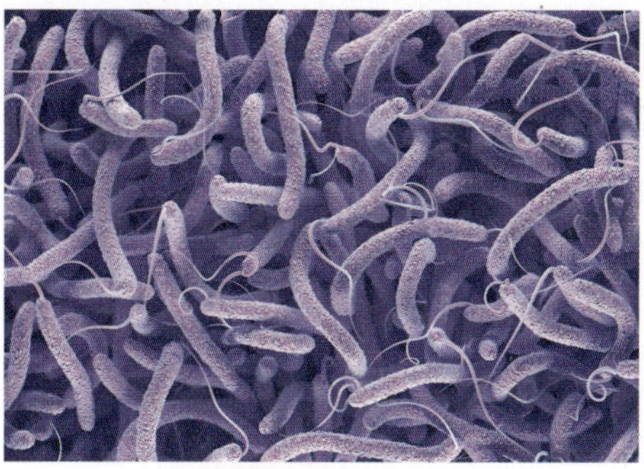

그림 4-4 콜레라균

· 병원체

병원균은 *Vibrio cholerae*로 Gram 음성의 간균, comma 모양을 이루고 한 개의 편모를 가지고 활발하게 운동한다(그림 4-4). 이 균은 인도지방 등에서 유래한 전형적인 콜레라균인 Asia형 *Vibrio cholerae*와 이의 변이형인 El Tor형 콜레라(*Vibrio cholerae* biotype El Tor)로 구별되며 각각 유행의 원천지를 달리하고 있다. 균은 저항력이 약하여 56℃에서 1시간 정도면 죽고 끓이면 순간적으로 죽는다. 그러나 저온에서는 강하여 물속에서는 수일간 사는 경우도 있다. 일반 소독제에 대하여서는 저항력이 극히 약하다.

· 증상

1~5일, 평균 3일 정도의 잠복기를 거쳐 급히 발병한다. 심한 수양성 설사(쌀뜨물 같은 색)와 구토가 일어나기 때문에 체내에서의 수분 부족으로 구갈, 근육통, 피부건조, 무뇨증을 일으키고 체온은 오히려 평열 이하가 된다. 청색증을 유발하기도 하고 눈은 들어가고 피부는 주름이 생기며 중증일 때는 탈수가 심하여 혈액량 부족으로 인한 쇼크 등으로 수 시간에서 1일 이내에

사망한다. 치명률은 과거에는 50% 이상이었으나 근래에는 신속한 치료로 10% 미만으로 감소하고 있다.

· 감염원 및 감염경로

환자 및 보균자의 분변, 구토물 속에 균이 같이 배출되어 직접·간접접촉으로 감염된다. 그러나 콜레라 환자와 직접 신체적인 접촉을 하여 콜레라에 감염될 가능성은 상대적으로 적으며 주로 해수, 음료수, 식품 특히 어패류를 오염시켜 오염된 식품을 경구적으로 섭취하여 감염된다. 근래에 해외 여행객 급증 및 해외 근로자의 국내 취업 증가로 인한 유입 가능성도 높아지고 있다.

· 예방법

이 감염병은 우리나라에는 상재하지 않는 외래감염병이기 때문에 항만이나 공항의 검역을 철저히 함이 가장 중요하다. 일단 국내에 침입하면 그 전파속도가 빠르므로 방역대책에 따라 신속한 예방대책을 강구하여야 한다.

개인위생의 실천과 유행지역의 여행금지, 날 음식의 섭취를 피하고 물과 음식물은 완전히 가열해서 섭취하도록 한다. 또한 칼, 도마 등의 조리기구, 기타 물건의 소독을 철저히 하며 환자 등의 분변이 묻은 옷가지 등은 절대 우물가나 냇가에서 세탁하지 말아야 한다. 지하수를 오염시켜 집단발생의 원인이 될 수 있다. 콜레라 예방백신에는 사균백신이 효과적이기는 하나 그 효과가 매우 낮기 때문에 예방접종을 권장하지는 않는다.

5) 폴리오(Poliomyelitis; 급성회백수염, 소아마비, 척수전각염)

소아마비로서 일종의 급성 열성질환이다. 우리나라에서는 1960년대 초반까지 크게 유행하다가 그 후 경구용 생백신 예방접종으로 크게 감소되고 있다. 환자는 거의 어린이로서 1~2세의 유유아가 걸리기 쉬우며 연령이 높아짐에 따라 이환율이 떨어진다. 그 이유로는 항체가 없으면 연령과 관계없이 감염되지만 대부분 불현성 감염이 많아 모르는 사이 어릴 적에 이미 감염을 받아 면역을 얻었기 때문이라고 생각된다.

· 병원체

병원체는 신경 친화성의 폴리오 바이러스(*Poliovirus* type 1, 2, 3)이며 항원성에 따라 I, II, III형을 나눈다. 이 바이러스는 50℃에서 30분, 자외선, H_2O_2로 파괴되며 0.05 ppm의 유리염소를 함유한 물속에서 10분 이내에 불활성화된다.

· 증상

경구적으로 바이러스가 감염되면 대부분은 무증상이지만 1~3주(보통 12일)의 잠복기를 거쳐 처음에는 독감이나 감기증상과 비슷하게 시작하여 두통, 발열이 1~3일 지속된다. 이렇게 열이 있는 동안에 간혹 근육의 마비가 일어나 마비형이 되는 경우도 있다. 39℃ 정도의 발열에서 현기증, 두통, 근육통, 강직, 피부지각 이상 등의 신경증상이 나타나고 근육마비가 일어나다가 1~2주 지나면 회복기에 들어가는데 반년이 지나도 계속적인 마비상태이면 영구화되기 쉽다.

· 감염원 및 감염경로

환자와 불현성 감염자의 분변과 함께 배출된 바이러스가 식품을 통하여 경구감염된다. 그 밖에 인후 분비물인 콧물, 재채기 등에 의해 비말감염 또는 직접 접촉으로 감염되는 수가 있다.

· 예방법

예방접종이 가장 효과적이며 특히 생백신이 뛰어난 예방약이다. 현재 우리나라에서는 정기적인 예방접종에 대한 인식이 잘 되고 있어 소아마비는 거의 없어진 셈이다.

6) 유행성 A형 간염(Viral hepatitis A)

세계의 의료선진국들 뿐만 아니라 우리나라에서도 유행성 간염이 과거의 폐결핵만큼이나 인류의 건강을 좀먹는 중요한 질환이라는데 인식을 같이 하고 국가적 차원에서 예방책을 강구해 왔다. 간염은 바이러스가 간세포에 침입하여 염증을 일으키는 급성 간염질환으로 현재 A, B, C, D, E형의 간염 바이러스가 알려져 있다. 이 중 A형, E형 바이러스는 경구적으로 감염되며 B형, C형 바이러스는 혈액이나 체액, 모자간 수직감염 등에 의해 감염되므로 식품위생 측면에서는 A형과 E형 바이러스가 문제가 된다.

세계보건기구는 연간 약 140만 명의 A형 간염환자가 발생하는 것으로 추정하고 있다. 우리나라는 1995년 이후 10~30세 사이에 A형 간염환자가 증가하였고 이 중 20~30대가 전체 환자의 70~80%를 차지한다. 신고건수도 꾸준히 증가하였으나 2009년(표본감시, 15,231명)을 정점으로 감소추세에 있다.

· 병원체

병원체는 A형 간염 바이러스(hepatitis A virus; HAV)이다. 감염기간은 증상발현 2주 전부터 황달이 나타난 후 1주일까지이며, 증상발현 1~2주 전이 가장 감염력이 강한 시기이다. 바이러스의 배출은 증상이 발현되면 감소하기 시작하여 7~10일이면 현저하게 감소하고 3주 정도가 되면 대부분 바이러스를 대변으로 배출하지 않는다. 소아는 바이러스 배출기간이 길어 증상발현 후 10주간 지속되기도 하고, 신생아 감염 시 6개월간 지속되는 경우도 있다.

· 증상

15~50일, 평균 28일의 잠복기를 거치며, 증상은 발열, 두통, 구역 및 구토, 식욕감퇴, 근육통 등의 감기증상이 있고 그 후 황달이 나타나면서 암갈색 소변이 나오는 증상을 보이다가 발병 후 3주 정도 지나면 회복된다. B형과 C형 간염에 비해 회복이 양호하여 1~2개월 정도면 간 기능이 정상화되므로 간경변, 간암 등으로 진행되는 경우는 없다. 6세 미만의 소아는 급성간염을 일으키기도 하지만 대부분 경과가 가볍거나 70%가 불현성 감염을 보이며 연령이 높아질수록 황달이 동반되며 증상이 심해진다.

·감염원 및 감염경로

환자나 불현성 감염자의 분변과 함께 배출된 바이러스가 물과 식품, 손 등을 통해 경구감염된다. 감염 직후 인후 분비물로도 감염되는 경우도 있고 주사기나 혈액을 통해서도 감염된다. A형 간염은 위생적인 공중위생시설 및 손씻기와 같은 개인위생습관의 부족과 밀접하게 관련되어 있다.

· 예방법

상하수도 정비 등의 환경위생 상태를 개선한다. 환자의 분변이나 인후 분비물은 위생적으로 처리하고 환자나 오염된 매개물의 접촉에 주의한다.

물, 식품 등은 85℃에서 1분 이상(조개류는 90℃에서 4분) 충분히 가열하여 섭취한다. 감염자의 식품취급을 금지시키고 개인위생관리를 철저히 하도록 교육한다.

최근에는 간염 예방주사가 효과가 크므로 예방접종을 실시하고 환자는 임상증상이 생기고 나서 1주일까지는 다른 사람과 접촉을 피해야 하고 입원 시 가능한 1인실 사용을 추천하나 필수사항은 아니다.

7) 천열(Izumi fever)

일종의 발진성 열성질환으로 성홍열과 비슷하여 이성 성홍열이라고도 한다. 일본에서 유행했을 때 Izumi란 사람이 이 질병을 처음으로 보고하였다.

· 병원체

바이러스로 알려져 있다.

· 증상

1~18일, 평균 7~9일의 잠복기를 거쳐 오한, 두통과 함께 39~40℃의 열이 오르내리는 특수한 발열현상을 나타낸다. 이어 성홍열에서와 같은 발진이 국소 또는 전신에 생기고 2~3일 후면 없

어진다. 초기부터 메스꺼움, 구토, 복통, 설사 등의 위장증상이 따른다.

·감염원 및 감염경로

환자, 보균자 또는 쥐의 배설물에서 감염원이 되어 음료수나 식품에 오염된 후 경구감염되는 것으로 때로는 비말 또는 접촉 감염이 될 수도 있다.

4.3.3. 경구감염병의 예방법

경구감염병의 예방은 일반 감염병의 경우와 같이 감염원, 감염경로 및 감수성 숙주에 대한 대책이 필요하다. 식품위생상 앞서 본 각각의 예방대책을 종합하면 다음과 같이 요약된다.

① 환자 또는 보균자의 조기발견에 노력하고 특히, 식품관계 종사자는 반드시 정기적인 건강검진 등을 실시하여 발견 시 식품의 취급을 금지할 것

② 식품의 제조·가공·조리에 사용하는 기구, 용기, 식기 등의 세척·소독을 철저히 할 것

③ 식품에 사용하는 물은 정기적으로 수질검사를 실시하고 음용수는 반드시 끓여서 섭취할 것. 특히 지하수인 경우는 오수가 스며들지 않도록 취수원의 관리를 철저히 할 것

④ 쥐, 파리, 바퀴 등의 위생해충의 침입을 막고 이들을 구제할 것

⑤ 작업장을 청결관리하고 정리정돈을 잘할 것

⑥ 식품의 원료는 신선하고 위생적인 것을 사용하고 반드시 보관기준에 맞게 냉장·냉동 보관할 것

⑦ 식품은 충분하게 가열하여 섭취하고 되도록 생식을 피할 것

⑧ 위생복장 착용 및 손씻기 등의 개인위생관리를 철저히 할 것

⑨ 예방접종을 실시할 것

4.4. 인수공통감염병

인수공통감염병(zoonosis)이란 척추동물과 사람 사이에 같은 병원체에 의해 자연적으로 이행할 수 있는 질병 또는 감염상태를 말한다. 오늘날 이와 같은 인수공통감염병은 지구상에 약 200종류가 있는데 그 중에서 위생상 중요 시 되고 있는 것만도 90여 종에 이르고 있다. 그들 질병의 숙주, 즉 병원체를 가지고 있는 동물의 종류는 광범위하여 고등동물에서부터 하등동물에 이르기까지 널리 퍼져 있으며 병원체의 종류로는 세균, 바이러스, 리케차, 곰팡이, 효모 및 기생충, 기타 절족동물에까지 이르고 있다(표 4-4).

표 4-4 병원체에 의한 인수공통감염병의 분류

병원체	질병
세균	브루셀라증, 돈단독균증, 렙토스피라증, 탄저, 결핵, 야토병 등
바이러스	일본뇌염, 광견병(공수병), 신증후군 출혈열, 동물인플루엔자 인체감염증(AI), 중증급성호흡기증후군(SARS) 등
리케차	발진티푸스, 발진열, 쯔쯔가무시증, Q열

인수공통감염병의 주된 것으로 탄저, 유비저, 브루셀라증, 결핵, 페스트, 야토병, 돈단독, 렙토스피라증, 발진열, Q열, 광견병, 일본뇌염, 구제역 등이 있다. 이 중 식품위생상 문제가 되는 것은 식용으로 제공되는 동물에서 발병되는 인수공통감염병으로 이환동물의 고기, 알, 젖을 섭취함으로써 감염되거나 이환동물과의 접촉에 의해서 감염되는 감염병이다.

감염경로는 질병에 따라 다른데 이환동물의 고기나 젖 등의 식품을 매개로 한 경구감염이 되기도 하고 이환동물의 조직이나 분비물 등을 제조·가공·조리 및 처리하면서 접촉에 의한 경피감염이 되기도 한다.

4.4.1. 주요 인수공통감염병의 종류

1) 결핵(Tuberculosis)

우리나라의 경우 과거에 비해 결핵환자가 많이 감소하였으나 OECD 회원국 중 가장 높은 발생률과 치명률을 보이는 매우 심각한 감염병이다.

결핵은 영어로는 '덩어리'라는 뜻의 'Tubercle'과 '상태'라는 뜻의 '~osis'가 합쳐져서 '몸속에 치즈 같은 육아종 덩어리가 생기는 병' 이란 뜻으로 'Tuberculosis'라고 부르며, 우리말로는 '결절 즉, 덩어리를 만든다, 맺어진다' 는 뜻의 '결(結)'자와 '중심, 씨앗'이라는 뜻의 '핵(核)'자가 합쳐져서 '결핵'이라고 부른다.

· 병원체

병원체는 결핵균(*Mycobacterium tuberculosis*)이며 사람에 침범하는 인형균(human type), 소에 침범하는 우형균(bovine type), 조류에 침범하는 조형균(avine type)의 3종류가 있다.

· 증상

결핵에 감염되면 초기증상이 나타나기 까지 4~6주 정도 잠복기를 거친다.

공통증상으로는 발열이 가장 많이 나타나고 그 외 전신피로감과 식은땀, 식욕부진, 체중감소 등이 동반된다. 결핵은 전신감염증으로 폐와 신장, 신경, 뼈, 뇌 등 우리 몸 속 거의 대부분의 조직이나 장기에서 병을 일으키므로 주된 감염부위에 따라 임상증상 및 증후는 매우 다양하다.

폐결핵은 공통 증상 이외에 2주 이상의 기침, 객담, 객혈 및 흉통 등이 나타나는데 이런 증상들은 대부분의 호흡기 질환에서도 나타나므로, 반드시 폐결핵환자에서만 볼 수 있는 특이한 증상은 아니다.

그 외 침범 장기에 따라 공통증상 이외에 혈뇨, 방광염, 허리통증, 관절염, 뇌막염 등의 증상을 각각 나타낸다. 하지만 우리나라는 신고된 결핵환자의 88% 정도가 폐결핵으로 '결핵'을 '폐결핵'으로 사용하기도 한다.

· 감염원 및 감염경로

결핵의 주된 감염원은 도말 양성 폐결핵환자이다. 이들의 기침이나 재채기 등을 통해 결핵균이 들어있는 비말핵이 배출되고 대체로 5 ㎛ 이하의 비말핵이 호흡기를 통해 폐에 도달하면 1~3개의 결핵균만으로도 감염을 일으킬 수 있다.

감염성 결핵환자에게 노출되었다 해도 그 중 25~30%만 감염되며, 감염자 중에서도 약 10%만 일생에 걸쳐서 발병한다.

인형균은 가끔 소, 돼지 등에 감염되고 또 우형균이 사람에 감염되는 일이 있다. 우형균의 사람에의 감염은 병든 소의 오염된 우유를 마시기 때문에 일어나는 일이 많다. 하지만 1950년대 초부터 우유를 살균해서 먹는 것이 일반화 되면서 사람에서의 발병은 드물고 실제로 알려져 있지 않다.

또 조형균이 드물게 사람에게 감염되어 신장, 피부 등에 결핵 병변을 일으키는 수도 있어서 주목되고 있다. 조형균에 의한 사람의 감염경로는 닭, 달걀, 우유, 돼지고기, 쇠고기 등이다.

· 예방법

감염성이 있는 결핵환자의 조기 발견 및 격리, 치료를 하여야 한다. 정기적으로 tuberculin 반응검사 또는 X-선 검사 등을 하여 음성자인 경우 BCG(Bacillus Calmette Guerin)접종을 실시한다. 결핵균은 열에 약하므로 우유는 반드시 살균처리하는 것이 무엇보다 중요하다. 결핵에 감염된 소를 조기 발견해서 우형 결핵을 박멸하는 것 또한 중요하다.

2) 탄저(Anthrax)

비탈저라고도 하며 초식동물, 특히 소, 말, 양 등에 발생하는 급성 열성 감염병으로 가끔 사람에게도 이환된다. 세계에 널리 분포되어 있고 감염부위에 따라 피부탄저, 장탄저, 폐탄저가 있다. 이중 피부탄저가 가장 많다.

우리나라는 1992년 13명의 인후탄저 환자가 발생하였고 1994년 28명의 장탄저 환자가 발생하여 3명이 사망했으며 1995년에는 2명이 발생하여 1명이 사망, 2000년에는 5명의 피부탄저

환자가 발생하여 2명이 사망하였다.

· 병원체

탄저균(*Bacillus anthracis*)이며 이 균은 1876년 Koch가 처음으로 감염병의 병원체에서 발견한 것으로 유명하다. 또 1881년 Pasteur가 이 균의 약독균으로 예방접종을 실시해서 탄저의 예방에 성공한 것은 세균학의 역사상 빛나는 업적이 되고 있다.

탄저균은 포자를 만드는 대형 간균으로 호기성의 Gram 양성이고 그 포자는 내열성이 강하고 건조, 화학제 등에 저항력이 강하여 토양이나 동물성 제품 등에서 수년간 생존할 수 있다.

· 증 상

1~4일의 잠복기를 거쳐 균이 피부상처를 통해 침입되면 그 부위에 악성농포를 만들고 주위에 부종, 침윤, 중심부의 궤양과 주변의 임파선염 등의 피부탄저를 일으킨다. 포자를 경구적으로 흡입하여 폐탄저를 일으키면 폐렴 증상을 나타내며 이환동물의 고기를 먹고 장탄저가 되면 구토, 복통, 설사를 일으킨다. 또 혈류에 침입하면 패혈증을 일으키기도 한다. 동물에 침입하면 전신증상이 나타난 후 겨우 2~3일에 사망하는 경우도 있으며 소, 양의 치명율은 약 80%이다.

· 감염원 및 감염경로

가축이 감염되는 것은 주로 오염된 풀이나 사료를 먹는 데에 있다. 사람의 감염은 주로 피부의 상처에서 일어나는 것으로 오염된 토양이나 목초 등을 취급할 때나 가축을 기르는 농부, 목축업자, 도축업자, 피혁업자, 양모취급업자, 수의사 등이 감염된 가축 및 축산물을 직접 접촉을 하게 되면 경피감염되기도 하고 털에 묻어 있는 포자를 흡입하여 감염되는 일종의 직업병이다. 또한 이환동물의 고기를 먹고 감염되는 경우도 가끔 있다. 사람에서 사람으로 감염되는 경우는 드물다.

• 예방법

이환동물을 조기발견하여 격리, 치료를 하는 것이 중요하다. 또 반드시 가축의 예방접종 실시를 하고 상처가 있는 사람의 가축 취급에 주의해야 한다. 포자는 내열성이므로 가축의 사체나 오염물의 소독에는 소각 또는 고압증기멸균을 하여 병원균의 오염을 방지한다.

3) 브루셀라증(파상열, Brucellosis)

브루셀라증은 범세계적으로 사람과 가축에서 발생되는 중요한 인수공통감염병이다. 일부 국가에서는 염소, 양 및 돼지의 감염균이 소에 감염되어 이 균이 다시 사람에게 감염되는 공중보건 상 새로운 문제로 대두되고 있다. 우리나라는 2002년 젖소의 미살균우유를 먹고 감염된 첫 환자가 보고되었고 그 후 2003년 16명, 2004년 47명이 보고되었다. 소, 염소, 돼지 등에는 감염성 유산을 일으키고 사람에 감염되면 파상열같은 열병을 일으킨다. 이런 질병을 일괄해서 브루셀라증이라 한다.

• 병원체

*Brucella*균은 Gram 음성 간균으로 3가지가 있다. 아프리카, 미국 등에 많으며 처음 지중해의 Malta섬에서 염소, 양 등에 감염성 유산을 일으킨 Malta열균(*Brucella melitensis*)과, 유럽, 미국에서 많은 소에 감염되는 소 유산균(*Brucella abortus*), 돼지 유산균(*Brucella suis*)이 있다.

• 증상

사람에 감염되면 짧은 것은 1주간, 긴 것은 수주간의 잠복기를 거친 후 장티푸스와 같이 열이 단계적으로 올라서 38~40℃가 되고 이 열이 2~3주간 계속해서 내리고 이와 같은 정형적인 열형이 주기적으로 일어나므로 파상열이라는 이름이 붙게 된 것이다. 발열 중에는 발한, 근육통, 불면증, 관절통, 두통 등이 따른다. 동물의 경우 수컷은 관절염, 부고환염, 고환염이 걸리고 암컷인 경우 유산을 한다.

· **감염원 및 감염경로**

소, 돼지, 양, 염소와 같은 동물들이 주요 감염원으로 알려져 있다.

감염경로는 감염된 동물의 사체나 분비물, 태반 또는 분변, 소변과 함께 배출된 병원균에 의하여 피부 상처나 결막이 노출되어 경피감염되거나 이환된 동물의 젖, 유제품, 고기 등을 가열하지 않고 섭취함으로써 경구감염이 되기도 한다. 특히, 농부, 목축업자, 수의사 등에서 발생빈도가 높고 실험종사자, 식육검사관에서도 감염되는 경우가 있다.

· **예방법**

가축의 예방접종, 이환동물의 조기발견, 도살 또는 격리, 축사 등의 소독을 철저히 한다. 상처가 있는 사람의 가축 취급에 주의해야 한다. 이 균은 60℃, 10분 정도의 가열로 사멸하므로 우유는 반드시 살균해야 한다.

4) 야토병(Tularemia)

야토병은 설치류, 특히 산토끼와 들쥐, 다람쥐들 사이에 자연 감염되는 일종의 유행병이다. 1912년경에 미국에서 발견되어 사람에 감염되는데서 주목되었으며 미국, 유럽, 아시아 등 세계 각지에 퍼져 있다.

· **병원체**

야토병균(*Francisella tularensis*)이며 Gram 음성의 작은 간균으로 페스트균과 똑같다.

· **증 상**

3~4일의 잠복기를 거쳐 소화기관에 침입한 경우 장티푸스와 같은 오한, 전율과 발열 등의 열성질환이 나타난다. 균이 침입한 피부주위에 농포가 생겨 궤양으로 변하며 그 주변에 국소 임파선이 붓는다. 균이 코에 침입할 경우 비강점막을 해치고 눈에 침입할 경우 악성 결막염을 일으키기도 한다. 병후에는 강한 면역이 형성된다.

· 감염원 및 감염경로

동물 상호간의 감염은 흡혈 곤충, 특히 진드기류에 의한 것으로 본다. 사람내의 감염은 병든 토끼류의 접촉에 의해 피부의 상처나 점막으로 경피감염을 일으키기도 하고 때로는 경구감염도 일어난다.

· 예방법

산토끼를 취급하는 사람 특히, 상처가 있는 사람은 주의해야 한다. 이 균은 열에 약하므로 산토끼를 먹을 때에는 충분히 익혀서 먹고 또 유행지역에서의 생수의 음용은 피해야 한다.

5) 돈단독균증(Swine erysipelas)

돈단독균증은 주로 돼지에 단독 모양의 피부염을 일으키기도 하고 패혈증을 일으키며 세계적으로 널리 발생하는 감염병이다. 일반적으로 여름에 많고 겨울에는 적으며 돼지 이외에 드물게는 양, 소, 말, 닭 등에도 생기고 사람도 감염되는 일이 있다.

· 병원체

돈단독균(*Erysipelothrix rhusiopathiae*)이며 이 균은 Gram 양성의 작은 간균으로 무포자, 편모는 없다. 55℃, 15분간의 가열로 죽지만 육류 중에서는 저항이 강하고, 햄, 훈연제품 등에서는 1~3개월간 살아남는다.

· 증 상

경피감염의 경우 보통 단독 모양의 피부염증상을 일으킨다. 피부에 발적, 종창이 일어나 강한 동통이 있으며 때로는 임파선염, 관절염이 일어나기도 한다. 보통은 증상이 가벼워 1~4주 정도면 회복이 되지만 중증일 경우에는 패혈증을 일으켜 사망하는 수도 있다.

- **감염원 및 감염경로**

사람에의 감염은 주로 피부의 상처에서의 병든 돼지나 그 고기, 장기 등을 취급할 때 일어나고 경구감염이 일어날 때도 있다.

- **예방법**

이환동물의 조기발견, 격리, 치유, 소독 등을 충분히 실시하는 것이 중요하고 또 돼지의 예방접종을 실시한다. 예방접종에는 약독성 백신, 또는 사균 백신이 사용되며 치료에는 페니실린 등의 항생물질이 유효하다. 상처가 있는 사람의 가축 취급에 주의해야 한다.

6) 렙토스피라증(Leptospirosis, Weil's disease)

세계적으로 분포하고 있는 것으로 소, 개, 돼지, 쥐 등이 감염된다. 급성전신성 열성감염증으로 Weil's disease(와일씨병)이라고도 불린다. 1975년 가을 경기, 충북 지역 벼농사 작업자들을 중심으로 유행이 보고되어 "유행성폐출혈열(epidemic pulmonary hemorrhagic fever)"로 불리던 원인불명의 질환이었으나 1984년 처음 렙토스피라균에 의한 감염이 확인되었다. 여름에서 초가을 사이에 많이 발생되어 신증후군출혈열, 쯔쯔가무시증과 함께 가을철 농촌 3대 유행 질환의 하나이다. 우리나라에서도 최근에 환자가 많이 발생되고 있다.

- **병원체**

*Spirochaeta*의 일종으로 병원성 렙토스피라균(*Leptospira*속)이다. 균체의 끝이 꾸부러져 있고 두 개의 편모를 축으로 몸체가 16~20회 감겨있는 나선균이다.

1886년 Weil이 발표하고 1915년 Inada가 발견하였는데 건조에 의해 급속히 사멸되고 물의 염소소독에 의해 완전히 파괴된다.

- **증상**

5~7일의 잠복기를 거쳐 초기에는 대부분 39~40℃의 고열이 나고 오심, 구토, 복통, 설사, 점

막·피부의 일시적 발진, 결막의 심한 발적과 눈부심, 두통, 요통, 근육통 등의 경미한 감기몸살과 유사한 증상이 4~7일 정도 지속되다가 1~2일 열이 가라앉는 시기를 거친다. 일부는 발열, 발진 등의 증상이 다시 발생되며 뇌수막염, 포도막염이 동반될 수 있고 심한 경우 폐출혈이 발생되기도 한다. 감염의 5~10%는 초기 경증 증상 4~7일 후에 황달, 신부전, 출혈 등을 보이는 Weil씨 병으로 진행되기도 한다.

·감염원 및 감염경로

감염된 소, 개, 돼지, 쥐 등의 소변을 통해 배출된다. 사람은 주로 감염된 들쥐의 소변이나 오염된 물, 풀, 토양 등에 직접 노출되었을 때 상처 난 피부나 구강, 비강 등의 점막을 통해 경피감염된다. 특히 논일을 하는 농부, 하수도 청소부, 수의사, 축산업자, 군인 등은 주의하여야 한다. 간혹 오염된 음식물을 섭취하고도 발생된다.

· 예방법

쥐의 구제가 우선이며, 야외활동 시나 홍수 이후 벼 베기, 벼 세우기, 들쥐 포획사업 등의 작업 시 피부보호를 위한 작업복, 장화 등을 착용하고 작업한다. 오염원과 접촉했던 손, 발의 세척 및 소독을 철저히 한다.

7) Q열(Q fever)

소, 양, 염소에서 발견되는데 가축이나 사람에 공통되는 급성감염병으로 동물은 증상이 뚜렷하지 않으나 사람에서는 호흡기 증상이 나타나는 질환으로 세계 여러 나라에서 발견되고 있다. 1935년 Australia의 Queensland에서 처음으로 발견되었는데 초기에는 원인 병원균이 확인되지 않아 '의문의 열병'이라는 뜻의 '쿼리 열(Query fever)'이라고 불려졌다가 1937년 Derruck에 의해 리케차성 병원체가 확인되면서 앞 철자를 그대로 따서 큐열(Q열)로 부르고 있다.

• **병원체**

리케차인 *Coxiella burnetill* 인데 Gram 음성 간균으로 운동성이 없으며 건조에 대한 저항성이 특히 강하고 71.5℃, 15분이면 죽는다. 병원성은 낮지만 감염력은 높아 최소 균량으로도 감염이 가능하다.

• **증 상**

큐열에 감염 시 뚜렷한 특징이 없어 일반적인 질환들에서 나타나는 포괄적인 증상이 나타난다. 2~4주의 잠복기를 거쳐 두통, 권태, 38~40℃의 고열과 함께 오한, 두통, 근육통이 일어난다. 특히 발열은 1~2주 지속되며 체중감소가 오랜 기간 지속된다. 중증인 때에는 간장해와 황달을 일으키며 3~6일의 발열기간 후 불면증, 흉통이 나타나 혼수상태가 된다.

• **감염원 및 감염경로**

인체 감염원으로 주로 소, 염소, 양 등이고 그 외에 개, 고양이와 같은 애완동물도 드물게 감염원이 될 수 있다. 감염된 소에 있는 진드기에 물리거나 리케차가 함유된 먼지를 흡입하여 감염된다. 병원체가 함유된 동물의 생유를 마시거나 음식의 섭취를 통해서도 감염될 수 있으며 이환동물의 출산 시 양수 및 태반 등의 조직이나 배설물에 접촉하여 감염된다.

• **예방법**

진드기 등 흡혈 곤충의 박멸과 가축의 감염상태 조기발견, 조치가 필요하다. 감염된 동물들과 접촉을 피하거나 가축의 태반 등 출산 적출물, 대소변의 부산물을 소각하거나 폐기하는 등의 적절한 처리를 하고 우유 및 식품 등은 가열해서 섭취하도록 한다. 치료에는 chloramphenicol이 유효하다.

8) 리스테리아증(Listeriosis)

소, 양, 말, 돼지, 산양 등의 가축 및 가금류에 널리 자연 감염되어 있으며 때로는 사람에게 감염되는 감염병이다.

· 병원체

*Listeria monocytogenes*이며 Gram 음성 무포자 간균이다. 다양한 모양이며 실온에서 배양할 때는 운동성이 있다.

· 증 상

잠복기는 수일~수주일이며 증상은 다양하고 수막염의 경과를 취하는 예가 많다. 단핵구의 현저한 증가를 볼 수 있으며 패혈증을 일으킨다. 임산부에 있어서는 자궁 내막염이 일어나며 태아나 초생아에 있어서 사망률이 높다.

· 감염원 및 감염경로

사람은 감염동물과의 직접 접촉 및 오염된 식육, 유제품 등에 의한 경구감염이나 오염된 먼지의 흡입에 의하여 감염된다.

· 예방법

가축의 예방접종 실시와 위생관리를 철저히 한다. 우유의 철저한 살균소독, 이환 동물의 조기 발견, 조치가 필요하다. 예방접종에는 무독 생균백신이 개발되어 있다.

9) 동물인플루엔자 인체감염증(Avian influenza)

조류인플루엔자 바이러스(Avian finfluenza, AI)의 인체감염에 의한 급성호흡기 감염병이다. 닭, 칠면조, 오리, 야생조류 등을 감염시켜 동남아시아 일부 지역 및 국내에서 동물인플루엔자 인체감염증이 지속적으로 발생하고 있다. 일반적으로 사람을 감염시키지 않지만 최근 종간벽(Interspecies barrier)을 넘어 간헐적으로 동남아시아와 중국 등에서 AI 바이러스가 인체감염을 일으키는 사례들이 보고되고 있고 향후 바이러스 변이 등을 통해 사람간의 전파가 용이해질 가능성도 있다. 우리나라에서는 아직까지 AI 인체감염의 사례는 없으며 제4군 법정 감염병으로 지정한 후 관리해 오다가 조류인플루엔자 인체감염증의 관리범주를 확대하여 동물인플루엔자 인체감염증으로 포괄 지정하여 관리하고 있다.

· 병원체

조류인플루엔자 A형(Avian influeza A virus)이다. 병원성에 따라 고병원성·저병원성·비병원성으로 구분된다. 저병원성은 가금류에 가벼운 감염 증세를 보이지만 고병원성 조류인플루엔자(Highly pathogenic avian influenza, HPAI)는 사람을 감염시킬 수 있으며 H_5N_1, H_7N_9 등이 대표적이다.

· 증 상

잠복기는 2~7일, 최대 10일 정도이며 증상은 매우 다양하여 결막염이나 발열, 기침, 근육통 등 전형적인 감기 유사증상부터 안구감염, 폐렴, 급성호흡기부전 등 중증 호흡기질환까지 나타난다. 드물게 구역, 구토, 설사의 소화기 증상과 신경학적 증상을 일으키기도 한다. 하지만 AI 인체감염증과 일반 감기 증상을 구분하기 어렵기 때문에 38℃ 이상의 발열, 기침 등의 호흡기 증상이 있으면서, 증상발생 10일 이내에 AI 발생이 확인된 농장에 방문했거나 AI 인체감염증 의심·확진환자와 직접 접촉이 있는 경우라면 AI 인체감염증을 의심해 볼 수 있다.

· 감염원 및 감염경로

바이러스에 감염된 닭, 오리, 칠면조, 야생조류 등의 접촉 또는 감염된 조류의 배설·분비물에 오염된 물건과의 접촉을 통해 발생하게 된다. 드물게 사람간의 전파가 의심되는 사례가 보고되고 있으나 향후 바이러스의 변이 등을 통해 사람간의 전파가 용이해질 가능성도 있다.

· 예방법

동물인플루엔자 인체감염증 사례를 조기발견 및 조치한다. 가금류 및 야생조류와 접촉 후에는 가급적 손으로 눈, 코, 입을 만지지 말고 개인위생관리를 철저히 하고 발생지역에서는 가능하면 직접 접촉을 피하도록 한다.

바이러스 자체가 열에 약하므로 돼지고기나 닭고기 등의 가금류는 75℃ 이상에서 5분 이상 충분히 가열조리하여 섭취하도록 한다. 또한 AI가 발생하면 축산농가 및 철새도래지 등의 방문을 자제하고 감염된 조류와 접촉빈도가 높은 종사자와 살처분 참여자 등은 반드시 보건당국의 지시에 따라 AI 인체감염의 예방을 위한 조치를 받아야 한다.

4.4.2. 인수공통감염병의 예방법

인수공통감염병의 예방법은 다음과 같다.

① 동물의 건강관리와 예방접종할 것

② 이환동물의 조기발견 및 격리치료, 식용을 금지할 것

③ 도축장, 우유처리장의 소독 및 검사를 철저히 할 것

④ 수입가축, 육류, 유제품에 대한 검역과 감시를 철저히 할 것

⑤ 식품의 생산, 제조·가공, 보관, 유통 등의 모든 단계에서 위생적으로 취급할 것

CHAPTER

05

기생충질환

5.1. 기생충질환

일시적으로 또는 지속적으로 다른 동물의 체표나 체내에 붙어 다른 동물 즉 그 숙주 생체에서 영양분을 섭취하여 생활하고 있는 동물류를 기생충이라고 한다.

감염경로를 대별하면 채소류 등 충란이 부착된 식품에서의 감염과 중간숙주인 식용동물(육류, 어패류)을 덜 익히거나 날것으로 섭취하여 주로 감염이 되지만 때로는 음료수를 매개로 감염되는 경우도 있다.

식품을 통해서 감염되는 기생충의 종류들을 보면 표 5-1과 같다.

표 5-1 식품을 통해서 감염되는 기생충의 종류

감염경로		원충류	윤충류
충란 등이 부착된 식품에서의 감염		이질, 아메바 등의 장관기생 원충류	회충, 편충, 구충, 동양모양선충
중간숙주인 식용동물에서의 감염	어패류		폐흡충, 간흡충, 요꼬가와흡충, 유극악구충, 아니사키스 등
	육류류		유구조충, 무구조충
이환식용동물에서의 감염		톡소플라즈마	선모충

5.2. 채소류를 통하여 감염되는 기생충질환

5.2.1. 회충

가장 흔한 기생충으로 크기가 커서 눈에 잘 보이고 사람이 농경을 시작하던 선사시대부터 널리 분포했기 때문에 유사 이래 문헌에 나오는 기생충 가운데 가장 오래된 장내 기생충이다. 세계적인 분포를 하고 있으며, 한냉한 지역에서도 발견되고 따뜻하며 습하고 위생상태가 불량한 지역에서 특히 발현율이 높다.

1) 형태

몸은 원통형이며 외부 배출 시 회백색이며 광택이 있으며, 앞뒤 끝 쪽은 가늘다. 수컷이 15~31 cm×2~4 mm이고 암컷은 20~35 cm×3~6 mm로 암컷이 수컷보다 크다(그림 5-1).

2) 감염경로 및 생활사

한 마리의 암컷이 매일 10~20만개의 알을 낳으며, 충란은 그대로 분변과 함께 배출된다. 외부로 배출된 충란은 습윤한 흙속에서(22~23℃) 9~13일 정도 후면 인체에 감염력이 있는 자충의 발육이 끝난다. 충란은 건조, 저온, 부패, 화학제에 대한 저항이 강하나 태양열과 열에 약하다.

감염경로는 오염된 채소 등을 생식하게 되면 자충은 난각 내에서 탈피하여 장벽의 혈관, 임파관으로 들어간다. 즉 장간막, 임파계 또는 문맥에 들어가 우심을 경유하여 폐에 이르는 것이 주경로이나 장벽에서 복강내로 나와 장간막을 뚫고 간을 통하여 폐에 이르기도 한다. 약 7~10일간 발육한 후 기관, 식도를 거쳐 소장 중부에 정착한다. 약 75일 내에 성충이 되나 그 수명은 약 1년 정도이다.

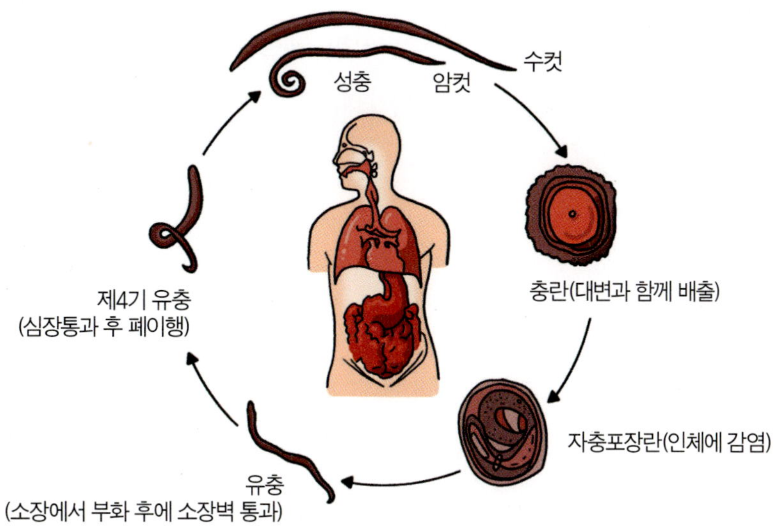

그림 5-1 회충의 생활사

3) 감염증상

감염증상은 감염초기 유충이 폐로 이행 중에 국부적인 알레르기성 반응, 호산구 침윤, 기침, 가래 등의 자각 증세와 함께 X-선 소견상 폐결핵과 구별이 곤란한 산재성, 소반점성 음영을 나타낸다.

영양손실 이외에도 다수의 충체가 점막을 자극하여 결장염의 원인이 되기도 하고, 식욕감퇴, 체중감소, 불면 또는 심한 두통, 현기증, 오심, 구토, 정신불안, 피부소양감, 전신경련 등 심한 신경증상도 나타난다. 소아가 다수의 충에 감염되면 안면창백, 피부이완, 건조, 복부팽만현상이 나타나고 혈변, 설사, 기생충성 장염을 일으킨다. 식욕이상으로는 토식성을 나타낸다.

4) 예방 및 관리

회충의 생활사에 따른 철저한 개인위생관리, 채소의 충분한 세척 및 70℃ 이상의 고온처리, 곤충구제 등을 들 수 있으며, 특히 분뇨의 위생적 처리가 중요하다.

5.2.2. 구충(십이지장충, 아메리카구충)

세계적으로 분포하고 있으며 열대, 아열대지방에 광범위하게 분포하며 우리나라는 특히 농촌에 많다. 인체에 기생하는 구충에는 십이지장충(두비니 구충; *Ancylostoma duodenale*)과 아메리카구충(*Necator americanus*)으로 구별되는 두 종류가 있으며 우리나라에는 십이지장충이 많고 미주에는 아메리카구충이 대부분이다. 회충보다 건강장해가 심하고 경구감염 뿐만 아니라 경피감염도 되므로 유의하여야 한다.

1) 형태

원주상이며 신선한 충체는 담홍색이며 흡혈 시에는 홍색 또는 암갈색으로 된다. 십이지장충 수컷은 5~11 mm, 암컷은 10~13 mm이다(그림 5-2). 머리 부분의 구강에 각기 1쌍씩의 갈고리 모양(구상)의 이빨이 있어 장점막에 흡착하여 기생하므로 십이지장충을 구충(hookworm)이라고 한다(그림 5-3). 아메리카구충 수컷은 7~10 mm, 암컷은 9~11 mm이며 구강에 반원형 치판이 1쌍씩 있다.

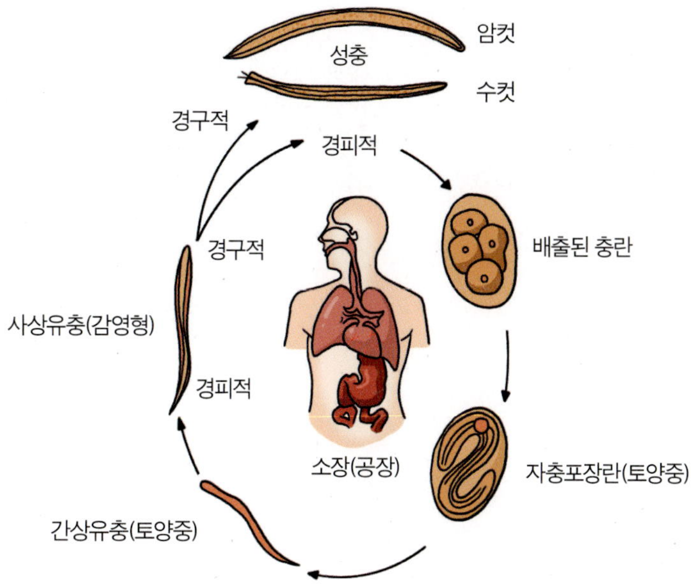

그림 5-2 십이지장충의 생활사

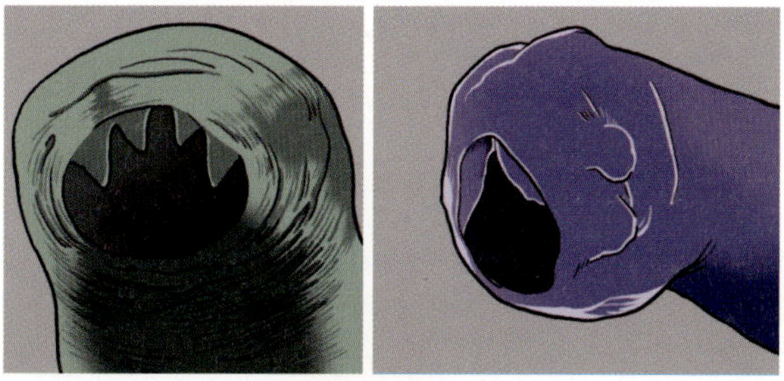

그림 5-3 구충

2) 감염경로 및 생활사

감염경로는 채소 등을 생식함으로써 일어나는 경구감염과 토양이나 풀 등에서 곧바로 피부를 통해 침입하는 경피감염이 있다. 사람이 고유숙주이며 배출된 충란은 30℃ 전후에서 24~48시간에 부화하여 제1기 유충이 된다. 이 유충은 3~4일간 흙속의 유기물 또는 세균을 포식하여 자란 후 각피를 벗고 제2기 유충이 되어 5~8일간 지난 후 탈피하여 각피를 벗으면서 감염형이 되는데 이 제3기 유충(filaria)은 흙속에서 15주까지 생존가능하며, 생존기간 중 노출된 피부표면에 침입하여 피하조직을 통하여 소정맥 또는 임파관에 도달하여 심장, 폐, 기관지, 후두로 이행하고 식도로 내려와서 소장 상부(공장 상부)에서 기생한다. 체내침입 후 제1회 산란까지는 약 5주 이상이 소요된다.

아메리카구충의 생활사는 십이지장충과 같으나 십이지장충은 경구, 경피감염 중 경구감염이 주경로이지만 아메리카구충은 경피감염이 주경로이다.

3) 감염증상

유충 침입에 따른 피부병변으로 피부에는 홍반구진 및 수포를 형성한 피부염이 생기지만 대체로 10일이 지나면 없어진다. 유충의 체내 이행 시에는 인후의 알레르기성 자극에 의한 오심, 구토, 기관지천식과 기침이 심하게 나타난다. 성충에 의한 병변은 주로 흡혈에 의한 빈혈, 소화장해, 전신권태, 탈력, 현기증, 복통, 식욕부진, 체중감소, 변비, 안면창백, 부종 등이 나타난다. 이런 현상은 여름철 상추쌈, 김치 등을 먹고 난 후 생긴다 하여 채독증이라고 불리어져 왔다.

아메리카구충의 감염증상은 십이지장충과 비슷하지만 십이지장충의 증상 발현이 아메리카구충보다 대체로 5배 정도 강한 것으로 보고되어 있다.

4) 예방 및 관리

예방법은 감염원의 제거, 인분의 위생적 처리, 오염지역에서 피부노출을 삼가하고, 장화와 장갑 착용, 채소의 충분한 세척, 철저한 개인위생관리 등이 있다.

5.2.3. 요충

세계 각지에서 발견되며 농촌보다 인구밀도가 높은 도시에 많다.

1) 형태

수컷의 크기는 2~5 mm, 암컷은 8~13 mm이다(그림 5-4). 머리 부분을 장점막에 흡입시키고 머리 부분에 한쌍의 지느러미 같은 돌기가 있다.

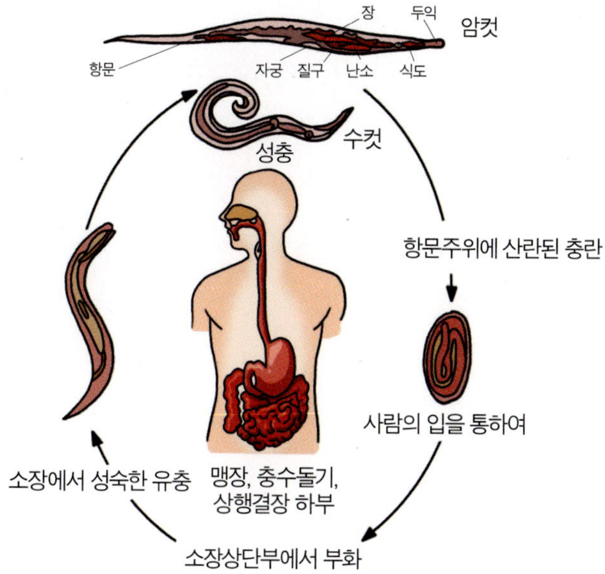

그림 5-4 요충의 생활사

2) 감염경로 및 생활사

암컷은 야간에 결장을 거쳐 항문으로 나와 항문 주위, 회음부 주위, 피부 또는 질내에 들어와 자충을 가진 난자를 산란한다. 외계에서 발육한 감염형 난자는 경구적으로 십이지장에 이르러 부화하며 맹장부근에서 성충으로 발육하여 맹장, 충수돌기, 상행결장 하부에 기생한다.

특히 소아에 감염이 많고 생활습관에 따라 집단감염되는 것이 특이하다. 성인에게도 많으나 성인보다 소아, 흑인보다 백인에 더 많이 발견된다. 건조에 대한 저항성이 강하여 침구, 침실, 욕실, 침실내 먼지, 손톱, 지폐 등에 붙어서 2~3주 동안 감염력을 유지할 수 있다. 항문주위에서 그대로 부화하며 장내로 직접 침입하여 자가감염도 가능한 것으로 알려져 있다.

3) 감염증상

항문주위의 발적, 습진, 피부염, 농양이 형성되며 항문소양증이 나타난다. 소아에게는 산란을 위한 성충의 이행으로 불면증, 정서불안, 야뇨증을 유발한다.

4) 예방 및 관리

자가감염을 유의하고 가족 또는 집단의 동시예방을 해야 하며 세수, 손톱, 하의 등의 개인위생을 철저히 해야 하고, 이불, 요 등의 침구류의 세탁은 열처리를 필요로 하며 햇볕에 소독 등을 행한다. 요충은 전파력이 강하고 재감염이 잘 될 뿐만 아니라 장내에 있는 어린 요충은 구충제로 제거되지 않기 때문에 예방 및 치료에 주의를 기울여야 하고 검사는 스카치 테이프(Scatch tape) 검출법을 이용한다.

5.2.4. 편충

세계적으로 분포되어 있으며, 특히 따뜻한 지방에 많다. 회충과 같이 감염되고 검출되는 경우가 많다.

1) 형태

수컷 30~45 mm, 암컷 35~50 mm이며 채찍과 같이 가느다란 전반부가 충체 길이의 3/5을 차지한다(그림 5-5). 식도는 단층의 세포(stichcyte)가 연쇄상으로 배열되어 있고 육질성의 후반부에는 생식기, 소화관 등이 들어있다. 충란은 방추형이며 담즙색이고 난각은 세 겹으로 되어 있으며 양단에 병마개와 같은 투명한 뚜껑이 있다.

2) 감염경로 및 생활사

난자는 25℃ 실온에서 2~6주 내에 발육을 계속하여 그 안에 유충을 가진 성숙난자가 되어 경구적으로 섭취되면 소장 상부에서 부화되고 차츰 하부로 내려와 대장, 특히 맹장부에서 약 3개월 내에 성충이 되어 산란한다. 1일 산란 수는 2,000~5,000개로 수명은 약 5년이다.

3) 감염증상

감염정도가 경미한 경우에는 증상이 나타나지 않는 경우가 보통이다. 그러나 기생충의 감염수가 많은 경우에는 복통, 구역, 구토, 변비, 복부팽창, 미열, 두통 등의 증상을 일으키며 만성화

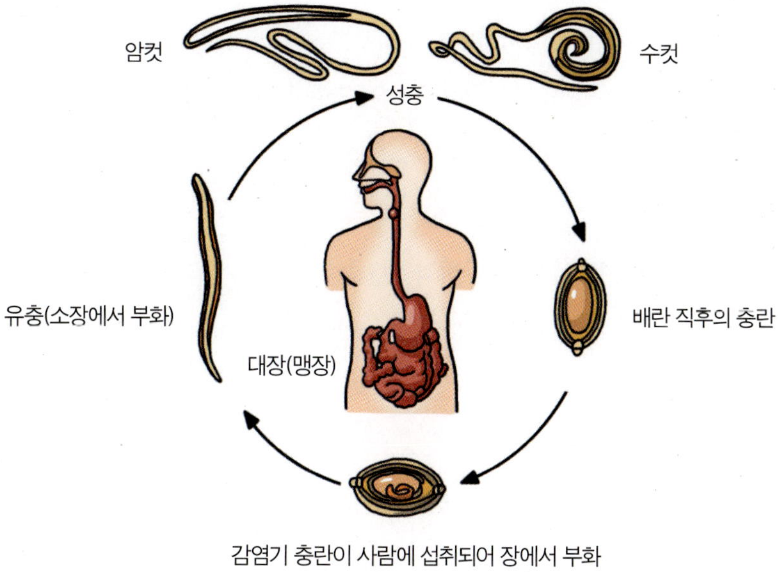

그림 5-5 편충의 생활사

되면 빈혈, 설사 또는 혈변, 복통을 일으키고 체중감소의 원인이 된다.

4) 예방 및 관리

채소는 3~4회 되풀이하여 씻어야 하며 인분의 위생적 처리, 식사 전에 손을 씻는 등 환경위생에 유의한다.

5.2.5. 동양모양선충

구충과의 기생충으로 아시아 지역에 주로 분포되어 있고 양, 산양, 소 등 초식동물에 기생하며 감염유충은 저항력이 매우 강하며 주로 채소 등에 부착하여 경구감염 되지만 경피감염이 되기도 한다.

1) 형태

성충은 털 모양의 섬세한 유백색 기생충으로 소장 상부에 기생한다. 크기는 수컷 3.8~5.6×

0.08 mm, 암컷은 4.9~6.7×0.075 mm이며, 수컷에는 교접낭이 있다. 난자는 약간 푸른빛을 띠고 90~95×43~45 ㎛ 크기로 타원형이며, 난각은 구충난자에 비하여 약간 두껍다.

2) 감염경로 및 생활사

외계에서 난자가 7~8일이면 2회 탈피를 거쳐 제3기 유충인 피낭유충이 된다. 평균 길이 0.8 mm로서 인체에 경구적 또는 경피적으로 감염되면, 일단 폐순환을 한 뒤 소장 상부인 유문에서 50 cm 길이의 부위까지 기생한다.

3) 감염증상

감염 충수의 다소에 따라 나타나는 증세의 경중이 좌우되는데 다수 기생하면 소화불량, 빈혈 또는 두뇌가 흐리고 무거운 느낌을 주는 등 신경증세도 나타난다.

4) 예방 및 관리

다른 구충류에 준한다.

5.3. 어패류를 통하여 감염되는 기생충질환

5.3.1. 광절열두조충

긴촌충이라는 다른 이름을 가지며 북미주, 유럽 북부지역에 주로 분포한다. 우리나라에서는 동해안, 남해안 지역에서 산발적으로 감염 예가 있다.

1) 형태

성충은 약 3,000~4,000개의 체절로 연결되어 전체 길이가 3~10 m에 이르며 회백색이다. 두부의 경부는 곤봉 모양을 하고 있으며 2개의 흡구로 갈라져 있다.

2) 감염경로 및 생활사

외부로 배출된 충란은 15~25℃ 물속에서 약 2주 후 6개의 갈고리를 가진 가는 섬모로 덮여 있는 coracidium(구구충, 50 ㎛ 크기)으로 되어 부화한 뒤 물속으로 나온다. 제1중간숙주인 물벼룩(copepods)에 섭취되면 약 2~3주 내에 procercoid(전의미충, 55×550 mm)까지 발육한다(그림 5-6). 제2중간숙주인 송어, 연어, 숭어 등이 물벼룩을 섭취하면 그 살 속에서 plerocercoid(의미충, 10×20×2~3 mm)가 된다. 이 plerocercoid가 있는 고기를 날로 먹을 때 유충은 소장에서 약 3주 후면 성숙해서 산란한다. 약 6년 이상도 살며 한사람에 1마리 또는 3마리까지 기생한다.

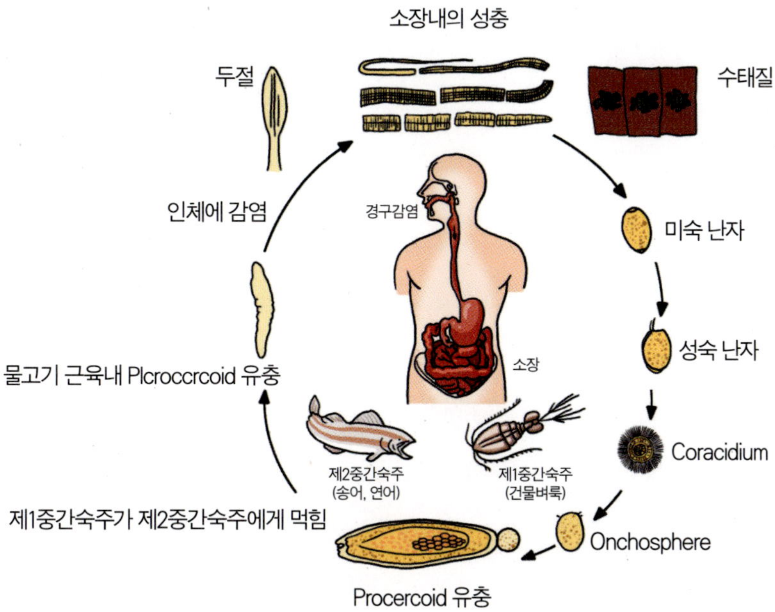

그림 5-6 광절열두조충의 감염경로

3) 감염증상

자각증세 없이 지나는 경우도 있으나 가장 많은 증세는 소화기장해로서 식욕감퇴 또는 이상항진, 복통, 설사, 위염, 신경증세, 영양불량, 구내염, 빈혈 등을 호소하게 된다. 특히, 빈혈이 될 경우 대개 악성형 빈혈이 되는데 그 원인은 충체의 독소에 의한다고 하나 긴촌충이 다른 조충들보다 비타민 B_{12}를 10~50배 많이 흡수하기 때문인 것으로 알려져 있다.

4) 예방 및 관리

만연지역에 있는 중간숙주인 송어나 연어 등의 생식을 금하고 반드시 익혀서 먹어야 한다. 살코기 속의 유충은 영하 10℃에서 24시간, 영하 50℃에서 10분 이내에 사멸되고 고기를 말리거나 장에 조리면 사멸된다.

5.3.2. 폐흡충(폐디스토마)

우리나라를 비롯한 중국, 동남아시아, 중남미, 아프리카 등지에 분포되어 있다.

1) 형태

성충은 고정표본상 크기 7~14×4~8 mm의 담홍색, 난원형 또는 콩알 모양의 매우 작은 흡충류이다.

2) 감염경로 및 생활사

성충이 배출한 충란은 가래에 섞여서 또는 가래를 삼킬 경우 분변에 섞여서 밖으로 나온다. 25℃ 내외의 수중에서 약 3주 후 miracidium(유모유충)으로 발육 부화한 후 제1중간숙주인 다슬기 속에 들어가 sporocyst(포자낭유충) → redia(레디유충) → cercaria(유미유충)까지 발육한다(그림 5-7). Cercaria는 물속으로 나와 제2중간숙주인 가재, 게의 아가미, 간, 근육내에서 metacercaria(피낭유충)가 된다. 이 유충에 감염된 게, 가재 등을 생식하면 소장 상부에서 탈낭 후 장벽을 뚫고 복강내로 나와 복벽근 내에 침입한 후 근섬유를 따라 흉곽강에 이르거나 약 1주 후 복강내로 다시 나왔다가 주로 폐를 향하여 다시 모이게 되나 다른 장기에도 기생하게 된다. 다른 부위에 기생할 때 이를 이소기생(heterotopic parasitism, ectopic parasitism)이라 한다. 폐에 기생한 성충은 약 10년 살 수 있으나 다른 기관에서는 오래 살지 못한다.

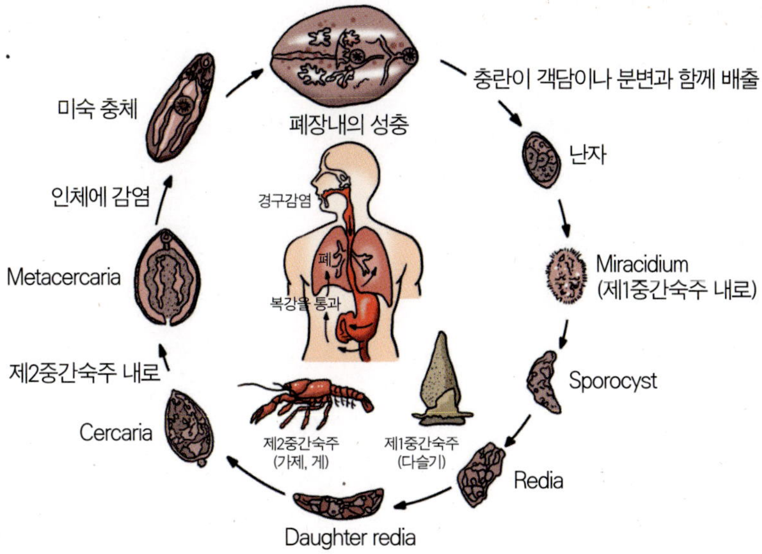

그림 5-7 폐흡충의 감염경로

3) 감염증상

만성으로 경과하는 일종의 지방병(풍토병, endemic disease)으로 주로 폐에 기생하며 기침, 혈담 등을 일으켜 폐결핵과 같은 증상을 일으키고 흉통을 느낀다. 기생부위에 따라 증세를 흉부, 복부, 뇌부, 전신성 폐흡충증의 4형으로 나눈다.

4) 예방 및 관리

중간숙주인 가재, 게의 생식을 금하고 조리 시 손이나, 도마, 칼, 행주 등의 조리도구 등에 오염이 가능하므로 세척 및 소독을 하여야 한다. 유행지역에서는 물을 끓여 마실 것과 만연지역에서는 사람 이외에도 야생동물 또는 개, 고양이 등의 가축동물, 집쥐 등이 숙주가 될 수 있으므로 이들의 위생관리와 그 밖에 환자의 객담도 위생적으로 처리하여야 한다.

치료는 기생하는 장소에 따라 대증요법과 약물요법이 있으므로 전문의사의 종합적인 판단에 따른다.

5.3.3. 간흡충(간디스토마)

한국의 5대강, 특히 영산강, 낙동강, 만경강, 금강, 한강 유역의 평야지역에 만연되었고, 일본에도 산발적으로 분포되었다.

1) 형태

성충은 10~15×3~5 mm 크기로, 구두주걱 모양이며 편평하고, 구흡반과 복흡반이 있는 작은 흡충류이다. 충란은 담황갈색을 띠고, 27~35×12~20 ㎛ 크기로 깨알 모양처럼 생겼다.

2) 감염경로 및 생활사

성충은 담도 내에 기생한다. 충란은 담즙을 따라 장관내로 나온 후 다시 변에 섞여 외부로 나오면 물속에서 제1중간숙주인 왜우렁이에 섭취되어 그 식도에서 부화된다. Miracidium(유모유충)이 주위 조직에 들어가 sporocyst(포자낭유충) → redia(레디유충) → cercaria(유미유충)까지 발육한다(그림 5-8).

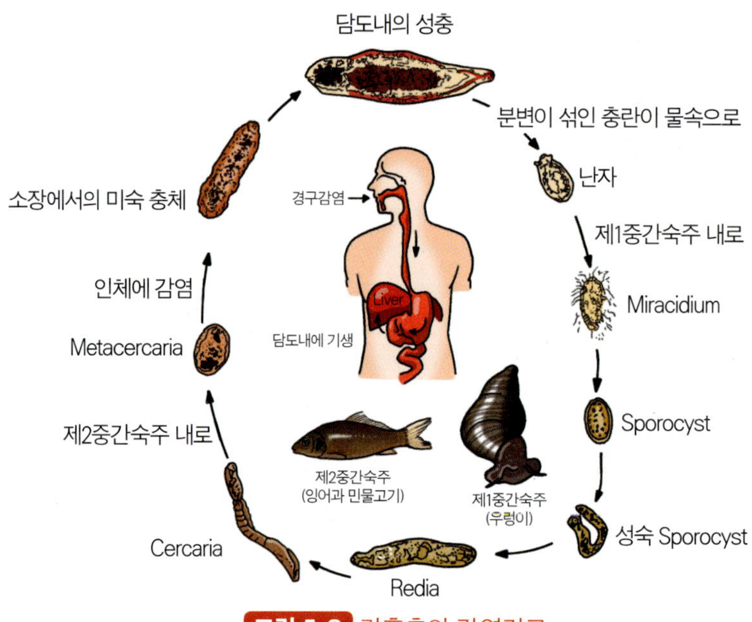

그림 5-8 간흡충의 감염경로

Cercaria는 그 체부 길이의 2배 되는 꼬리를 가졌으며, 제1중간숙주에서 나와 제 2중간숙주인 민물고기, 주로 잉어과에 속하는 참붕어, 피래미, 모래무지 등 담수어의 피하 또는 아가미를 통해 그 체내에 들어가면 피하조직 근육 내에서 metacercaria(피낭유충)가 된다. 그 크기는 150×90 ㎛이며, 이 유충에 감염된 고기를 생식할 때 감염된다. 소장에서 탈낭한 유충은 6~20시간 내에 담관으로 들어가서 약 4주 후에 성충이 된다. 성충의 수명은 5~10년이다.

3) 감염증상

감염 충수 및 숙주의 저항력에 좌우된다. 성충 감염 시의 주된 증세는 간 및 비장비대, 복수, 소화기장해, 황달, 빈혈 및 야맹증이다.

4) 예방 및 관리

민물고기의 생식을 금지하고 만연지역에서는 생수를 마시지 말아야 하며 손이나 도마 등의 조리기구는 깨끗이 세척 및 소독하며 인분과 개, 고양이 등 숙주의 사체처리를 위생적으로 한다. 왜우렁이의 산란기인 4~9월중에는 수초를 베어 버리는 것도 예방의 한 방법이다. 담수어의 회를 먹는 식습관에 대한 위생교육이 보다 효과적이라고 할 수 있다.

5.3.4. 요코가와흡충

한국, 중국, 일본, 시베리아, 발칸반도에 많이 분포하고 우리나라는 섬진강, 보성강유역, 낙동강 상류의 밀양, 동해안 일대(특히 삼척의 오십천 일대), 제주도 서귀포가 만연지역으로 알려졌다.

1) 형태

성충은 길이 1.4×0.6 mm 크기로 흡충류 중 가장 작고 앞쪽은 협소하나 뒤쪽은 난원형으로 간흡충과 비슷하다. 체표에는 현미경상 미세한 가시들이 퍼져있다.

충란은 28~32×15~18 ㎛ 크기로, 난각은 비교적 두껍고 후단에 둔한 결점은 때로 인정되나 간흡충 난자에서 볼 수 있는 뚜렷한 컴마상은 아니다.

2) 감염경로 및 생활사

체내에서 배출된 충란은 물속에서 miracidium(유모유충)으로 부화하고 제1중간숙주인 다슬기에 섭취되면 sporocyst(포자낭유충) → redia(레디유충) → cercaria(유미유충)까지 발육한 후 물 속으로 다시 나와 제2중간숙주인 은어, 붕어, 미꾸라지 등 담수어의 비늘 밑, 피하조직 근육 내에서 metacercaria(피낭유충)가 된다. 인체 감염 후 1~2주일이면 성충이 되고 사람 이외에 동물, 어식조류 등의 소장 점막에 기생하여 장흡충이라고도 한다.

3) 감염증상

중간숙주를 생식하면 초기에는 뚜렷한 증상이 없지만 소장점막에 침입하므로 장점막에 염증을 일으키며 설사, 복통, 혈변, 만성장염 등을 일으킨다.

4) 예방 및 관리

중간숙주의 생식을 금하고 익혀서 섭취하도록 한다. 분변 속에서 충란이 발견되므로 분변의 위생적 처리로 물의 오염을 방지한다.

5.3.5. 유극악구충

태국을 중심으로한 동남아 지역에 분포하며, 우리나라에서는 아직 인체 감염보고가 없다.

1) 형태

성충의 크기는 담홍색, 수컷 11~25 mm, 암컷 25~55 mm이며 두부에 작은 바늘모양의 가시(spine)가 배열되어 있다.

2) 감염경로 및 생활사

충란은 30℃ 전후의 물속에서 제1기 유충까지 발육하고 제1중간숙주인 물벼룩에 섭취되면 제2기 유충까지 발육한다. 물벼룩이 제2중간숙주인 민물고기(주로 가물치, 미꾸라지, 뱀장어),

양서류, 파충류에 먹히면 그 살 속에서 제3기 유충이 된다. 개, 고양이 등 종숙주에 먹히면 위 속에서 탈낭하며 위벽 → 복강 → 간 → 복막 등을 배회하다 다시 위벽에 돌아와 성충이 되지만 사람에게서는 피부, 피하조직을 배회 이동하나 성충으로 발육하지는 못한다.

3) 감염증상

중간숙주를 생식할 때 피부, 피하조직에서 파행증(creepiny disease, creepiny eruption)을 야기한다. 이 유충이 있는 장소에 파행성 홍반, 종창이 보이며 소양감, 동통을 수반하고 국부적 농양, 부종, 혈뇨를 일으키는 예도 있다.

4) 예방 및 관리

중간숙주의 생식을 금하고 치료에는 외과적으로 충체를 적출한다.

5.3.6. 아니사키스(고래회충)

1955년 네덜란드에서 처음으로 인체감염 보고가 11회 있었다. 일본에서 많은 인체의 감염 보고가 있고 우리나라도 생선회를 즐겨 먹으므로 감염이 늘어날 것으로 예상된다. 회충상과(Ascarodea) 중 *Anisakis*속에 속한다. 바다 포유동물에 기생하며, 인체에는 그 유충만이 보고되었다.

1) 형태

성충은 수컷 5~11 cm, 암컷 8~20 cm의 담홍색 선충이다. 유충은 1~3 cm 길이 이며, 앞 끝에 가시모양의 돌기(boriny tooth)가 있는 점이 특이하다.

2) 감염경로 및 생활사

고래, 돌고래, 실광어, 물개 등 바다서식 포유동물의 소화관에서 기생하면서 충란을 배출한다. 바닷물에서 부화된 제1기 유충(260~340 ㎛)은 제1중간숙주인 크릴새우, plankton에 섭취된다.

이를 제2중간숙주인 대구, 청어, 고등어, 조기, 갈치, 오징어 등 해산어류가 먹게 되면 그 소화관(내장) 또는 근육 등에서 제3기 유충으로 발육한다(그림 5-9).

인체 감염은 제3기 유충(2~3 cm)에 감염된 제2중간숙주를 생식하게 되면 감염되어 인두, 식도, 위, 소장 점막층에 침입하여 유충상태로 병변을 일으킨다.

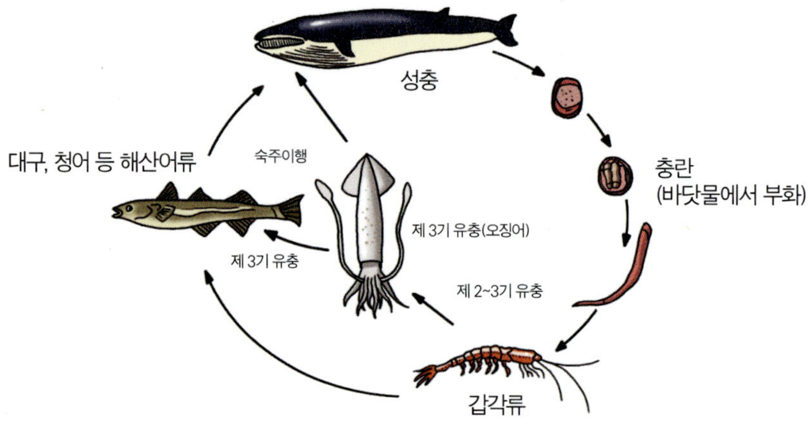

그림 5-9 아니사키스의 감염경로

3) 감염증상

침범부위에 따라 다양하며 어류의 생식 후 2~6시간 내에 상복부 동통 및 불쾌감, 구토, 오심, 설사 등이 나타난다. 식도나 소화기 상부에 정착하여 육아성 병변을 형성하면, 복통, 발열과 아울러 오심, 구토 등을 일으키고 충수염, 위궤양, 위암 등으로 오진되는 경우도 있다. 내시경상 국부에 발적, 부종 등이 나타난다.

4) 예방 및 관리

해산어류의 생식을 금하고 유충은 70℃로 가열하면 죽고 -20℃로 냉동하면 5~6시간에 사멸된다. 따라서 냉동처리는 감염예방의 좋은 방법이 된다.

5.4. 육류를 통하여 감염되는 기생충질환

5.4.1. 무구조충

일명 민촌충, 쇠고기 촌충이라고도 하며 세계적으로 분포되어 있다.

1) 형태

성충의 작은 두부에는 갈고리가 없고 4개의 흡반이 있어 소장점막에 흡착하고 있다(그림 5-10). 전체 몸길이는 1,000개 이상의 체절(편절)이 연결되어 4~10 m에 이른다.

충란은 난막이 없는 황갈색 구형으로 30~40 ㎛ 크기이며, 유충피막(embryo- phore)은 두껍고 방사선상의 무늬가 있다. 무구낭충의 크기는 7.5~10×4~6 mm이다.

2) 감염경로 및 생활사

편절 내에서 발육한 충란이 분변을 통해 편절과 함께 외부로 배출되면 풀, 사료 등에 오염되어 있다가 중간숙주인 소, 당나귀, 양 등 초식동물에 섭취되면 장내에서 부화한 유충이 장벽을 뚫고 근육으로 이행되어 3~6개월 후 무구낭충(Cysticercus bovis)이 된다. 사람이 이 낭충에 감염된 고기를 생식하면 소장 상부에서 탈낭 후 약 2개월 내에 성충이 된다.

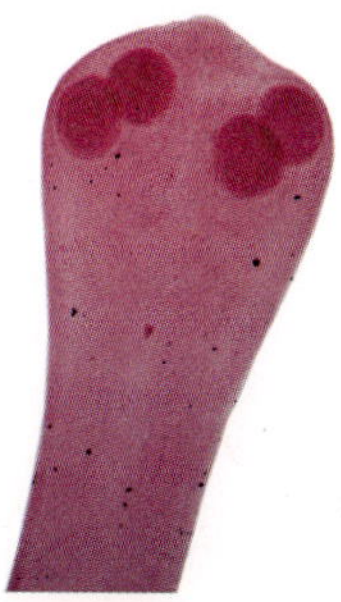

그림 5-10 무구조충 두절

3) 감염증상

낭충이 성장하면서 편절이 자동적으로 떨어져 항문을 빠져 나올 때 볼기, 대퇴부 등에 이물감 및 불쾌감을 준다. 소화기계통의 증상으로 상복부 동통, 배꼽주위에 선통발작, 식욕부진, 때로는 기아감, 소화불량, 구토 등을 호소한다.

4) 예방 및 관리

쇠고기를 충분히 익혀 먹어야 한다. 낭충은 고온에서 비교적 저항력이 약하여 71℃에서 5분이면 사멸되지만 저온에서는 비교적 강하다. 분변의 위생적 처리, 철저한 도축검사와 정기적으로 구충검사를 실시하여 환자를 가급적 빨리 치료해서 감염원을 없애야 한다.

5.4.2. 유구조충

일명 갈고리촌충, 돼지고기 촌충이라고도 하며 세계적으로 분포된다.

1) 형태

두부는 구형이며 주위에는 22~23개의 크고 작은 갈고리가 있고, 그 주위에 4~6개의 흡반이 있어 이것들에 의해 소장점막에 밀착하고 있다. 800~900개 정도의 체절로 연결되어 길이가 2~4 m에 이른다. 충란은 유원형으로 난각은 얇아서 부서지기 쉽다.

2) 감염경로 및 생활사

감염경로는 무구조충과 같아서 편절 내에서 발육한 충란이 분변을 통해 편절과 함께 외부로 배출되면 충란에 오염된 풀을 돼지가 섭취하여 소장에서 부화한 유충들이 장벽의 혈류를 따라 피하, 근육 등에 이르러 약 2개월 후 돼지의 근육에서 유구낭충(Cysticercus cellulosae)이 된다. 사람이 이 돼지고기를 생식할 때 소장에서 낭충은 약 2개월 내에 성충이 되며 충란을 직접 섭취하면 사람 체내에서도 이 낭충은 생길 수도 있다(그림 5-11).

3) 감염증상

유구조충에 감염되면 무증상인 경우도 많지만 성충이 소장 상부에서 두절 끝에 있는 액취(rostellum ; 부리)를 점막에 밀착하여 기생하므로 임상적으로는 소화불량, 식욕부진, 두통, 변비, 설사, 영양불량을 일으키고 또 인체의 근육, 피하조직, 뇌, 심근, 신장 등에 낭충이 기생하여 인체낭충증을 일으켜 부위에 따라 여러 가지 위험한 병해를 나타내기도 한다.

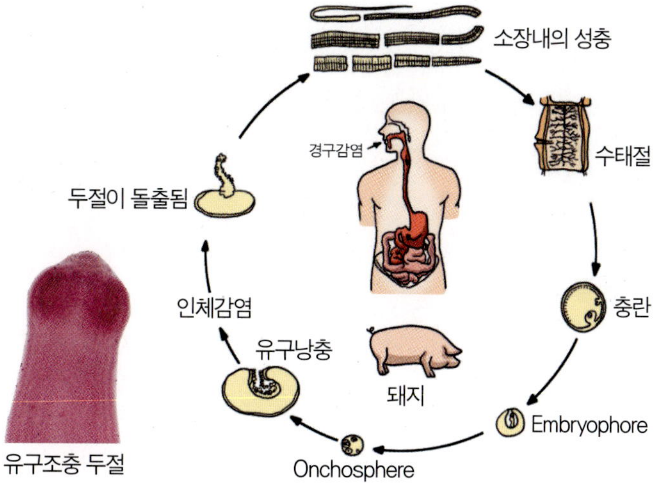

그림 5-11 유구조충 감염경로

4) 예방 및 관리

돼지고기를 충분히 익혀서 먹어야 한다. 도축 후의 돼지고기 속에서는 상온에서 40여일 살 수 있으며 냉장고 안에서도 그 이상 살 수 있으나 -10℃에서는 4일 이내에 죽는다. 환자나 보균자가 발견되는 즉시로 구충을 시켜야 하는데 이는 감염원을 감소시킬 뿐만 아니라 환자 자신이 충란에 의한 낭충의 자가감염도 예방될 수 있기 때문이다.

5.4.3. 선모충

원래 돼지고기를 조리 및 가공해서 햄 등으로 섭취하는 북미주, 유럽에 만연되어 있는 기생충이다. 태국, 홍콩 등에서도 집단 발생한 사례가 있고 우리나라의 경우 1997년 12월 경남 거창에서 야생동물을 섭취하고 처음으로 감염된 사례가 확인된 후 6건의 발병사례가 더 확인되었다. 그리고 육류 및 육가공품 등의 섭취 증가와 자연숙주인 돼지, 쥐, 고양이 등이 많이 분포되어 있어 확산될 가능성이 있다.

1) 형태

성충의 크기는 수컷 1.4~1.5 mm, 암컷 2.5~4.0 mm로 선충류 중 가장 작고 앞부분이 후체부보다 가늘다. 식도는 몸길이의 반 이상을 차지할 정도로 길다. 유충은 0.1 mm 정도로 숙주의 근육속에 둥글게 말려 있다.

2) 감염경로 및 생활사

성충은 소장 점막 내에 기생하면서 다른 기생충과는 달리 충란이 아닌 유충을 배출한다. 이들은 다른 기생충과는 달리 분변으로 배출되는 경우는 드물고 장점막에서 혈관으로 들어가 전신에 퍼지나 결국은 횡문근 조직 내에서 피포유충(Encysted larva)이 된다.

이 피포유충이 들어있는 고기(주로 돼지고기)를 익히지 않고 섭취하면 그 유충은 위에서 탈낭(excystation)하고 소장으로 내려와서 5~7일 사이에 성충까지 발육하는 생활사를 되풀이한다. 숙주로서 돼지, 쥐, 고양이, 여우, 사람들이 알려져 있다. 자연계에서는 주로 돼지와 쥐 사이에서 생활사가 반복된다(그림 5-12).

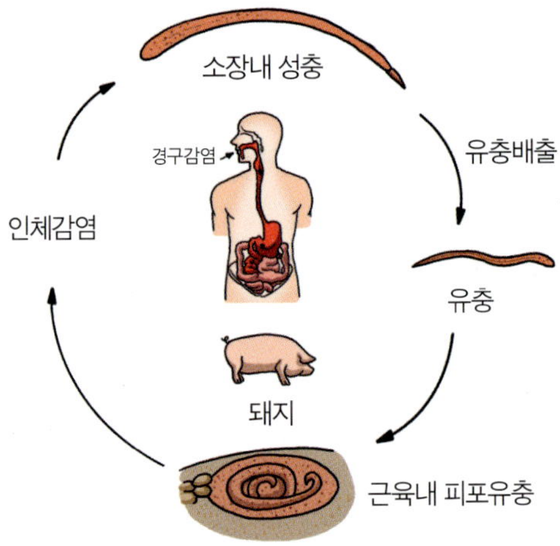

그림 5-12 선모충의 생활사

3) 감염증상

성충이 소장점막을 자극하기 때문에 소화불량, 설사, 구토, 구역 등의 위장증상을 호소하게 되며 유충이 체내에 퍼지게 되면 안검부종, 고열, 근육통, 호산구증가(eosinophilia), 호흡장해 등이 잇따라 나타나게 되며 그 중 근육통은 전형적인 증상이다. 그 외 심장이나 뇌에 유충이 침범하게 되면 사망하는 경우도 있다.

4) 예방 및 관리

돼지고기를 완전히 익혀서 먹을 것이며, -15℃에서 20일 이상 보관하면 피포유충은 사멸된다.

5.4.4. 톡소플라스마

세계 각지에서 산발적으로 보고되며 포자충류(Sporozoa) 중 *Isospora*속 원충류로 고양이의 장상피세포에서 유성번식하여 포낭체(Oocyst)를 배출한다.

1) 형태

방추형이며, 길이 4~6 ㎛, 폭 2~3 ㎛이고 한쪽이 반대편에 비하여 둥글고 둔하다.

2) 감염경로 및 생활사

고유숙주인 고양이가 배출한 포낭체가 포함된 분변에 오염된 음식물이나 중간숙주가 감염되면 근육조직 내에 포낭이 생기게 되는데 이 포낭이 들어 있는 돼지, 소, 양고기 등을 생식했을 때 감염된다. 선천적으로 태반을 통한 감염(transplacental infection)도 고려된다. 그 외에 포유동물은 고양이, 원숭이, 생쥐, 개, 토끼 등이 있고 조류는 참새, 닭, 기타 각종 조류 등이 있다.

3) 감염증상

대부분은 증상이 없이 경과하는 예가 많으나 국부조직의 병변 정도에 좌우된다. 급성기는 발열, 헛소리, 경련 등이 주된 증상이다. 임신부가 감염되면 태아가 침해를 받아서 사망, 뇌수종, 백치, 실명, 기타 육체적 기형, 정신적 장해 등을 일으키거나 유산, 조산의 원인이 되고 어린이는 뇌염 증상, 어른은 폐렴 같은 증상을 나타낸다.

4) 예방 및 관리

설익은 돼지고기의 섭취를 금하고 고양이의 배설물에 의한 식품의 오염을 방지한다. 임신부는 특히 주의하여야 한다.

5.5. 기생충질환의 예방대책

기생충질환의 예방대책은 다음과 같다.

① 분변의 위생적 처리 및 오염을 막는다.

② 정기적으로 구충검사를 실시한다.

③ 채소류는 흐르는 물에 5회 이상 충분히 씻어 먹는다.

④ 감염된 중간숙주는 도축 후 철저한 위생검사를 실시한다.

⑤ 육류나 어패류 등은 충분히 가열, 조리하여 섭취한다.

⑥ 식기류, 도마, 칼 등의 조리기구는 철저히 세척 및 소독하여 사용한다.

⑦ 손씻기 등의 개인위생관리를 철저히 한다.

6.1. 식품의 안전성 평가

6.2. 유해물질과 생체반응

6.3. 식품오염물질의 환경 내에서 작용

6.4. 환경오염 유해물질

6.5. 사료첨가물과 동물용의약품

CHAPTER

06

유해물질에 의한 식품오염

식품에 의한 질병은 급성과 만성으로 나눌 수 있다. 지금까지 식품위생의 입장에서 경구감염병, 식중독, 기생충질환 등의 급성인 질병에 큰 관심을 가져왔다. 이들 질병 중에서 발생건수가 많은 것은 식중독이며, 이질과 같은 경구감염병도 완전히 없어지지는 않았다. 따라서 급성 식인성 질병 대책은 공중위생상 매우 중요하다.

최근에는 과학기술의 발달로 생겨난 여러 가지 화학물질이 인공독물로서 환경 및 식품에 오염원이 되는 수가 많아 때로는 건강과 생명을 위협하고 있다.

더욱이 최근에는 식품의 제조, 가공, 조리 또는 보관과정에서 그 성분의 변화나 상호반응에 의하여 N-nitroso 화합물, benzopyrene 등의 유해물질이 생성되고 일반적으로 안전한 것으로 믿었던 천연식품 중에서 중금속, 잔류농약, 곰팡이독 등의 변이원성 물질이 발견되는 등 새로운 문제점이 계속 제기되고 있다.

우리나라는 최근 노령인구(65세 이상)의 비율이 약 14.3%(2018. 통계청)로 급속히 늘어가고 있는 추세이다. 고령사회가 되면 당연히 노인이나 중고연령층이 증가하고 질병구조는 변화하여 소위 성인병인 뇌혈관질환, 심장질환, 암, 당뇨병 등이 증가하게 된다. 따라서 안전한 식품의 섭취는 매우 중요하다고 하겠다.

6.1. 식품의 안전성 평가

식품의 안전성을 확보하고, 식품에 의해서 발생되는 건강장해를 방지하여 건강한 식생활을 영위하려면 식품의 안전성을 평가하는 문제는 무엇보다도 중요하다. 특히 식품첨가물과 같이 의도적으로 식품에 사용되는 화학물질에 대한 만성독성시험이나 특수독성시험이 더욱 중요시되고 있다.

6.1.1. 식품의 중독증상

유해물질에 의한 중독증상은 식품에 함유 또는 생성된 독물의 성질, 흡수량 및 투여경로와 투여대상인 개체의 종류, 성별, 건강상태 및 체질 등에 따라 좌우된다. 중독증상은 그 완급도에 따라 일반적으로 중독증상이 급속하게 일어나는 급성중독과 완만하게 만성적으로 증세가 나타나는 만성중독으로 분류하며, 경우에 따라서 그 중간형으로 나타나는 경우는 아급성 또는 아만성 중독이라고 한다.

1) 급성중독

급성중독의 경우에는 그 물질의 독성이 강하거나 또는 독성물질이 다량으로 흡수되었을 때 나타나며 유해물질이 일시에 다량 흡수되거나 또는 비교적 소량이라도 독성이 아주 강한 경우에 나타나는 중독현상이다. 그 증상은 급격하고 경과도 빠르며 초기에는 메스꺼움, 구토 어지러움, 두통 등의 증상이 나타나고 이어서 경련, 쇼크, 허탈, 혼수상태에 빠지며 심하면 호흡곤란을 거쳐 심장마비 등을 일으켜 사망하기도 한다.

2) 만성중독

미량의 유해물질이 지속적으로 흡수되었을 때 느끼지 못하는 사이에 특정한 생체기관이 장해를 일으키거나 흡수된 유해물질이 체내에 축적되어 중독량에 도달되면 중독증상이 나타나기도 한다.

장해를 받는 기관은 간장, 신장, 심장 등 그 유해물질에 따라 다르며 중독증상도 다양하여 최근에 크게 주목되고 있는 발암, 돌연변이, 기형 등이 발생될 수 있다.

6.1.2. 독성시험

1) 급성독성시험

일반적으로 생쥐 또는 흰쥐에 검체를 한 번 투여하여 반수의 동물이 죽는 양을 반수치사량 LD_{50}(50% lethal dose)이라고 한다. 이상적으로는 세 종류의 시험동물로 LD_{50} 값을 구하여야 하며, 그 중 한 종류는 개와 같이 큰 동물이어야 한다.

LD_{50} 값은 시험동물의 체중 kg당 mg으로 나타내는 것이 보통이며 그 값이 적을수록 독성

표 6-1 급성독성의 대·소의 기준

LD_{50}(흰쥐, 경구, mg/kg)	독성의 경도	사람에 대한 추정 치사량(g)
1 이하	극대	0.05
1~50	대	1~5
50~500	중	20~30
500~5,000	소	200~300
5,000~15,000	극소	500
15,000 이상	거의 무독	500 이상

이 강하다(표 6-1).

2) 아급성독성시험

만성독성시험의 투여량을 단계적으로 결정하기 위해 실시하는 시험으로 시험물질을 시험동물에게 그 수명의 10분의 1 정도의 기간(1~3개월)에 걸쳐 LD_{50} 값의 1/2, 1/4, 1/8 또는 그 이하의 양을 연속 경구투여하여 치명률 및 중독증상 등을 관찰하고 그 기간에 나타나는 독성을 조사한다.

급성독성과 같이 투여량에 대한 중독증상에 따라 아급성독성의 강약이 결정된다.

3) 만성독성시험

적어도 두 종류 시험동물에 시험물질을 조금씩 오랜 기간(동물에 따라 1년 이상)에 걸쳐 경구투여하였을 때에 나타나는 독성을 파악하기 위한 시험이다.

시험물질의 투여량은 시험물질의 영향이 전혀 나타나지 않는 최대용량 즉 최대무작용량과 확실하게 독성이 나타나는 최소량인 최소중독량, 시험물질을 첨가하지 않은 대조군으로 나누어 시험하고 그 독성의 발현 정도를 관찰한다. 이것에 의해서 최대무작용량과 최소중독량을 구할 수 있다.

6.1.3. 안전성의 평가

식품과 관련한 안전성은 만성독성시험을 통해서 얻은 최대무작용량이나 이것으로부터 산출한 1일 섭취 허용량에 의하여 평가할 수 있다.

1) 최대무작용량

최대무작용량(No-Observed-Effect-Level; NOEL)은 동물에게 아무런 영향을 주지 않는 투여의 최대량으로서 동물 체중 kg당의 mg수로 표시한다. 이것은 만성독성시험의 여러 가지 시험결과를 종합·판단하여 결정하는데 이는 그 시험동물에 대한 안전량이라고 할 수 있다.

사람에게는 도의적으로 인체시험이 허용되지 않으므로 동물시험 결과로부터 얻은 최대무작용량의 1/100을 사람의 최대무작용량으로 보고 있다.

※ 안전계수

안전계수는 국제적으로 임상적 근거의 유무, 동물시험 자료의 유무에 따라 1/10~1/1000으로 나누어 적용하고 있다. 임상적 자료는 없으나 동물시험에 대한 자료가 있으면 동물과 사람 사이의 화학물질에 대한 감수성의 차이에 따른 계수로서 1/10, 건강인과 환자, 고령자와 어린이, 남녀 등 사람 사이의 개인차의 계수로서 1/10을 곱한 1/100을 안전계수로 적용한다.

2) 1일 섭취 허용량

1일 섭취 허용량(Acceptable Daily Intake; ADI)은 사람이 일생에 걸쳐 매일 섭취하여도 아무런 장해가 일어나지 않는 그 물질의 양으로 1일 체중 kg당의 mg으로 표시한다. 이것은 동물의 최대무작용량에 안전계수 1/100을 곱하여 얻는다.

※ 식품의 안전성 평가

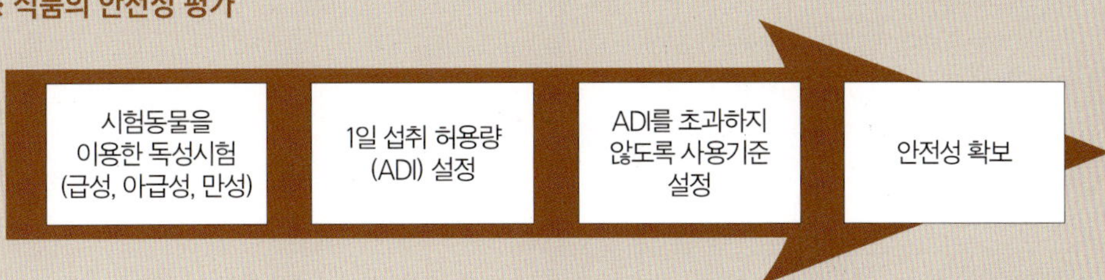

또한 1일 섭취 허용량은 식품첨가물의 사용량을 결정할 때 중요한 인자가 되는데 이 때에는 평균체중을 곱한 값(mg/kg×평균체중)이 이용된다.

6.2. 유해물질과 생체반응

6.2.1. 흡수, 대사, 배설

식품 중에 함유된 유해물질이 식품과 함께 섭취될 때 그 물질은 우리들의 신체에 각종 영향을 주며 그 영향이 나타나는 방향은 흡수, 대사, 배설의 차이에 따라 크게 좌우된다. 우선 최초의 관문으로 장관흡수가 있다. 다소 독성이 강한 물질이라도 장관에서 흡수되지 않고 그대로 대변과 함께 배설되면 인체에 대한 독성은 나타나지 않는다. 장관에서의 흡수는 그 유해물질의 화학적 성질에 따라서 좌우되는 경우가 많다. 가장 중요한 성질은 수용성, 지용성의 차이이다. 일반적으로 지용성 성질이 강한 만큼 장관에서 흡수되기 쉬우며, 반대로 수용성 물질은 장관에서 흡수되기 어렵다. 또 함께 먹은 식품의 성분에 의해서도 흡수는 좌우된다. 예를 들면 PCB와 같은 지용성 유해물질과 함께 지방을 많이 섭취하면 PCB의 흡수도 촉진된다.

표 6-2 대사의 종류와 예

1. 가수분해(hydrolysis)

$$RCOOR + H_2O \longrightarrow RCOOH + R'OH$$

2. 산화(oxidation)

1) 간장(microsome)

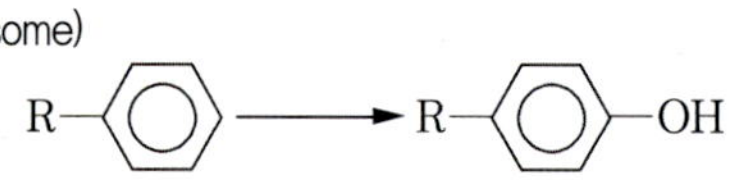

2) 그 밖의 산화

$$RCH_2OH \longrightarrow RCHO$$
$$RCHO \longrightarrow RCOOH$$
$$RCH_2NH_2 \longrightarrow RCHO + NH_2$$

3. 환원(reduction)

4. 접합(conjugation)

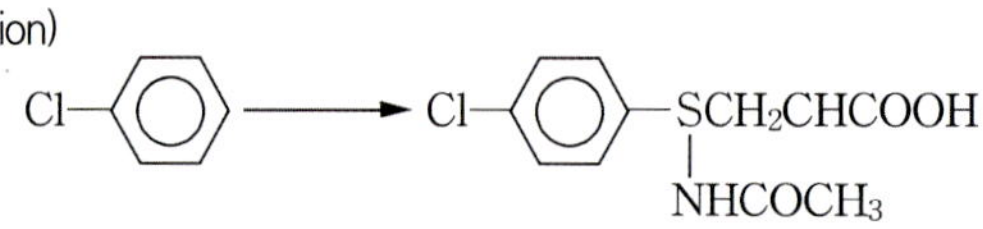

흡수된 유해물질은 혈액 등의 체액에 의해 체내의 조직으로 운반되어 조직에서 대사를 받게 된다(표 6-2). 대사는 가수분해, 산화, 환원 등의 양식에 따라 유해물질이 무독화되거나 배설되기 쉬운 형태로 변환되는 과정이다. 이 중에서 가수분해는 주로 간장과 혈액에서 esterase, protease 등의 효소작용에 의해 고분자물질에 물이 작용해서 수용성의 저분자물질로 변환하는 반응이다. 산화는 유해물질이 체내에 들어와 간장 microsome에 존재하는 약물대사효소작용에 의하여 수산기가 되거나 가수분해되어 독성이 적고 배설되기 쉬운 물질로 변환되는 과정이다. 이외에 장기의 mitochondria와 가용성 분획 또는 혈액에 함유된 효소도 산화를 한다. 환원반응도 대사의 일환이 되거나 발암물질에 작용해서 발암작용을 없어지게 한다. 이것도 간장이 주된 역할을 한다. 접합은 지용성 유해물질이 수용성 유해물질과 결합해서 수용성으로 되어 신장에서 배설되기 쉬워지는 과정이다. 유해물질의 대사에 관여하는 조직은 그림 6-1과 같다.

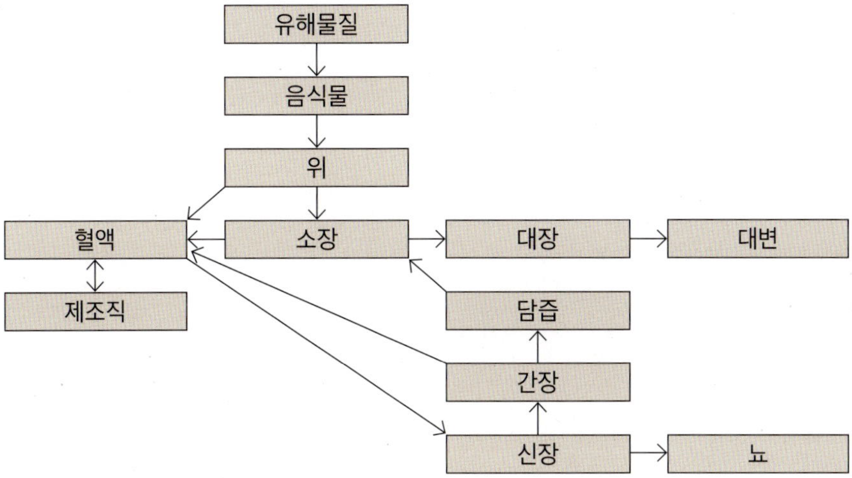

그림 6-1 유해물질의 대사에 관여하는 조직

대사를 받은 유해물질은 배설에 의해서 체외로 배출된다. 배설에 관여하고 있는 주요한 장기는 신장과 간장이다. 사구체에서 혈장의 여과, 뇨세관에서 재흡수, 뇨세관에서 분비의 3가지 과정으로 이루어진다. 사구체 모세혈관의 벽에는 작은 구멍이 있어, 이 모세혈관을 순환하는 혈장 중의 분자량이 작은 물질은 모두 여기에서 여과된다. 혈장단백질 등 분자량이 큰 물질은 여과되지 않는다. 여과된 여액과 함께 나온 물질에는 뇨세관을 지날 때 재흡수되는 것과 재흡수되지 않는 것이 있다. 이 차이는 여러 가지 인자가 관여하고 있는데, 그 물질이 지용성인지 수용성인지에 따라서 영향을 받는다.

지용성 물질은 거의 뇨세관에서 재흡수되어 뇨중으로 나오는 양은 적은 것이 보통이다. 앞에서 설명한 산화, 접합 등의 대사과정은 지용성 물질을 수용성 물질로 변화시켜 재흡수를 막고 배설을 촉진하는 역할을 담당하는 것이다. 뇨세관에서 분비는 마뇨산과 같이 주로 신장에서 생성된 물질이 사구체에서 여과되지 않고 혈액에서 직접 뇨세관을 분비되는 과정이다.

한편 간장에 있어서 배설은 화학물질을 담즙 중에 분비되어 소장을 옮겨져 대변으로 배설된다. 장관에서 재흡수되는 물질도 있다. 이 밖에 호흡기를 통해 배설되는 것, 모유에서 배설되는 것, 모발, 손톱, 땀을 통해서 배설되는 물질도 있다.

6.2.2. 독성의 발현순서

보통 우리들이 생명을 유지하기 위해 섭취하지 않으면 않되는 필수적인 물질이라도 그 양이 과잉이면 유해물질이 되듯이 엄밀히 유해물질과 무해물질을 구별하는 것은 곤란하다. 예를 들면 비타민 A는 이것이 결핍되면 비타민 A 결핍증이 되어 야맹증 등이 나타나지만 과잉으로 섭취하면 비타민 A 과잉증이 되어 중독증상이 나타나게 된다. 또 독성이 강한 물질이라도 양이 적으면 독성은 나타나지 않는다.

유해물질에 의해 신체가 장해를 받는 요인은 유해물질이 생체의 허용량(독성이 나타나지 않는 최대량)을 초과하여 체내에 들어오는 것이다. 허용량에는 개인차가 있으며 같은 사람이라도 그때의 영양상태 등 신체의 상태에 따라 독성이 다르게 나타난다. 두가지 이상의 유해물질을 동시에 섭취한 경우는 상승적으로 작용하기도 한다. 이와 같은 유해물질에 대한 생체의 반응은 매우 복잡하며, 독성발현의 순서도 다양하다.

6.3. 식품오염물질의 환경 내에서 작용

모든 물질은 지구상의 생물권에 있어서 지권, 수권 및 대기권의 이동에 따라 일정한 균형을 유지하고 있다. 따라서 환경을 매개로 하여 식품원료가 오염되는 수가 많다. 또 이와 같은 경우에는 오염의 농도를 인간이 쉽게 방제할 수 없기 때문에 식품에 의한 장해와 밀접한 관계가 있다. 그렇기 때문에 환경오염 유해물질이 농작물이나 어패류, 가축 등의 식품오염의 원천이 될 가능성에 대해서 관심이 높아지고 있다.

식품오염 유해물질 중에는 빛과 산소, 미생물에 의해서 분해되기 어려운 화합물(표 6-3), 예를 들면 중금속의 수은, 납 등과 유기염소계의 PCB 등의 물질들은 식물연쇄(food chain)를 통해 체내에 들어오게 되면, 자기가 살고 있는 환경매체 중의 그 물질의 농도보다 고농도로 농축되는 특성이 있다. 즉, 보통 배설되기 어려운 안정한 오염물질들은 생물의 단계를 지남에 따라 최종 말단에 위치한 생물에 농축되는 현상을 보이게 되는데 이를 '생물농축'이라고 한다.

※ 동·식물 연쇄(먹이사슬)에 의한 생물농축 과정

중금속의 수은, 카드뮴, 유기염소계의 PCB, 농약의 DDT 등은 수중에는 미량이지만 플랑크톤과 어패류 등에 흡수됨에 따라 고농도로 지방층에 농축되어 생물 말단에 있는 사람에게 중독을 일으킬 가능성이 크다.

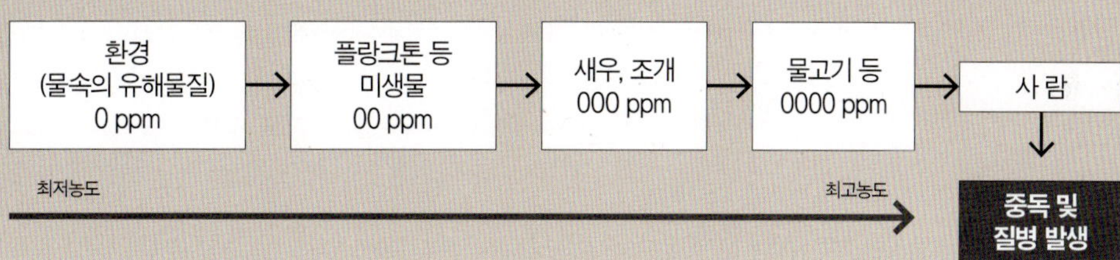

육지에 사는 동물에서는 제한된 대기오염물질 이외에는 거의 식물연쇄에 의하여 농축되지만 물에 사는 동물에 있어서는 양쪽의 경로를 고려하지 않으면 안된다. 특히 하천수, 연안해수 중에는 플랑크톤 등을 통해서 오염물질이 농축되고 이것이 식물연쇄를 통해 인체에 이행될 가능성에 관심을 가져야 한다.

표 6-3 화학물질에 의한 식품오염의 원인물질, 경과 등의 분류

중독사례 또는 식품오염사례	원인물질	오염원	오염경과	분류
미나마타병	메틸수은	공장폐수	어패류, 식물 연쇄	환경오염
이타이이타이병	카드뮴	광산폐액	수질오탁, 식물 연쇄	환경오염
유증	PCB, PCDF 등	식품제조공정	가열파이프에서 누출	과실
비소우유사건	비소화합물	부정첨가물	유해물질의 부주의한 취급	과실
잔류농약	유기염소 등	농약으로 사용	환경내 잔류, 식물연쇄	작물잔류 환경오염
기타	Benzopyrene 등	연소(중유, 기타)	흡착, 생물농축, 기타	환경오염

6.4. 환경오염 유해물질

6.4.1. 방사성 물질

지구를 구성하는 원자가 만들어진 것은 3~5×10^9년 이전이라고 한다. 초기의 지구는 고온으로 방사선원소의 붕괴가 활발히 이루어졌다. 그 후 현대까지 거의 천연 방사성원소는 소멸되고 있는데 ^{40}K은 12억년이라는 긴 반감기 때문에 소멸하지 않고 현재에도 β선을 방출하여 붕괴를 계속하고 있다. 이 때문에 식품과 물에서도 칼륨을 함유하는 것은 ^{40}K존재비(0.0119%)에 상당하는 천연 방사능(KCl 1 g당 약 900 dpm)을 나타낸다. 이 밖에 극히 미량이지만 ^{226}Ra이나 천연 우라늄 등의 방사능도 식품에서 검출된다.

방사성 물질에 오염된 식품을 장기간 섭취하여 체내에서 흡수, 저장, 배설되는 과정에서 탈모, 암, 백혈병, 생식불능, 유전자 변화, 돌연변이 유발 등의 여러 장해 등의 위험성이 많아졌다.

1954년 미국이 Marshall군도 Bikini에서 실시한 핵폭발실험에서 생긴 농후한 방사성 강하물(fall out) 때문에 근처에 있던 일본 어선이 피해를 받아 희생자를 내고 또 다랑어 등의 생선이 방사능으로 오염되는 사건이 발생하였다.

핵폭발이나 원자력발전 등 핵반응 에너지 이용 시의 반응생성물은 반응의 원리가 핵분열이나 핵융합이며, 질량수 80~114 정도(수소와 우라늄의 중간 정도)인 것이 많고 에너지가 다른 α, β, γ선을 방출하는데 전리작용은 $\alpha < \beta < \gamma$선의 순으로 크다고 알려져 있다. 방사성 물질 중 물

이나 토양, 식품을 오염시켜 문제가 되는 것은 물리적 반감기가 긴 ^{90}Sr(28년)과 ^{137}Cs(30년)의 2가지와 ^{131}I(8일) 등이 있다.

^{90}Sr은 체내에서의 배설이 매우 느리고 Ca과 비슷한 성질 때문에 뼈에 친화성이 높아 체내에 들어오면 뼈에 침착하게 되고 β선을 방출함으로써 골수가 오랫동안 ^{90}Sr에 피폭되는 결과를 가져오게 되어 조혈기능에 장해를 가져와 백혈병이나 골수암 등의 질병이 유발되기 쉽고 유전적 영향이 큰 것으로 알려져 있다. 생물학적 반감기는 뼈에 대해 약 50년으로 매우 길다. 물리적 반감기와 생물학적 반감기와의 총합에서 고려되는 유효반감기는 뼈에 대해 약 18년이다. 또 방사하는 β선의 최대 에너지도 0.61 MeV로 ^{14}C의 0.16 MeV, ^{3}H의 0.018 MeV 등에 비하여 매우 크다.

^{137}Cs은 화학적 성질이 K과 비슷하여 식품과 함께 체내에 들어오면 주로 전신근육, 특히 연골조직에 분포해서 β, γ선을 오랫동안 방출하므로 생식세포(생식선) 등에 장해를 준다. ^{90}Sr에 비해 잔류성은 작지만 비교적 생성률이 크고 체내 흡수가 잘 됨으로 문제가 된다. 유효반감기는 70일 정도이다. β선의 최대 에너지는 0.52 MeV이다.

^{131}I는 반감기가 매우 짧지만 생성률이 크므로 체내에 들어온 직후 갑상선에 축적하여 β, γ선을 방출하여 갑상선에 장해를 일으킨다.

6.4.2. Dioxin

Dioxin이라 부르는 화합물은 화학적으로는 그 명칭이 정확하지 않다. 이 물질은 비교적 안정하면서도 발암성이나 기형아 유발작용이 있는 독성이 극히 강하여 지상 최악의 물질 중의 하나라고 알려져 있다.

Dioxin은 dibenzo-p-dioxin(DD)이 골격이 되는데 2개의 benzene ring이 2개의 산소와 결합해서 3개의 ring을 가지는 구조이다(그림 6-2).

따라서 DD의 염소화합물인 dioxin은 75개의 이성체가 가능하다. 2,3,7,8-tetrachlorodibenzo-p-dioxin(2,3,7,8-TCDD)은 그 중의 하나인데 극히 강한 최기성형이 있는 것으로 알려져 있다. 2,3,7,8-TCDD는 *Clostridium botulinum* A형 독소에는 미치지 못하지만

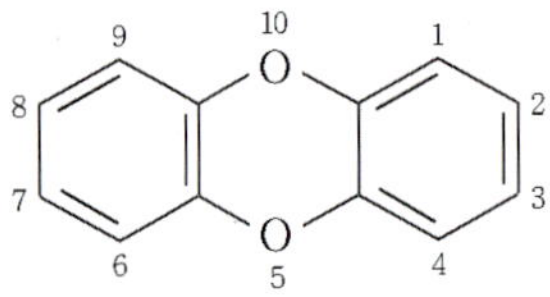

Dibenzo-p-dioxin

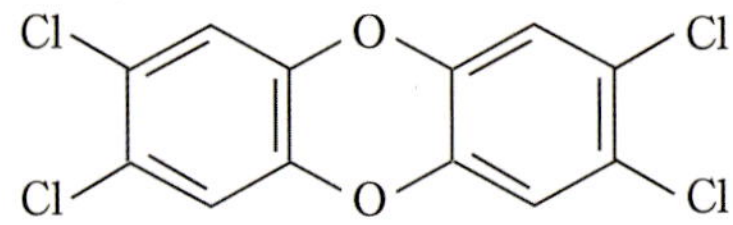

2,3,7,8-tetrachloro dibenzo-p-dioxin

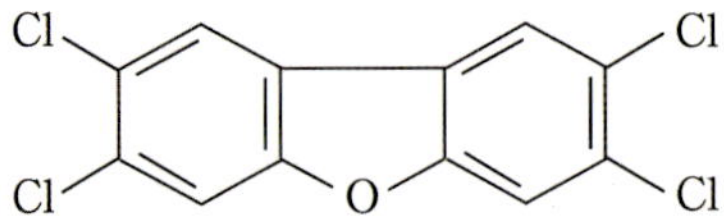

2,3,7,8-tetrachloro dibenzopuran

그림 6-2 Dioxin과 유사한 화합물의 구조

NaOH의 1,000배, 복어독보다도 100배 이상 강한 독성을 가지고 있다.

일일 섭취 허용량은 1~4 pg/kg(WHO, 1998년 5월 변경)이다. Polychlorobibenzodioxin(PCDD)는 상온에서 무색이며, 물에는 녹지 않으나 유기용매에 잘 녹는다. 염소가 3개까지의 저염소화합물일 때 비교적 휘발성이 있고 염소수가 증가하면 비휘발성으로 된다.

Dioxin의 생성은 베트남 전쟁에서 고엽제(제초제)로 사용된 2,4,5-trichlorophenoxy acetate(2,4,5-T)와 벼농사용 제초제인 2,4,6-trichlorophenyl-4'-nitrophenylether(CNP)을 제조할 때 미량이지만 부산물로 생성되며, PCB와 chlorobenzene 등의 가열과 불완전 연소, 석유화학제품인 폴리염화비닐, 폴리염화비닐리덴 등 유기염소화합물을 폐기물로서 처리되는 단계에서 850℃ 이하의 온도에서 소각하게 되면 뜻하지 않게 dioxin이 발생된다. 소각로가 작을수록 소각능력은 낮아지고 불완전 연소가 되기 쉬우며, 대부분 연소온도는 dioxin이 가장 발생하기 쉬운 300~600℃이다. 또 젖어 있는 쓰레기를 태울 때나 불을 끌 때도 온도가 내려가기 때문에 dioxin이 잘 발생하게 된다.

그 외 펄프의 염소계 약제에 의한 표백공정에서도 생성되고 석탄, 석유 등을 쓰는 발전소, 자동차나 도시가스, 염소 등의 세정수에서도 dioxin이 검출된다.

Dioxin은 본래 자연계에는 존재하지 않는 물질로 인간이 만들어 낸 화학물질 중에서 사상 최악의 독극물인 셈이다.

오염 현황을 보면 미국은 5대호에서 잡힌 빙어에서 2,3,7,8-TCDD가 검출되어 문제된 적이 있었으며, 일본에서도 환경청이 행한 1986년도 [유해 화학물질 오염실태 추적조사]의 결과, 동경만의 숭어와 오사카만의 농어로부터 1 ppp의 수준으로 처음 검출되었다. 일본 후생성은 1984년에 2,3,7,8-TCDD의 잠정 섭취허용량을 100 pg/kg/day로 정하였다. 미국 EPA의 섭취허용량은 이 수치의 1/100인 1 pg/kg/day이다.

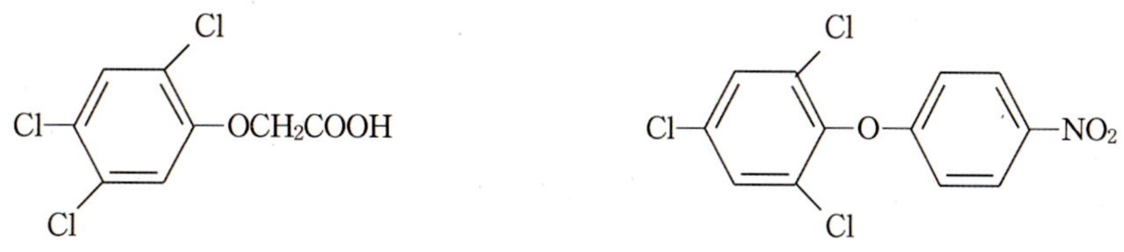

2,4,5-T　　　　CNP

그림 6-3 2,4,5-T와 CNP의 구조

6.4.3. 내분비 교란물질(환경호르몬)

1) 환경호르몬의 정의

체내에는 100여종의 호르몬이 존재하는데, 뇌, 갑상선, 난소, 고환, 그외 다른 내분비샘에서 나와 혈류를 타고 목표 세포와 기관에서 다양한 기능을 활성화시키고 성장과 발달 등의 신체기능을 통제, 조절하는 기능을 한다.

정상 호르몬과 달리 환경호르몬은 합성 또는 자연 상태의 화학물질이면서 환경오염물질들로서 생태계 내에서 여러 이상 현상을 유발시키며, 생명체의 정상 호르몬 기능에 영향을 주어 내분비 교란을 일으키므로 흔히 내분비 교란물질(Environmental Endocrine Disruptors; EDD)이라고 한다.

이 물질의 종류는 한 가지로 규정짓기 어렵고 PCB, DDT, dioxin, 기타 농약 등을 들 수 있다(표 6-4). 이뿐 아니라 식품포장재의 원료로 사용되어 용출되는 코팅제나 가소제 등의 물질들은 용기의 사용 시 용출될 경우 식품에 직접 이행된다는 점에서 비록 적은 양이라도 인체에 위해를 끼칠 수 있으므로 문제가 되고 있다.

표 6-4 환경호르몬 유발물질

유발물질	용도/발생원	유발물질	용도/발생원
PCB	변압기 절연유	Trimer	폴리스틸렌 수지성분
DDT	살충제	Dioxin	쓰레기 소각장
Akylphenol	합성세척제	크롤덴	개미 살충제
Bisphenol A	플라스틱 원료	Phthalate ester	폴리스틸렌 수지성분
Styrene dimer	폴리스틸렌 수지성분		

2) 환경호르몬이 생물체에 미치는 영향

내분비계의 주된 목적은 성장과 발달 등의 신체기능을 통제, 조절하는데 있으며 이런 내분비계의 일련의 작용들은 극소량으로 상당한 생물학적 효력을 촉발시키는 강력한 생물학적 활성물질인 호르몬에 의하여 이루어진다.

· 인체에 미치는 영향

인체에 미치는 영향에 관한 증거는 환경오염 사고나 약물 재해로 인한 직접적 증거는 정자수 감소, 성기 기형의 증가, 호르몬 관련성 암의 증가 등 정황적 증거가 제시되어 있다.

50년 전 미국 여성이 평생 동안 유방암에 걸릴 확률은 20명당 한명 꼴이었으나 오늘날에는 8명에 한명 꼴이다. 환경 estrogen 가운데 하나인 DDT와 PCB에 노출된 여성은 유방암에 걸릴 확률이 높다는 연구결과가 보고되었다. 이처럼 현대 인류의 질병 추세에 관한 연구에서 달리 설명되지 않는 현상들, 즉 정자수의 감소 추세, 유방암, 전립선암, 고환암의 증가 추세, 불임과 기형아의 증가, 주의력 결핍 및 학습 장애 어린이의 증가 등은 현대의학의 수수께끼인데, 일부에서는 환경오염물질 중 내분비 교란물질에 의한 메커니즘을 주장하기도 하지만 또 다른 쪽에서는 이 가설에 대한 반론도 일고 있다.

· 야생동물에 미치는 영향

야생동물에 관한 연구는 내분비 교란물질이 동물의 생식과 발달에 심각한 장해를 일으킨다는 사실을 밝히는데 도움이 되었다. 알려진 내분비 교란물질에 고농도로 노출되었을 때 동물 생태계에 나타난 부작용의 사례는 수없이 많다.

우리나라의 경우 남해안 일부 지역이 플라스틱 첨가제, 산업용 촉매, 살충제, 살균제, 목재 보존제 등으로 널리 쓰이는 TBT(tributyl tin)에 의하여 심각하게 오염되어 있으며 그 결과 굴의 생식기능에 교란이 일어나 생산량이 급격히 감소하였다는 보고가 나왔다. 그러나 우리나라 생태계의 환경호르몬이 얼마나 광범위하게 분포되어 있는지 그로 인한 생명체의 피해가 얼마나 되는지 등에 관한 연구는 아직 나와 있지 않다.

3) 앞으로의 대책

식품 속에 들어있는 환경호르몬 즉 내분비 교란물질은 위에서 말한 바와 같이 동물보다 사람에게 더욱 적은 양으로도 피해를 줄 수 있기에 특별한 주의가 필요하다. 이런 점에서 환경호르몬이 첨가되지 않은 식품 포장재의 개발, 대체물질의 개발이 필요하다.

현재 선진국에서는 변압기 절연유에 포함된 폴리염화비페닐(PCB), 살충제인 DDT, 합성세척제 원료인 alkylphenol, 플라스틱 원료인 bisphenol A, styroform 등 polystyrene 수지의 성분인 styrene dimer와 trimer, 쓰레기 소각장 배출가스에 들어있는 dioxin 등을 환경호르몬으로 지정, 규제하고 있다.

6.5. 사료첨가물과 동물용의약품

식생활의 서구화로 육류, 우유 및 유제품, 수산물 등의 수요가 급증하면서 가축의 사육이나 수산물의 양식과정에서 병의 치료를 위해 동물용의약품을 사용하는 경우가 많아지고 있다. 그뿐만 아니라 발달 등을 촉진시켜 대량생산을 하기 위해 배합사료 등에 항생물질과 합성항균제, 성장호르몬제, 비타민, 무기질, 아미노산, 항산화제 등을 첨가하고 있는데 이러한 물질 중 항생물질과 합성항균제, 성장호르몬제 등은 축·수산물에 잔류될 염려가 있다.

이들의 잔류를 막기 위하여 사용량이나 출하 전의 휴약기간을 정한 사용기준을 잘 지켜주어야 한다. 그러나 동물용의약품인 항생물질의 잔류가 가끔 도축장에서 발견되거나 사료첨가물의 합성항균제가 브로일러(broilor)에서 검출되는 경우가 있어 급·만성 중독 및 내성균 출현, 균교대증(중복감염), 알레르기 유발 등의 문제가 된다.

우리나라에서는 식품위생법에서 식품은 항생물질을 함유해서는 안되며, 식육류는 항생물질 및 합성항균제(식품첨가물 제외)를 함유해서는 안된다고 정해져 있다.

7.1. 식품의 부패

7.2. 미생물에 의한 부패와 부패 미생물

7.3. 부패의 과정

7.4. 부패의 판정

7.5. 식품의 보존방법

7.6. 식품의 안전성 유지

CHAPTER

07

식품의 변질과 보존

7.1. 식품의 부패

식품을 그대로 오래 방치하면 미생물이나 효소의 작용 또는 식품 상호 성분 간의 반응에 의해서 맛, 색깔, 냄새 및 외관 등이 변화되어 식품의 가치를 잃어버리는 현상을 식품의 변질 또는 열화라고 한다. 식품이 변질되는 원인은 생물학적, 화학적 또는 물리적인 인자가 합쳐져서 일어나고 식품성분의 분해반응 시 원하는 목적에 맞게 분해되어 생성된 분해산물이 식품에 어떤 영향을 주는지에 따라 발효와 부패로 구분할 수 있다.

발효는 식품성분이 미생물에 의해 분해되어 인체에 유용한 산물이 생성되는 것이고 부패는 식품성분이 미생물에 의해 분해되어 악취, 기타 유해물질을 생성하여 식품의 품질이 저하되는 것을 의미한다.

식품의 부패 원인을 크게 구분하면,

① 생물학적 요인 : 미생물(세균, 곰팡이, 효모), 곤충, 진드기 등

② 화학적 요인 : 효소작용, 지질의 산화, 중합, 갈변, 퇴색 등

③ 물리학적 요인 : 광선, 열에 의한 식품성분의 변화, 동결에 의한 조직의 파괴, 건조 등이다.

부패를 감지하여 식품에 의한 위해를 방지하는 것은 식품위생의 중요한 목표 중의 하나이다. 따라서 식품의 보존을 통해 식품의 변질에 의하여 일어날 수 있는 식품가치의 저하, 즉 영양가의 저하나 공중위생상의 위해를 방지하는 것 뿐만 아니라 넓은 의미로는 식량자원의 보존, 확보 또는 수요의 조절을 통한 가격 안정 등의 경제적 효과 등에도 도움이 되어야겠다.

식품의 변질은 관여하는 식품의 성분에 따라 다음과 같이 다시 나누어 볼 수 있다.

· 부패(Putrefaction)

부패는 고분자의 단백질이 혐기성균의 작용으로 분해되어 저분자화되는 과정에서 악취가 발생되어 식품의 품질을 저하시키는 것을 의미한다. 가장 예민하게 감지할 수 있는 것이 냄새, 즉 부패취이다.

부패취의 원인물질은 각종 휘발성 amine, 저급지방산과 그의 ester, 탄소화합물, 황화합물 또는 이들의 혼합물이다.

- **변패(Deterioration)**

질소를 함유하지 않는 탄수화물이나 지질 식품이 미생물 등의 작용에 의하여 변화를 받아서 변질되는 현상을 말하며, 부패의 경우보다 유해물질의 생성이 비교적 적다. 그러나 실제적으로 부패나 변패가 동시에 일어나는 경우가 많으므로 엄격히 구별하기는 힘들다.

- **산패(Rancidity)**

지방이 분해되어 독성물질이나 악취를 발생시키는 경우를 말한다.

- **발효(Fermentation)**

탄수화물이 미생물의 분해작용을 받아 인체에 유용한 유기산, 알코올 등이 생성되어 식품의 영양가와 보존성이 높아지므로 술이나 된장, 간장, 치즈 등을 만드는 데에 이용되고 있다.

다시 말하면 식품의 성분에 따라 단백질 식품의 변질은 부패, 탄수화물이나 지질이 풍부한 식품의 변질은 변패, 지질의 변질이나 유기산류를 대사 생산물로 하는 초산균, 젖산균, 낙산균 등에 의한 식품의 가치 저하를 산패 등으로 구분하지만 식품은 일반적으로 탄수화물, 지질, 단백질 등의 성분이 여러 가지 비율로 혼합하여 구성된 것이므로 그 변질과정에서는 여러 가지 현상들이 복합적으로 일어날 것이고 또 단백질의 분해로 생성된 것 중에도 우리가 이용할 수 있는 유익한 것이 있는 점으로 보아서 변질현상을 위와 같이 간단하게 구분하는 것은 전적으로 타당하다고 보기는 어렵다.

따라서 식품은 특정한 성분만 있는 것이 아니기 때문에 식품의 미생물에 의한 변질을 포괄적으로 부패라고 하는 것이 타당할 것이다.

7.2. 미생물에 의한 부패와 부패 미생물

식품의 부패 원인 중에서 미생물에 의한 피해가 가장 크지만 피해 정도는 식품의 종류와 식품에 부착하여 증식하는 미생물의 종류 또는 그 수량에 따라 달라진다.

7.2.1. 부패 미생물

미생물의 종류는 아주 다양하지만 그 중 식품을 오염시키는 미생물에는 병원성 미생물과 부패 미생물이 있다.

식품의 부패에 관여하는 미생물이 부패 미생물이며 비병원성 세균, 곰팡이 및 효모 등이 있다. 식품의 변질과 주요 부패 미생물의 분포를 살펴보면 표 7-1과 같다.

표 7-1 식품의 변질과 주요 미생물

식품류	변질의 예	미생물	오염원
곡류 및 가공품	변패, 변색, 이취	*Bacillus, Aspergillus*	흙, 공기
우유 및 유제품	산패, 냉장 중의 쓴맛, 연유의 가스 발생	*Streptococcus, Staphylococcus, Pseudomonas, Micrococcus, Bacillus,* 내당성 효모	공기, 손, 기계기구
알 및 알제품	변패, 변색, 이취	*Salmonella, Pseudomonas*	용수, 공기, 흙
식육 및 가공품	부패, 변색	*Streptococcus, Clostridium, Micrococcus, Pseudomonas, Vibrio, Bacillus*	원료, 공기, 손
생선 어패류	부패	*Vibrio, Pseudomonas, Micrococcus*	바닷물, 원료
채소류 및 가공품	김치의 악취, 잼의 변패	병원성 대장균, *Acetobacter, Pseudomonas, Bacillus, Clostridium, Rhizopus, Penicillium*	용수, 흙
주류	청주의 산패 및 침전물, 맥주의 불쾌취	*Lactobacillus, Acetobacter,*	원료, 공정, 용기
통조림	부패, 수소가스 발생	*Clostridium*	공정, 용수

부패 미생물은 식품의 종류나 상태, 오염경로, 물리적·화학적 조건 등에 따라 그 종류가 달라지며, 부패의 진행에 따라 미생물의 증식률이나 부패산물의 조성이 달라진다. 또 식품의 처리과정과 포장상태에 따라서도 미생물의 양상이 달라지게 된다.

부패에 관여하는 미생물의 종류도 한 가지 종류인 경우는 거의 없고 여러 가지 미생물이 같이 관여한다. 즉 처음에는 식품의 표면에서 호기성 미생물이 오염되어 증식하면 식품은 그 미생물이 분비하는 효소에 의하여 분해작용이 일어나서 식품성분이 변화되어 변색, 부패취, 조직의 연화 등이 일어난다. 이어서 번식한 미생물이 분해된 조직 사이의 틈을 통하여 점차 내부로 침입하는데 이때 혐기성 미생물도 함께 침입하여 분해과정에 참여한다. 이와 같이 부패 미생물은 부패의 진행과 함께 원인 미생물도 바뀌어 가는 것이 통례이다.

그러므로 어떤 미생물이 부패의 원인이 되느냐 하는 것은 식품의 종류와 그 식품의 미생물총(microflora)과 같이 관련되고 있다.

7.2.2. 식품에 있어서의 microflora

식품에 있어서 각각의 물리적·화학적 조건 즉 온도, 수분, 영양물질 등과 그들의 환경조건에 따라 각종 미생물이 모여 특유의 미생물총(microflora)를 형성하고 있다.

식품을 실온에 방치하면 주로 미생물에 의해 변질이 일어나 가식성을 잃게 되는데 예를 들면 날고기는 표면에 부착된 세균의 증식에 의해 변질되며 과자나 빵은 곰팡이 및 세균이 증식하여 먹을 수 없게 된다.

이러한 경우처럼 식품의 microflora는 반드시 일정한 것은 아니지만 대체적으로 다음과 같은 특징이 있고 이들이 우선적으로 부패를 일으키는데 관여하게 된다.

① 식품의 microflora는 항상 1~2종류의 미생물이 우세한 상태로 변한다. 일단 microflora가 형성되면 다른 환경으로부터 소규모의 오염이 있더라도 microflora의 구성에 변화가 일어나지 않는다.

② 가공하지 않은 생식품에서는 그 동·식물이 생육하고 있던 환경에 분포되어 있는 미생물에 영향을 받는데, 특히 채소류, 과일, 곡류 및 그 가공품(전분) 등은 토양 미생물에

의하여 농후한 오염을 받아 microflora가 형성되고 어패류는 해수나 유입 하천수에 분포되어 있는 미생물의 영향을 받아 microflora가 형성된다.

③ 가열처리된 가공식품에서는 내열성 미생물과 기구, 공기로부터의 교차오염이 가능한 미생물에 의한 microflora가 형성된다.

④ 표면적이 넓은 통기성 식품에서는 호기성 미생물에 의한 microflora가, 산소가 적은 식품에서는 혐기성 미생물에 의한 microflora가 보여진다.

⑤ 수분함량이 많은 식품에서는 세균이 우선적으로 증식하며 반대로 건조식품이나 과일류에서는 곰팡이가 우선 증식하여 microflora가 형성된다.

⑥ 원료 및 가공, 보존을 저온의 환경에서 행할 경우에는 저온세균이, 당을 함유한 산성식품에서는 젖산균과 같은 특수한 microflora가 형성된다.

7.3. 부패의 과정

부패의 원인은 매우 다양하지만 식품의 부패에 앞서서 식품의 성분인 탄수화물, 단백질, 지방 등의 고분자 화합물이 식품 중의 효소에 의해 저분자 화합물로 분해된다. 즉, 고분자인 다당류, 단백질, 지방 등이 자기소화작용에 의해서 분해되어 미생물에게 이용도가 큰 단당류, 아미노산, 지방산 등이 생기고 조직의 연화, 세포의 융해 등이 일어난다. 이들 저분자 화합물을 그림 7-1의 식품의 부패세균들이 이용하여 미생물이 급격하게 증식하면 amine류, H_2S, mercaptane, phenol, formic acid, CO_2, methane, NH_3, indol, skatole 등의 부패산물을 생성하고 관능적 변화가 일어난다.

초산, 젖산 → CO_2, H_2O, acetone
탄수화물 → pyruvic acid, gluconic acid → butanol, ethanol, succinic acid, butyric acid, propionic acid 등
단백질 → peptide → 아미노산 → phenol, cresol, indole, skatole, CO_2, mercaptane, α-ketobutyric acid, fumaric acid, NH_3, amine류, H_2S 등
지방 → glycerine, 지방산 → carbonic acid, aldehyde 등

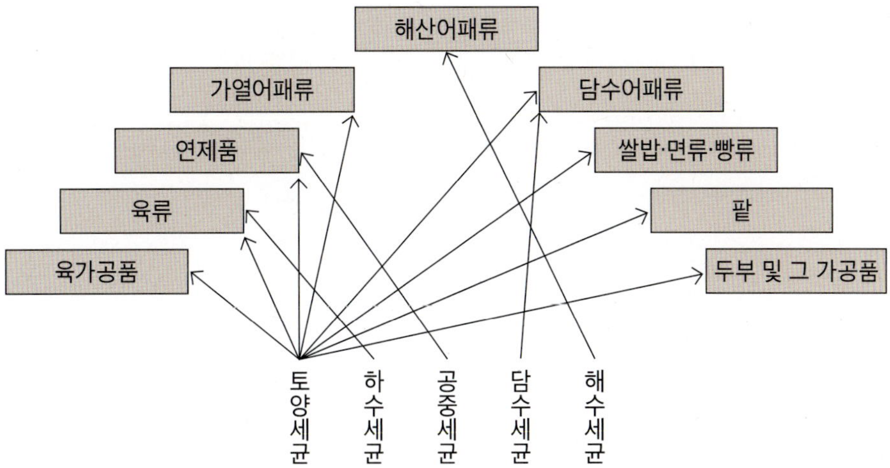

그림 7-1 식품의 부패와 부패세균

일부 통성 혐기성균이나 편성 혐기성균에 의해서는 표 7-2와 같이 아미노산으로부터 amine과 탄산가스를 생성시키는 탈탄산반응(decarboxylation)이 일어나 생성된 amine이 독성을 나타내어 식중독을 일으키는 경우가 있다.

표 7-2 아미노산과 탈탄산반응 생성물

아미노산	생성된 amine류	아미노산	생성된 amine류
Glycine	Methylamine	Arginine	Agmatine
Alanine	Ethylamine	Histidine	Histamine
Lysine	Cadaverine	Tyrosine	Tyramine

또 황을 함유한 아미노산은 mercaptane이나 H_2S, methanol을 생성할 수 있으며 indol핵을 가진 tryptophan은 indol을 생성시켜 부패취의 주체를 이루게 된다. 한편 해산어류의 정상성분으로 감칠맛을 주는 trimethylamine oxide(TMAO)는 미생물에 의하여 환원되어 trimethylamine(TMA)이 생성되어 비린내의 원인이 된다.

다당류인 전분이나 펙틴 등은 미생물에 의하여 분해되어 각종 유기산이나 알코올을 생성시킨다.

7.4. 부패의 판정

부패를 판정하는 방법은 사람의 오감을 이용하는 관능검사, 식품 중의 생균수를 측정하여 판정하는 미생물학적 검사, 부패생성물을 화학적으로 측정하는 화학적 검사 등으로 구분할 수 있다.

7.4.1. 관능검사

초기단계의 부패를 진단하는 가장 간단한 방법은 후각, 시각, 미각, 촉각 등을 통하여 선도를 판단할 수 있는 관능검사이다. 이 방법은 개인차가 있고 객관적인 표준을 얻을 수 없는 결점이 있으나 상당히 예민하고 신속성이 있기 때문에 일상적으로 흔히 이용되고 있으며 숙련만 되면 비교적 신뢰성있는 결과를 얻을 수도 있다.

① 냄새의 발생(암모니아 냄새, amine 냄새, 산패 냄새, 알코올 냄새 등)

② 색깔의 변화(변색, 퇴색, 광택, 착색 등)

③ 조직의 변화(고체인 경우에는 탄력성, 유연성, 점액의 발생상태 등, 액체인 경우에는 침전, 응고, 발포, 혼탁 등)

④ 이상한 맛이나 불쾌한 맛의 발생(신맛, 쓴맛, 자극적인 맛 등)

관능검사와 함께 식품의 경도, 점성, 탄성, 색도, 탁도 등을 측정하는 물리적 검사를 행할 수 있고 간단하고 단시간에 결과를 얻을 수 있다.

7.4.2. 생균수 측정

식품의 선도저하는 미생물의 증식에 의해 일어나므로 식품 중의 생균수를 측정하는 것도 바람직하지만 조작이 복잡하고 배양시간(보통 24~48시간)을 요하므로 실용적이지는 못하다. 또한 오염균의 종류에 따라 그 부패활성이 다르므로 정확하게 선도를 판정하기 어렵다.

일반적으로 생균수가 식품 1 g당 10^7~10^8에 이르면 초기부패로 판단한다. 생균수는 그림 7-2에서 보는 바와 같이 식품 1 g당 10^5인 때를 미생물학적인 안전한계로 보고 10^8인 때를 초기부패의 단계로 보는 것이 일반적이다.

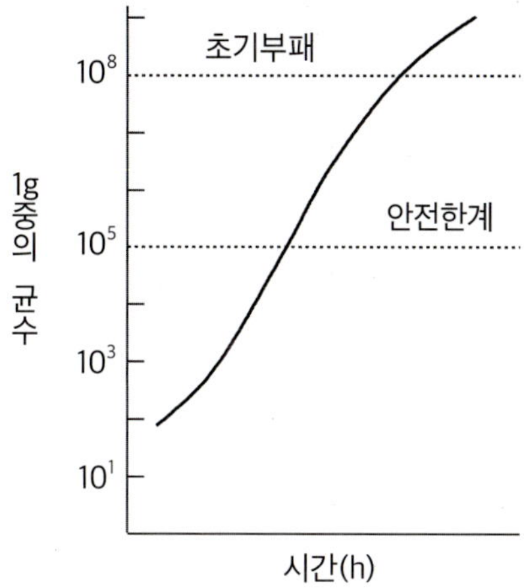

그림 7-2 세균의 증식과 부패의 판정

7.4.3. 화학적 검사

· 휘발성염기질소(Volatile Basic Nitrogen ; VBN)

단백질을 함유하는 식품은 선도 저하와 함께 amine이나 암모니아(NH3) 등의 휘발성 염기질소를 생성하므로 이를 정량하면 부패의 진행정도를 판정할 수 있다.

이 방법은 보편적으로 이용되며 일반적으로 30mg% 정도일 때 초기부패로 판정한다.

① 5~10 mg% : 극히 신선한 어육

② 15~25 mg% : 보통 어육

③ 30~40 mg% : 초기부패의 어육

④ 50 mg% : 부패한 어육

· Trimethylamine(TMA)

어류가 죽으면 근육 중의 trimethylamine oxide(TMAO)가 세균의 환원효소에 의해서 환원되어 trimethylamine이 생기므로 이 양을 측정하면 어류의 부패도를 알 수 있다. 신선한 어패류에는 3 mg% 이하로 존재하지만 초기부패에는 4~6 mg%가 함유되어 있다.

· Histamine

Histamine은 histidine의 분해에 의해서 생기는 amine이며 신선한 어류에서는 검출되지 않는 것이 보통이다. 그러나 어류 특히 histidine을 많이 함유하는 고등어, 청어, 꽁치 등의 붉은살 어류가 부패하면 많이 생기며 그 함량이 400~1,000 mg%이면 알레르기성 식중독을 일으킨다. 이 중독의 특징은 잠복기가 매우 짧아서 30분 내지 1시간이면 발병하여 눈꺼풀, 입주위, 귓밥 등에 열기를 느끼고 졸음이 오고 안면과 상반신에 홍조현상이 일어나며 두통, 두드러기가 발생한다.

· K값

어육 중의 ATP(adenosine triphosphate)는 동물 사후에 ADP(adenosine diphosphate), AMP (adenosine monophosphate), IMP(inosinic acid) 등으로 분해되고 더욱 신선도가 저하되면 inosine 등이 된다. 이들 분해산물 및 ATP의 양을 측정하여 K값으로 나타내고 어육의 신선도를 나타내는 지표로 사용한다. 신선한 어류는 K값이 20 mg% 이하이고 60~80 mg%가 되면 초기부패로 판정한다.

· pH

이 방법은 일반세균수 등 다른 항목과 관련시켜 종합적으로 어육이나 식육 등 단백질이 많은 식품의 부패의 진행 상황을 파악할 수 있다. 어육의 경우 pH는 7.0 전후인데 죽은 후 사후강직이되면 젓산이나 인산이 생겨 pH 5.5~5.6 부근까지 내려가고 이어서 자기소화 상태에서는 pH 7.3, 부패가 시작되면 암모니아 등의 생성으로 pH 8.0 정도가 된다.

pH의 측정시 어육의 경우 5~10배의 침출액을 만들어 측정하는데, pH 5.5 전후이면 신선하고 pH 6.0~6.2이면 초기부패로 판정하는 것이 보통이다.

식품의 신선도, 부패의 판정법을 정리하면 표 7-3과 같다.

표 7-3 식품의 신선도, 부패의 판정법

1. 감각(관능)검사 : 색, 냄새, 맛, 탄력 등
2. 생균수 측정 : 초기부패 10^{7-8}/g
3. 화학적 검사
   1) 휘발성염기질소(VBN)
      신선 5~10 mg% 보통 15~25 mg%, 초기부패 30~40 mg%
   2) Trimethylamine(TMA)
      신선 3 mg% 이하, 초기부패 4~6 mg%
   3) Histamine
      400~1,000 mg%이면 알레르기성 식중독 유발
   4) K값
      신선 20 mg% 이하, 초기부패 60~80 mg%
   5) pH
      신선 pH 5.5전후, 초기부패 pH 6.0~6.2

7.5. 식품의 보존방법

식품의 보존이라고 하는 의미는 변질 즉, 지질의 산화, 비타민류의 파괴, 해충의 공격을 비롯하여 건조 등에 있어서의 모든 변화를 방지하여 식품을 보다 건전한 상태로 보호하는 것으로 이해되고 있다.

부패하기 쉬운 식품은 매우 다양하다(표 7-4). 이들 식품을 보존하는 것은 인류에 있어서 태고적부터의 바람이었음에 틀림없다.

인류는 오랜 경험을 통하여 식량의 보존방법을 연구하여 왔다. 짐승의 고기나 어패류와 수분이 많은 식물은 염장, 건조, 훈제, 초절임이나 된장 담금 등의 방법으로 저장하여 왔다. 근세에 들어와서는 통조림, 병조림, 냉장·냉동 등의 기술로 진보하여 왔다.

표 7-4 부패하기 쉬운 일상식품

식품명	보존가능 시간	비고
신선한 가금육·식육	16~24	다진 고기나 잘게 썬 것은 빠르며, 재놓은 고기는 빠르다.
신선한 가금육·식육(냉장고)	30~48	
신선한 어패류	6~10	담수어는 해산어보다 빠르다. 유색어는 백색어보다 빠르다. 작은 어류가 다랑어 같은 큰 어류보다 부패하기 쉽다.
신선한 어패류(냉장고)	30~40	생식할 수 있는 한계가 짧다.
우유	8~10	병에서 옮긴 후부터는 빠르다.
크림류	8~10	생크림, 무당크림은 빠르다.
햄·소시지	48~수일	Slice한 것은 빠르다. 내부의 부패에 주의한다.
튀김류	10~12	관능검사로 감지하기 어렵다. 튀기는 시간과 관계가 크다.
삶음류	10~12	물로 삶은 것이 빠르다. 채소도 빠르다.
구이류	8~12	고르게 불이 가도록 하는 것이 필요하다.
쌀밥(백미~7분도미)	16~20	도시락, 진밥, 보리밥, 잡곡밥 등은 2~3시간 빨라진다.
국수류(삶은 것)	8~12	표면적이 넓으므로 부패를 막을 수 있어도 건조하기 쉽고 보존하기 어렵다.
빵류	24~48	수분이 많은 빵은 로프(rope)현상이 빨리 생긴다. 과자, 빵은 크림, 단팥속(팥앙금)이 부패하기 쉽다.
단팥속류	16~48	수분이 많고 당분이 적을수록 빨리 부패한다. 설탕을 충분히 가하고 잘 다지면 세균은 증식할 수 없지만 곰팡이가 발생한다.
두부	6~10	담궈 놓은 물을 자주 갈면 좋다.
수산연제품	10~16	조제전분의 혼입도가 큰 것은 빠르다. 생선묵 표면에 초기에 더운 김을 쐬면 먹을 수 있다.

*장마철의 온도, 습도 조건에서 보통 판매품을 실내에 보존함.

식품을 부패시키는 주원인은 미생물에 있으므로 미생물에 의한 식품의 오염방지와 주변 환경의 조절로 미생물의 증식을 억제하여 식품의 신선도를 유지하게 하는 것이 바로 부패방지 대책이라 할 수 있다. 이것은 또한 식품의 보존성을 높이기 위한 방법도 되므로 식품의 보존법이라고 할 수도 있다.

식품 보존방법을 분류하여 보면

① 미생물의 증식을 억제하기 위하여 수분함량을 저하 또는 삼투압을 증가시킨다(건조, 염장, 당장 등).

② 저온보존으로 미생물의 증식을 억제 및 정지시킨다(냉장, 냉동 등).

③ 밀폐된 용기로 외부와 차단하고 가열하며 방사선 등으로 멸균한다(통조림, 병조림 등).

④ 허가된 식품첨가물 등을 첨가하여 방부작용을 증가시킨다(보존료 첨가, 훈연 등).

⑤ 산화되기 쉬운 식품에 안전한 산화방지제를 첨가한다(산화방지제 첨가).

7.5.1. 탈수 건조법

건조는 그대로 혹은 가열한 후 햇볕이나 화력을 이용하여 수분을 제거함으로써 미생물의 증식을 억제하기 때문에 염장과 함께 오래 전부터 식품을 보전하기 위하여 사용되어온 방법이다.

식품의 변질, 특히 미생물작용과 효소작용에는 식품에 함유되어 있는 수분, 특히 수분활성도(water activity; Aw)로 표현되는 자유수의 양이 중요한 의미를 갖고 있다. 변질을 막기 위해서는 수분함량 14~15% 이하 또는 Aw 0.6 이하로 낮춰 미생물의 증식을 억제하면 대단히 효과가 있다.

7.5.2. 냉장·냉동법

일반적으로 5~60℃의 범위에서 다양한 미생물이 증식함으로 이러한 온도를 벗어나게 하면 미생물의 증식속도가 떨어지고 심하면 증식이 정지되어 상당히 오랜 기간 식품을 보존할 수 있다. 미생물은 일반적으로 낮은 온도가 되면 증식하기 어렵게 된다(그림 7-3).

보통 식품을 0~10℃에서 보존하는 경우를 냉장이라 하고 0℃ 이하로 보존하는 것을 냉동이라 한다(법적인 냉동의 온도는 -18℃ 이하이다). 식품의 저온보관법은 표 7-5와 같다.

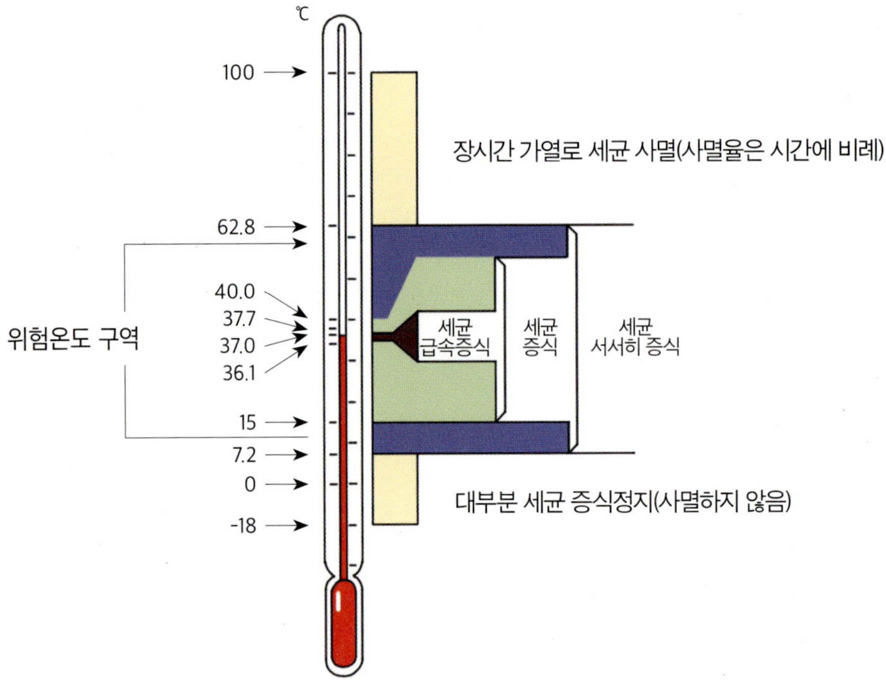

그림 7-3 식품안전성에 관련된 중요온도

표 7-5 식품의 저온보관법

보관법	보관온도	보관기간	보관식품
냉장법	-2~10℃	단기간	과일, 채소
반동결냉장법	-3~2℃	단기간	어패류(선도유지에 유효)
냉동법(동결보관법)	-8~-30℃	장기간	육류, 어패류

그러나 식품의 종류에 따라 저온에서 품질적으로 바람직하지 않은 현상이 일어나는 것도 있다. 예를 들면 고구마 등의 채소나 바나나 등의 과일의 경우 특정 온도 이하가 되면 후숙의 억제나 조직의 경화, 이른바 저온장해를 일으켜 오히려 품질이 떨어진다. 따라서 식품의 보관온도에 있어서도 식품의 종류나 성질을 고려하여 적정한 보관조건을 결정하지 않으면 안된다(표 7-6, 표 7-7).

표 7-6 식품별 냉동보관

식품	보관온도	보관기간	비고
쇠고기 돼지고기	-30~-18℃	6~10개월 4~8월	해동 시에는 24시간 내에 사용하여야 하며 부분적으로 작게 잘랐을 때는 보관기간을 반으로 줄여야 한다.
닭고기	-30~-18℃	4~6월	장기보관이 고기를 부패시키지는 않아도 풍미나 품질의 저하를 초래할 수 있다.
어패류	-30~-18℃	2~6월	
아이스크림	-30~-18℃	6주 이상	구입 당시 -30℃ 이상 되지 않는 것이 좋다.

표 7-7 식품의 냉장보관

식품	보관온도	보관기간	비고
쇠고기 돼지고기	0~2℃ 0~2℃	1주 5일	고기를 1~2일내에 쓰고자 할 때는 포장을 느슨하게 하여 공기를 유통시켜 혐기성 세균의 증식을 억제시킨다.
닭고기	0~2℃	2~4일	가금육은 식육보다 쉽게 부패된다. 포장을 느슨하게 하고 내장은 따로 보관한다.
어류	0~1℃	1~2일	내장이 먼저 부패하기 때문에 생선을 통째로 보관하지 않아야 한다. 냉장한다면 조각 얼음과 함께 보관한다.
패류(껍질 벗긴 것)	7℃	3일	구입 당시의 용기 상태로 보관하며 염수에서 보관하여야 한다.
달걀	3~5℃	5일	
우유	3~5℃	5일	용기가 한번 개봉되고 나면 2일 이내에 사용하고 냄새를 흡수하지 않도록 꼭 막아두어야 한다.
사과 오렌지 딸기 당근 오이 상추 양파	3~5℃	4주 2~3개월 4~8일 1~3주 1~2주 2~4주 5~7개월	사과, 바나나, 배는 실온에서 후숙이 잘 된다. 채소류는 공기를 필요로 한다. 그러나 공기순환이 지나치면 탈수건조에 이른다. 감자는 10~13℃ 정도의 암소에 보관하고 20℃에서도 역시 수 주간 보관할 수 있다.

* 위의 보관조건은 개별식품의 상대습도가 적절한 조건일 때를 말함.

7.5.3. 가열살균법

식품을 가열하여 미생물을 사멸시킴과 동시에 식품 중의 효소도 파괴시켜 미생물의 작용을 억제하고자 하는 방법이다. 보통의 세균은 60℃ 정도에서 30분 정도면 사멸하지만 포자형성균은 내열성이 커서 100℃로 30분간 가열하여도 쉽게 사멸하지 않는다. 이러한 포자형성균의 경우는 고압증기멸균법(121℃, 15 Lb, 20분 정도)으로 가열하여야 한다(표 7-8).

세균의 포자는 일반적으로 내열성이 중성에서 가장 크고, pH 5.0 이하의 산성 환경에서는 내열성이 크게 저하되므로 산을 첨가하고 가열하면 살균효과를 높일 수 있다.

가열처리로는 단시간의 보존효과는 있지만 세균의 재오염을 장기적으로 방지하려면 밀봉보관 등이 바람직하다.

표 7-8 식품의 가열살균법

가열살균법	가열조건	비고
저온장시간살균(LTLT살균)	63~65℃, 30분	맥주, 과즙, 우유 등 풍미가 변하기 쉬운 것에 적용
고온단시간살균(HTST살균)	71~75℃, 15초	
초고온순간살균(UHT살균)	130~135℃, 2~3초	장기보존용 우유에 적용
자비살균	100℃, 15~20분	포자형성균의 포자는 사멸되지 않음
고압증기멸균	121℃, 15 Lb, 20분 (고압멸균기 중에서 가압가열)	통조림·병조림에서 탈기 밀봉 후에 가열, 장기간 보존이 가능, 살균효과가 크고 영양성분의 파괴도 적음
초단파가열살균	초단파, 1분	영양성분의 파괴나 풍미의 변화가 적음

7.5.4. 염장·당장법

염장법(salting)은 옛날부터 채소류, 육류, 어패류 등의 보관에 이용되어 온 것으로 10% 정도의 소금을 고농도로 식품에 첨가하여 그 맛을 돋우고 미생물의 증식을 저지함으로써 식품의 보존성을 높이는 방법이다. 채소류나 젓갈류, 생선 등을 고농도의 소금으로 처리하면 부패미생물의 증식이 저지되고 자신의 효소나 내염성 미생물의 작용으로 풍미가 좋아지는 경우가 많다. 또한 다량의 소금에 의하여 식품의 수분활성도를 현저하게 내려주거나 삼투압을 높여서 미생물의 증식을 억제한다.

미생물은 호염성 세균과 일부 곰팡이나 효모를 제외하고는 5%의 소금농도에서 증식이 억제되고 15% 이상에서 증식이 정지된다.

염장의 경우와 같이 식품에 고농도의 당을 첨가함으로써 식품의 수분활성도를 저하시키고 삼투압을 높임으로써 미생물 세포의 탈수와 원형질 분리를 일으키게 하여 미생물의 증식을 억제하는 당장법(sugaring)이 있다. 소금보다는 그 효과가 낮으며, 50% 이상의 당을 함유할 때 미생물의 증식이 억제된다.

이 방법을 이용한 식품에는 가당연유, 잼, 젤리, 마말레이드, 양갱, 당삼 등이 있다.

7.5.5. 산장법

미생물의 증식은 pH에 따라 크게 영향을 받는다. 일반적으로 미생물은 중성부근에서 잘 증식하나 산성에서는 저항성이 약하며 pH 4.5 이하가 되면 증식이 어렵게 된다. pH 3~4 정도 되면 식품 단백질 뿐 아니라 미생물 단백질도 변성되므로 사멸하게 된다.

산장법(pickling)은 주로 초산, 구연산, 젖산, 프로피온산 등의 유기산, 또는 그 염이 이용되고 있으나 그 풍미 때문에 적용이 제한되고 있어 주로 과일, 채소의 보관에 이용된다. 또한 이 방법은 보관의 수단으로써 뿐 아니라 조미의 목적도 겸하고 있다고 볼 수 있다.

표 7-9 식품의 pH에 의한 분류

pH에 의한 분류	pH	식품군	식품 종류
저산성 식품	7.0	육류, 가금류, 생선류, 우유	달걀, 굴, 우유, 옥수수, 오리, 닭, 대구, 쇠고기, 정어리
	6.0	채소류	리마콩, 완두, 당근, 사탕무, 아스파라거스, 감자
중산성 식품	5.0~4.5	수프, 채소	무화과, 토마토수프, 피망, 소스
산성 식품	4.5~3.7	과일	토마토, 배, 살구, 복숭아, 오렌지, 파인애플, 사과, 딸기
강산성 식품	3.7 이하	딸기, 주스	소금절임, 초절임, 크랜베리주스, 레몬주스, 라임주스, 잼, 젤리

7.5.6. 방사선살균법(식품조사)

식품에 ^{60}Co, ^{137}Cs과 같은 방사선 동위원소로부터 방사되는 감마(γ)선이나 인공적으로 만들어진 X선 등을 조사하면 조사 대상물의 온도 상승이 없어 이른바 냉살균을 할 수 있고 대량처리도 가능하다. 또한 침투성이 강하기 때문에 포장 또는 용기 중에 밀봉된 식품을 그대로 조사할 수 있는 등의 특성을 갖고 있다.

1980년대 국제적인 규격이 설정되었고 현재 세계적으로 52개국 이상에서 250여종의 식품에 허가되어 있다. 우리나라에서는 2010년대 이후 일부품목에 사용하기 시작하였고 현재 「식품공전」 '제2. 식품일반에 대한 공통기준 및 규격 3. 6)방사선 조사처리기준'에 따라 ^{60}Co-γ선을 사용할 수 있으며 이때 허용된 품목별 흡수선량을 초과하지 않도록 하여야 하고 한번 조사처리한 식품이나 조사식품(Irradiated food)을 원료로 사용하여 제조·가공한 식품은 다시 조사하여서는 아니 된다. 허용품목으로는 감자, 양파, 마늘, 밤 등 30가지 품목이며 발아억제, 숙도조절, 살균 및 해충 방제의 목적으로 허용되고 있다(표 7-10).

표 7-10 국내 방사선조사 허용 식품별 조사처리기준

허용 품목	조사목적	조사 선량(kGy)
감자, 양파, 마늘	발아억제	0.15 이하
밤	살충·발아억제	0.25 이하
버섯(건조 포함)	살충·숙도조절	1 이하
난분	살균	5 이하
곡류(분말 포함), 두류(분말 포함)	살균·살충	5 이하
전분	살균	5 이하
건조식육	살균	7 이하
어류분말, 패류분말, 갑각류분말	살균	7 이하
된장분말, 고추장분말, 간장분말	살균	7 이하
건조채소류(분말 포함)	살균	7 이하
효모식품, 효소식품	살균	7 이하
조류식품	살균	7 이하
알로에분말	살균	7 이하
인삼(홍삼 포함)제품류	살균	7 이하
조미건어포류	살균	7 이하
건조향신료 및 이들 조제품	살균	10 이하
복합조미식품	살균	10 이하
소스, 침출차, 분말차	살균	10 이하
특수의료용도등식품	살균	10 이하

참고로 식품에 존재하는 해충 및 미생물의 살충·살균을 위한 방사선 조사선량은 표 7-11과 같다.

표 7-11 해충 및 미생물의 살충·살균을 위한 방사선 조사량

미생물	조사선량
해충(바구미, 바퀴벌레, 화랑곡나방 등)	0.5~3 kGy
대장균군, 장티푸스균, 살모넬라균	1~5 kGy
포도상구균, 탄저균, 비브리오균 등	5~10 kGy
세균포자, 곰팡이독 등	10~20 kGy
포자, 각종 바이러스	30 kGy

WHO/FAO는 1980년에 모든 식품에 조사처리를 하여도 안전하다고 인정하였으나 안전성을 비롯한 여러 가지 문제점이 아직도 상당히 남아 있어 그 이용이 극히 제한적인 실정이고 나름대로의 문제점과 한계성이 있다.

그 대표적인 예로서는 우유나 유가공품에 방사선을 조사하면 유지방의 산패에서 기인된 off-flavor의 발생이 심하고 고지방질 식품에 높은 선량의 방사선을 상온과 공기 존재 하에서 처리하면 지방의 산화촉진에 따른 관능적 품질이 저하된다. 일부 과채류에 있어서의 조직의 연화현상, 그리고 인공색소나 발색물질을 많이 사용한 가공식품의 경우 방사선 조사에 따른 색소의 불안정성 등이 문제점으로 지적되고 있다.

식품의 부패는 미생물의 증식에 의하므로 부패의 방지는 균의 증식을 억제(정균) 또는 살균함으로써 유효하게 처리할 수 있다. 식품의 부패방지를 위한 식품보존방법을 표 7-12에 나타냈다.

그림 7-4 완제품에 방사선 조사식품임을 나타내는 방사선조사 도안

표 7-12 식품의 부패방지를 위한 식품보존방법

정균효과	살균효과
1. 저온보관(냉동, 냉장) 2. 수분활성의 저하(건조, 훈연*에 의한 탈수, 염장, 당장 등) 3. pH 저하(산장) 4. 보존료의 첨가(식품첨가물항 참조)	1. 가열처리 : 가열 후 밀봉하여 식품의 장기보관에 이용(통조림, 병조림) 2. 자외선처리 : 260 nm에서 살균작용이 있으나 투과력이 약하므로 식품의 살균에는 부적당 3. 방사선조사 : 가열살균에 비해 인체 유해물 생성 우려. 일부식품의 살균목적으로는 허용 우리나라 방사선 조사 허용량은 10 kGy 이하 4. 살균료의 첨가(식품첨가물항 참조)

* 훈연중에 각종 살균작용을 갖는 물질이 생성되므로 훈연제품은 수분활성의 저하뿐 아니라 살균작용도 행해진다.

7.6. 식품의 안전성 유지

인간의 건강에 위해를 줄 수 있는 유해물질이 인체에 들어오지 못하게 하기 위해서는 식품 및 식품의 가공과 공급이 안전해야만 한다.

식중독 발생의 공통적인 주요 원인 중의 하나는 부적절한 식품의 온도관리이다. 식중독 등을 일으킬 수 있는 병원성 미생물이 빨리 증식할 수 있는 온도는 4.4℃에서 60℃이고, 이 범위를 "위험온도범위(dangerous temperature zone)"라 한다.

음식물을 옮길 때나 저장, 전처리, 조리, 진열 그리고 공급할 때의 온도 역시 위험온도범위를 벗어나도록 관리하고 조리 후 이 범위 내에서의 식품 보관은 4시간을 넘지 않도록 하여야 한다.

7.6.1. 냉동식품의 해동

음식물을 준비하는 첫 단계는 냉동식품을 해동하는 것이다.

냉동식품을 해동하는 방법에 따라 미생물의 증식을 방지 또는 증식을 높일 수 있다.

식품을 냉동할 때, 거의 모든 세균의 증식은 억제되지만 제거하지는 못하므로 냉동하기 전에 식품에 생존하던 유해 미생물은 해동할 때 다시 급속하게 증식한다.

이런 이유 때문에 냉동식품을 해동할 때에는 미생물의 증식이 빨리 일어나는 온도에서 해동은 적절하지 않다.

따라서 냉동식품을 적절하게 해동시키는 방법으로는 냉장해동, 유수해동, 마이크로웨이브해동이 있다.

1) 냉장해동

5℃ 이하의 냉장고에서 72시간 이내로 해동한다. 해동시킬 식품을 그릇에 담아 냉장고 하단에서 해동시켜 보관된 다른 식품을 오염시키는 것을 방지한다.

이 방법은 적절한 냉장고 공간이 필요하므로 관리자는 미리 계획을 세워 적절한 재료와 조리를 준비하는 단계에서 언제 음식물을 녹여야 하는지를 알아야 한다.

2) 유수해동

20~21℃ 이하의 흐르는 깨끗한 물에 2~4시간 이내로 해동한다. 해동 시 주의할 사항은 물의 속도를 적절하게 하여 식품이 파손되지 않도록 하여야 한다. 또한 이 방법을 사용할 때는 교차오염을 조심해야 한다.

3) 마이크로웨이브해동

음식물을 녹인 후 지속적으로 조리하거나 혹은 마이크로웨이브에서 계속 중단없이 조리를 할 때만 사용한다.

7.6.2. 식품의 가열과 미생물

식품성분의 가열에 따른 미생물 파괴는 온도가 10℃ 상승하면 2~3배가 되지만 세균 포자의 사멸속도는 10℃ 상승할 때 10배에 달하는 것으로 알려져 있기 때문에 이를 충분히 고려하여 가열조건을 설정한다.

표 7-13 주요 미생물의 내열성(D값*)

미생물	가열배지	온도(℃)	시간(분)
Bacillus subtilis 포자	인산염완충액	121.1	0.44~0.54
B. coagulans 포자	인산염완충액	110	6.1
B. coagulans 포자	인산염완충액(pH 7)	121.1	3.3
B. coagulans 포자	토마토주스(pH 4.5)	121.1	0.33
Clostridium sporogenes 포자	인산완충액(pH 7.0)	121.1	2.6
C. sporogenes 포자	인산완충액(pH 7.2)	121.1	3.3
C. botulinum A형 포자	인산완충액(pH 7.0)	110	1.4~2.8
C. botulinum B형 포자	인산완충액(pH 7.0)	110	1.2
C. botulinum E형 포자	게육	82.2	0.49~0.74
C. perfringens A형 포자	인산완충액	115.6	0.6~0.81
Staphylococcus aureus	식염수	60	0.79
S. aureus	육제품	60	4.9~8.2
S. faecalis	식염수	60	4.93
Escherichia coli	식염수	60	0.27
Salmonella senftenberg	육제품	60	9.2~13.3
Pseudomonas aeroginosa	식염수	55	1
Moraxella acinetobacter	우육새육	70	6.6
Aspergillus niger	식염수	56	7.9
A. parasiticus	인산완충액	60	20~35초
A. flavus	인산완충액	60	7.7~588초
Candida albicans	식염수	50	15.3
Saccharomyces cerevisiae	인산완충액(pH 4.5)	60	0.11~0.32

* D값 : 어떤 일정온도에서 미생물을 90% 사멸시키는데 요하는 가열시간(분)

식품을 고온에서 가열하면 할수록 미생물은 사멸하게 되어 위생적인 면에서 보면 바람직한 것이지만, 반면에 식품의 색깔, 향미, 조직, 영양가 등에 변화가 일어나 품질은 저하된다.

따라서 각 식품의 특성을 살리고 상품가치를 잃지 않는 범위 내에서 미생물을 많이 사멸시킬 수 있는 상한온도를 살균조건(온도×시간)으로 설정하는 것이 바람직하다.

식품의 가열온도를 서서히 올리면 *Pseudomonas*속, *Acinetobater*속 등의 저온세균, 대장균 등의 장내세균, 젖산구균·간균(*Lactobacillus*속, *Streptococcus*속), catalase 양성의 구균(*Micrococcus*속, *Staphylococcus*속), 포자형성 간균(*Bacillus*속, *Clostridium*속)의 순으로 사멸하고 생균수

가 점차 감소된다.

7.6.3. 가열 후 식품의 위생적 관리

가열 후 식품은 위생적으로 보관 및 공급되지 않으면 미생물 등에 쉽게 교차오염되어 부패 및 식중독 등의 원인이 되므로 세심한 주의가 필요하다.

1) 가열 후 식품의 교차오염 방지를 위한 대책

① 기계, 기구, 조리도구의 세척 및 소독을 철저히 한다. 세척 시 온수를 공급하여 세척의 효과를 높인다.

② 작업장 환경위생관리를 위한 작업장의 청소 및 미생물의 서식처를 제거한다.

③ 개인위생관리 및 위생교육을 철저히 한다.

④ 나무, 천, 종이 등의 재질로 된 기구나 도구 등은 내수성 재질(스테인레스 등)로 교체한다.

⑤ 입고된 원료, 포장재, 전처리제품 및 완제품 등은 보관기준에 적합하게 위생적으로 보관한다.

- 바닥의 방치 금지
- 식품별 구분하여 용기에 담은 후 뚜껑을 덮어 즉시 냉장 보관
- 식품을 서로 포개어 보관 금지

2) 가열 후 섭취까지의 관리

가열 후 섭취까지 식품의 보관 온도 및 시간 기준을 준수하여야 한다.

① 냉식 : 5℃ 이하, 24시간 이내 섭취

② 온식 : 60℃ 이상, 5시간 이내 섭취

③ 실온식 : 2시간 이내 섭취

8.1. HACCP 개요

8.2. HACCP 실무 식품위생

CHAPTER

08

HACCP 적용 실무 식품위생

8.1. HACCP 개요

8.1.1. HACCP의 정의

HACCP은 "Hazard Analysis Critical Control Point"의 약자로 HA(Hazard Analysis)와 CCP(Critical Control Point)의 합성어로 보통 발음은 "해썹"이라고 한다. 우리나라에서는 "식품 및 축산물 안전관리인증기준"이라고 하는데 「식품위생법」 및 「건강기능식품에 관한 법률」에 따른 「식품안전관리인증기준」과 「축산물 위생관리법」에 따른 「축산물안전관리인증기준」을 포함하고 있다.

HACCP은 식품의 원료관리부터 제조·가공·조리·소분·보존·유통·판매의 모든 과정에서 위해한 물질이 식품에 섞이거나 오염되는 것을 방지하기 위하여 각 과정의 위해요소를 확인·평가하고 이를 중점적으로 관리하기 위한 중요관리점을 결정하여 발생 가능한 위해요소를 보다 체계적이고 과학적으로 관리할 수 있는 위생관리기준을 말한다. 즉, HACCP은 위해를 방지하여 식품의 안전성을 확보하기 위한 사전 예방적 식품위생관리시스템의 하나이다.

「 **HA** + **CCP** 」

Hazard Analysis **(위해요소 분석)** 원료 및 공정의 모든 단계에서 발생가능한 위해요소를 확인·평가	**Critical Control Point** **(중요관리점)** 위해요소를 예방, 제거 또는 허용수준 이하로 감소시킬 수 있는 공정이나 단계를 중점적으로 관리

8.1.2. HACCP의 역사

HACCP는 1959년 미국의 아폴로 우주계획에서 우주비행 시 무결점 우주식의 생산, 즉 우주식의 안전성을 확보하기 위하여 NASA(미항공우주국)와 Philsbury사가 최초로 공동 개발한 식품위생관리기법의 하나이다.

그 후 1971년 미국 식품보호위원회(National Conference of Food Protection; NCFP)에서 HACCP의 개념이 최초로 발표되었고 1989년 미국 식품미생물기준자문위원회(NACMCF)가 HACCP 7원칙을 제시하였으며 1993년 CODEX(국제식품규격위원회)에서 HACCP 적용에 관한 지침(Guideline for the Application of the Hazard Analysis and Critical Control Point System)을 작성하여 각국에 HACCP 적용을 권고하기 시작하였다.

우리나라는 1995년 「식품위생법」에 HACCP 조항이 제정되어 법적 근거를 가지게 되었고 1996년 「보건복지부 고시」 '식품위해요소중점관리기준'을 마련하였다. 현재는 '식품 및 축산물 안전관리인증기준'으로 개정되었고 식품 및 식품첨가물 제조·가공업, 집단급식소, 식품접객업 이외에 축산물가공업 등의 다양한 분야에서 표 8-1의 품목을 생산하는 업소에 대해서는 연매출과 종업원 수에 따라 단계적으로 적용하도록 의무화하고 있고 그 밖에 HACCP의 준수를 원하는 영업자에게는 자율적용하고 있다.

HACCP는 전 세계적으로 가장 효율적인 식품안전관리체계로 인정받고 있으며, 미국, 일본, 유럽연합, 국제기구(CODEX) 등에서도 모든 식품에 HACCP를 적용할 것을 적극 권장하고 있다.

표 8-1 HACCP 의무적용품목

구분	적용품목
식품	1. 어육가공품 중 어육소시지, 어묵 2. 냉동수산식품 중 어류, 연체류, 조미가공품 3. 냉동식품 중 피자류, 만두류, 면류 4. 과자류 중 과자, 캔디류, 빙과류 5. 음료류(비가열음료 제외) 6. 레토르트식품 7. 김치류 중 배추김치 8. 빵 또는 떡류 중 빵류, 떡류 9. 코코아가공품 또는 초콜릿류 중 초콜릿류 10. 면류 중 국수·유탕면류 11. 특수용도식품 12. 즉석섭취·편의식품류 중 즉석섭취식품 12의2. 즉석섭취·편의식품류의 즉석조리식품 중 순대 13. 식품제조·가공업의 영업소 중 전년도 총매출액이 100억원 이상인 영업소에서 제조·가공하는 식품
축산물	1. 도축업소(소, 돼지, 닭, 오리 등) 2. 집유업소 3. 축산물가공업소 - 식육가공업(햄류, 소시지류, 베이컨류, 건조저장육류, 양념육류, 분쇄가공품, 갈비가공품 등) - 유가공업(우유류, 저지방우유류, 분유류, 조제유류, 발효유류, 버터류, 치즈류, 아이스크림 등) - 알가공업(전란액, 난황액, 난백액, 알가열성형제품 등)

8.2. HACCP 실무 식품위생

HACCP는 식품위생법을 근간으로 하여 선행요건 관리와 HACCP 관리 부분으로 나누어 구성된다. 선행요건 관리는 시설·설비·기계·기구 등의 하드웨어 중심의 위생관리기준인 GMP(Good Manufacturing Practices)와 작업자가 지켜야할 소프트웨어 중심의 위생관리기준인 SSOP(Sanitation Standard Operation Procedures)가 조합되어 운영되고 있고 HACCP 관리는 7원칙 12절차를 적용하여 원·부재료와 해당 공정에 대하여 적절한 HACCP 관리계획을 수립하여 운영하여야 한다(그림 8-1).

그림 8-1 HACCP 시스템 구성

8.2.1. 선행요건(Pre-requisite Program) 관리

선행요건은 HACCP를 도입하는 현장에서 우선적으로 준수해야 하는 요건으로 기본적인 위생운영조건 및 행위를 규정하는 위생관리기준이다. 식품위생법 상의 요구사항과 HACCP의 요구사항, 업체별(식품특성별) 식품안전 확보에 필요한 사항 등이 포함되도록 다음의 8가지에 대한 관리기준을 수립하여야 한다.

1) 영업장 관리	2) 위생 관리
3) 제조·가공·조리시설·설비 관리	4) 냉장·냉동시설·설비 관리
5) 용수 관리	6) 보관·운송 관리
7) 검사 관리	8) 회수 프로그램 관리

「식품위생법」, 「건강기능식품에 관한 법률」 및 「축산물위생관리법」에 따라 선행요건을 준수하여야 하는 업소에는 첫번째로 식품(식품첨가물 포함)제조·가공업소, 건강기능식품제조업소, 집단급식소식품판매업소, 축산물작업장·업소와 두번째, 집단급식소, 식품접객업소(위탁급식영업), 도시락제조·가공업소(운반급식 포함), 세번째, 기타 식품판매업소 네번째, 소규모업소, 즉석판매제조가공업소, 식품소분업소, 식품접객업소(일반음식점·휴게음식점·제과점)로 나누어 각각 관련된 선행요건을 준수하여야 한다.

이들 중 집단급식소, 식품접객업소(위탁급식영업) 및 운반급식(개별 또는 벌크 포장)이 준수하여야 하는 선행요건에 대해 구체적으로 살펴보기로 한다.

1) 영업장 관리

· 영업장의 위치 및 구조

영업장 건물의 위치는 오염물질의 발생시설로부터 식품에 나쁜 영향을 주지 아니하는 거리에 두어야 하고 자재는 식품에 나쁜 영향을 주지 아니하며 식품을 오염시키지 않는 것이어야 한다.

독립된 건물이거나 업종 외의 용도로 사용되는 시설과 분리(벽·층 등에 의하여 별도의 방 또는 공간으로 구별되는 경우를 말한다.)되어야 하며 연기, 유해가스 등의 환기가 잘 될 수 있어야 한다.

· 조리장(작업장)

가) 구역 설정

조리장은 청정도에 따라 일반구역과 청결구역(필요 시 준청결구역)으로 분리 또는 구획하여 교차오염을 방지 할 수 있도록 설정하여야 한다.

표 8-2 조리장 구역 설정(예시)

구분	작업실
청결구역	조리(가열·비가열, 가열·소독 후 식품절단)실, 배식구역, 자율배식대 등
일반구역	검수실, 전처리(가열·소독 전 식품절단)실, 식기세척실, 원료보관실

나) 공통 시설·설비

① 재질 및 구조

조리장(바닥, 벽, 천장, 출입문, 창문 등)은 내구성, 내마모성의 재질을 사용하여 파손 등이 되지 않도록 하고 세척·소독이 용이하도록 작업 특성에 따라 내수성, 내습성, 내부식성, 항균성, 내약품성, 내열성, 내한성 등 적절한 재질을 사용하거나 이러한 처리를 하여야 한다.

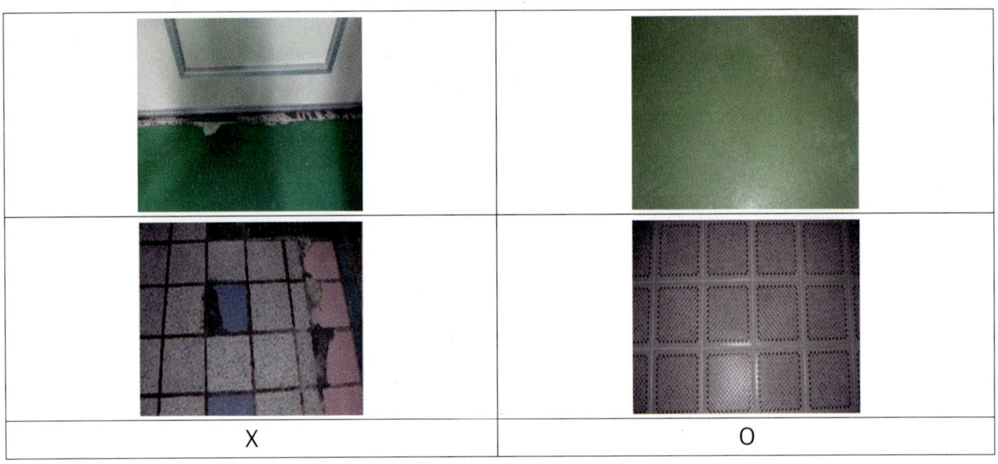

그림 8-2 조리장 바닥

(출처: 식품의약품안전처장(2014).『HACCP 선행요건 개선 우수 사례집』. 11.)

먼지, 곰팡이, 이물 등이 끼지 아니하도록 표면은 평활(smooth)하여야 한다. 이 경우 바닥, 벽, 천장 등에 타일 등과 같이 홈이 있는 재질을 사용한 때에는 홈에 먼지, 곰팡이, 이물 등이 끼지 아니 하도록 청결하게 관리하여야 한다. 또한 누수나 외부의 오염물질, 해충·설치류 등의 유입을 차단할 수 있도록 밀폐 가능한 구조이어야 한다.

② 바닥

바닥은 작업특성에 따라 세척, 소독이 용이하도록 에폭시, 타일 등의 내수성 자재로 처리를 하여야 하고 평활하여야 한다. 필요한 경우에는 배수가 잘 되도록 바닥의 경사는 1 m 마다 1.5~2 cm 높이(1.5/100 비율), 배수로의 경사는 2~4 cm(3/100 비율) 높이의 경사진 구조이어야 배수가 빠르다.

바닥은 파여 있거나 갈라진 틈이 없어야 하고 청결성이 유지되어야 하며 작업특성상 필요한 경우를 제외하고는 주기적으로 물기를 제거하여 마른상태를 유지하도록 한다.

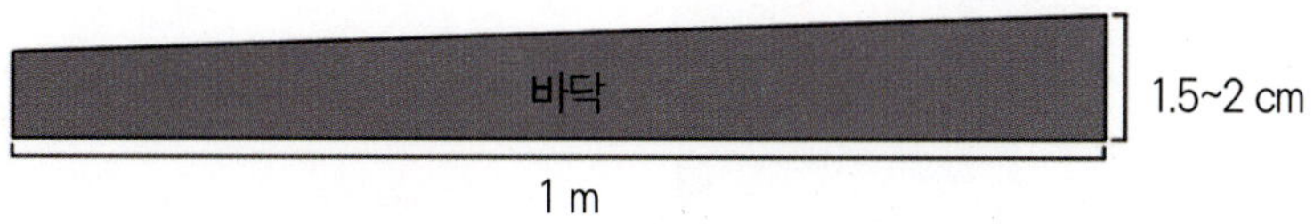

그림 8-3 바닥의 경사구배

③ 내벽

내벽은 바닥으로부터 1.5 m까지 밝은 색의 내수성 자재(스텐인레스 판넬 등) 또는 세균방지용 페인트로 도색 등의 처리를 하여야 하며 이물이나 먼지 등이 적게 쌓이고 세척이 용이하도록 평활한 구조이어야 한다. 벽면의 이음새나 배관 통과구 등은 밀폐처리를 하여 위생해충 등의 유입 및 서식처가 되지 않도록 한다.

바닥과 내벽의 접속 부위 및 내벽과 창과의 접속 부위는 직각이나 모나지 않게 직경 5 cm 이상의 곡면처리(코빙; curving, 아르)를 하거나 45~50° 이상의 경사를 두어 청소가 용이하도록 처리하여야 한다. 벽면은 갈라진 틈이나 파손된 부분이 없도록 하고 청결하게 관리하여야 한다.

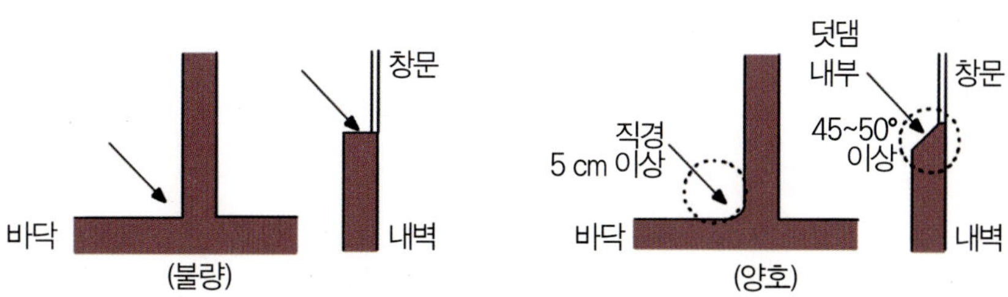

그림 8-4 바닥과 벽 및 창과의 접속부

④ 천장

천장은 밝은 색이어야 하고 내수성 또는 세균방지용 페인트로 도색 등의 처리를 하여야 하며 평활한 구조로 되어 있어야 한다. 파손된 부위나 틈이 없어야 하며 이음새나 배관통과구 등이 밀폐되어야 한다. 먼지가 쌓이거나 곰팡이 등이 없어야 하고 빗물이 새거나 응결수가 떨어지지 않도록 청결하게 관리하여야 한다.

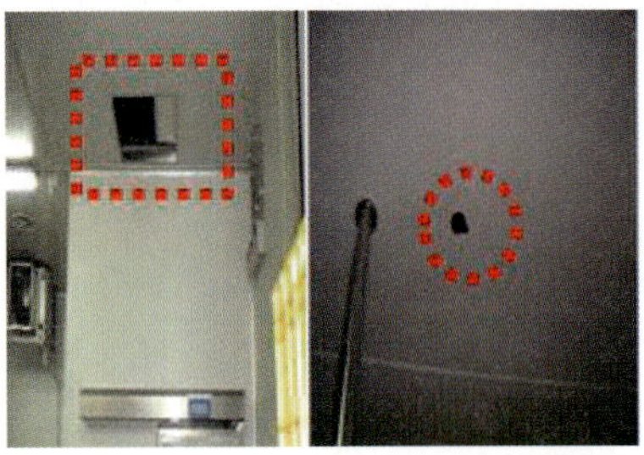	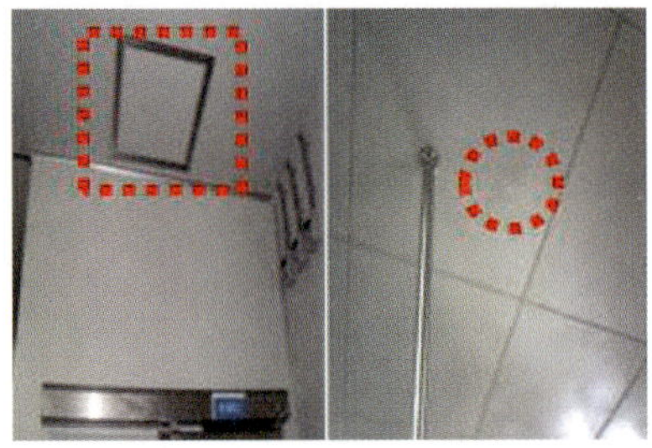
X	O

그림 8-5 조리장 천장

(출처: 식품의약품안전처장(2014).『HACCP 선행요건 개선 우수 사례집』. 8.)

⑤ 배수 및 배관

배수로는 교차오염이 발생되지 않도록 작업실별로 독립적으로 설치하거나 청결구역에서 일반구역으로 흐르도록 하고 측벽으로 부터 15 cm 이상 띄어서 벽에 평행하게 설치한다. 덮개를 설치하여야 하고 개폐가 용이하여야 한다.

배수관은 배수가 용이하도록 충분한 크기이어야 하고 배수로가 작업장 외부와 직접 연결되는 경우 여과망, 트랩(U자관), 방서망(격자폭 0.8 cm 이하) 등을 설치하여 외부로부터의 냄새, 쥐, 해충 등의 유입을 방지하여야 한다. 폐수가 역류되거나 고여 있지 않아야 하며 찌든 때, 퇴적물 등이 쌓여 있지 않아야 하고 냄새 등이 나지 않도록 청결하게 관리하여야 한다. 또한 파손되거나 부식 등이 발생하지 않도록 관리하여야 한다.

배관은 조리장 내부에 노출되어 통과할 경우 덮개를 설치하여 노출을 최소화하고 가능하면 천장에서 수직 또는 내벽 및 천장에 밀착시키거나 아니면 완전히 이격시켜 먼지 등의 이물 발생을 최소화하고 청소가 용이하도록 설치하여야 한다.

배관과 배관의 연결부위는 인체에 무해한 재질이어야 하고 응결수가 발생하지 않도록 단열재 등으로 보온처리 등을 하여야 하며, 용도별로 식별표시를 하여야 하여야 한다. 누수가 발생하거나 먼지 등이 쌓여 식품을 오염시키지 않도록 청결하게 관리한다.

X	O

그림 8-6 배수로

출처: 식품의약품안전처장(2014).『HACCP 선행요건 개선 우수 사례집』. 4~5.

상수도전의 끝은 싱크대 만수면(물이 넘쳐흐르는 높이)에서 7 cm 이상 떨어지게 설치하여 단수 시 감압으로 인한 싱크대 내의 오수가 수도관 내부로 흡입되는 것을 방지하여야 한다.

⑥ 작업장의 출입구 및 통로

조리장 외부로 연결되는 출입구에는 먼지나 해충 등의 유입을 방지하기 위한 완충구역이나 방충이중문 등의 설비를 하고 출입문은 밀폐가 가능한 구조이어야 하며 이동할 때를 제외하고는 항상 닫혀 있어야 한다.

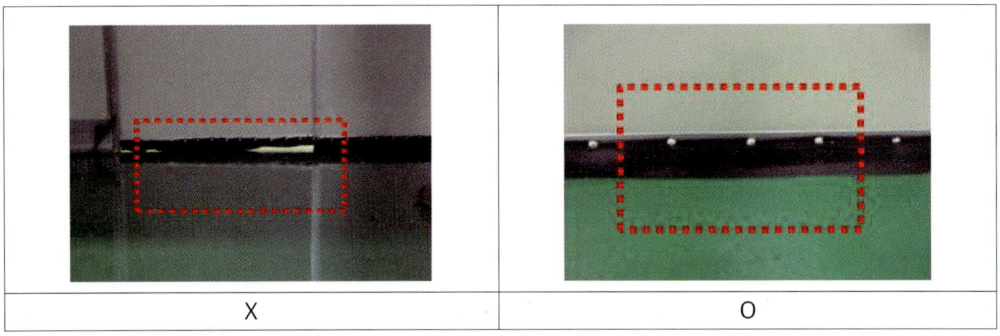

그림 8-7 출입문

출처: 식품의약품안전처장(2014).『HACCP 선행요건 개선 우수 사례집』. 5. 21.

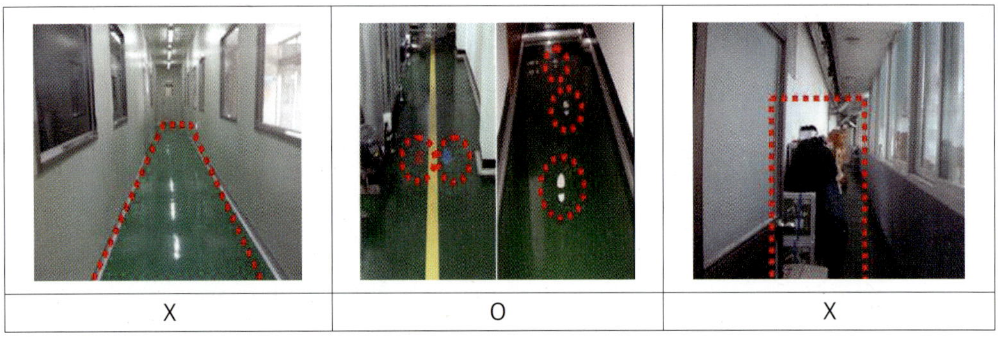

그림 8-8 조리장 통로

출처: 식품의약품안전처장(2014).『HACCP 선행요건 개선 우수 사례집』. 20.

위생해충의 번식 방지 및 청소를 용이하게 하기 위해서는 도어식 출입문이 좋다. 실외화와 위생화를 갈아 신을 수 있도록 신발장을 개인별로 설치하여야 하며, 교차오염의 방지를 위하여 각 신발은 분리하여 보관 관리하여야 한다.

조리장 출입구에는 구역별 복장 착용방법을 게시하여야 하고 개인위생 관리를 위한 세척, 건조, 소독 설비 등의 위생설비를 출입하는 종업원 수를 고려하여 구비하며 항상 정상 작동되어야 하고 청결하게 관리하여야 한다.

통로에는 종업원의 이동경로를 표시하여야 하고 물건을 적재하거나 다른 용도로 사용하지 않아야 한다.

⑦ 창문

창문은 밀폐 가능한 구조이어야 하며 파손으로 식품이나 용기·포장재를 오염시킬 수 있는 구역의 유리는 파손 시 유리조각이 비산되지 않는 재질을 사용하거나 필름 코팅 등의 적절한 조치를 하여야 한다.

개방형 창문은 항상 닫혀 있어야 하고 해충 등의 유입을 차단할 수 있고 세척 시 쉽게 떼어 낼 수 있는 내부식성 재질의 30 mesh 이상의 방충망을 설치하고 틈이나 파손부위가 없어야 하며 먼지 등이 쌓이지 않도록 청결하게 관리하여야 한다.

X	O

그림 8-9 창문

출처: 식품의약품안전처장(2014).『HACCP 선행요건 개선 우수 사례집』. 5. 21.

⑧ 채광 및 조명

작업장은 작업특성에 적합한 조도를 유지할 수 있도록 자연조명을 하거나 인공조명시설을 설치하여야 한다.

조도는 선별 및 검사구역, 배식구역 등 육안확인에 필요한 구역은 540 Lux 이상을 유지하여야 하고 일반 작업구역은 220 Lux 이상, 기타 구역(창고, 부대시설)은 110 Lux 이상으로 설정하여 관리하여야 한다.

채광 및 조명시설은 내부식성 재질을 사용하고 취급되는 식품을 변색시키거나 색을 오인시키지 않아야 한다. 파손 시 노출된 식품이나 용기·포장재를 오염시킬 수 있는 구역의 조명시설은 유리조각의 비산이나 이물 낙하 등에 오염을 방지하기 위하여 조명 보호장치를 설치하여야 하고 청결하게 관리하여야 한다.

⑨ 부대시설(화장실 및 탈의실)

조리장과 직접 통하지 않고 종업원이 이용하기에 편리한 곳에 종업원 수를 고려하여 충분한 크기와 구조이어야 한다. 바닥과 내벽, 천장, 문은 세척, 소독이 용이한 내수성, 내부식성, 내약품성 재질이거나 세균방지용 페인트로 도색하여야 하고 내부 공기를 외부로 배출할 수 있는 별도의 환기시설을 설치하고 항상 정상적으로 작동되어야 한다.

화장실의 출입구에는 세척, 건조, 소독 설비 등의 위생설비를 구비하여 화장실 사용 후 교차오염을 방지하도록 하고 정기적으로 청소 등을 통해 청결하게 관리하여야 한다.

탈의실은 외출복장(신발 포함)과 위생복장(신발 포함)간의 교차오염이 발생하지 않도록 구분·보관하며 청결하게 관리하여야 한다.

<table>
<tr><td>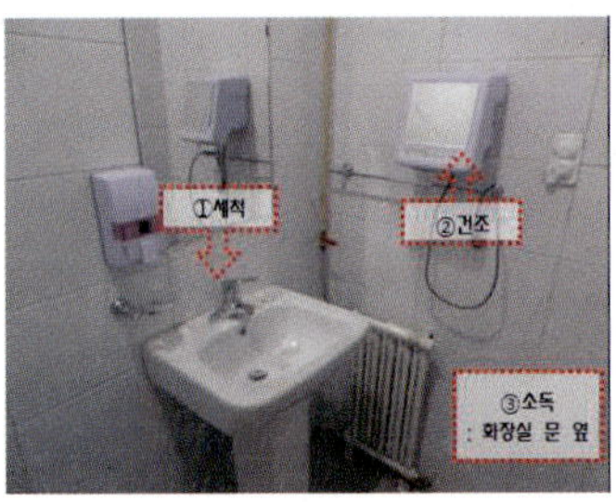
</td><td>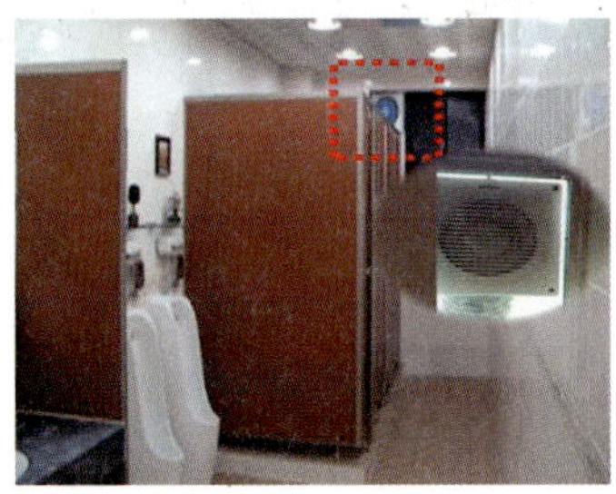</td></tr>
<tr><td>O</td><td>O</td></tr>
</table>

그림 8-10 화장실

<table>
<tr><td>
</td><td>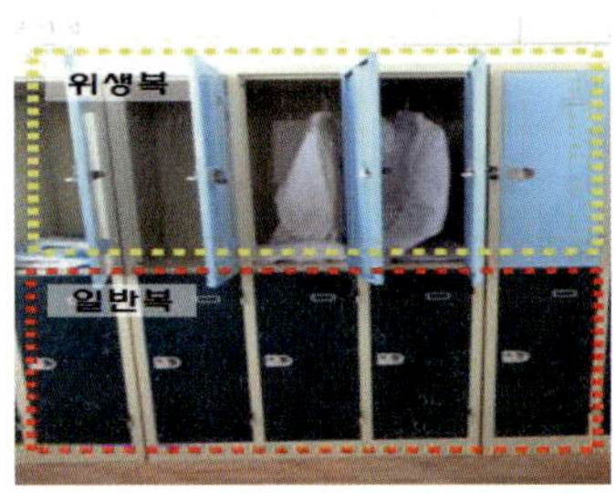
</td></tr>
<tr><td>X</td><td>O</td></tr>
</table>

그림 8-11 탈의실

출처: 식품의약품안전처장(2014).『HACCP 선행요건 개선 우수 사례집』. 25 & 28.

· 작업환경

가) 온도·습도

조리장은 제조·가공·조리하는 식품의 특성에 따라 적정한 온도가 유지될 수 있어야 한다. 제조·가공·조리·보관 등 공정별로 온도 관리를 하고, 이를 측정할 수 있는 온도계를 설치한다. 필요한 경우, 제품의 안전성 및 적합성 확보를 위하여 습도를 관리 한다.

나) 환기시설 관리

조리장 및 부대시설 내에서 발생하는 악취나 이취, 유해가스, 매연, 증기 등을 배출할 수 있는 환기시설, 후드 등을 설치하여야 하고 공기의 흐름은 독립적으로 급·배기되거나 청결구역에서 일반구역으로 흐르도록 하여야 한다.

외부로 개방된 흡·배기구, 후드 등에는 여과망이나 방충망, 개폐시설 등을 부착하고 관리계획에 따라 청소 또는 세척하거나 교체하여 청결하게 관리하여야 한다.

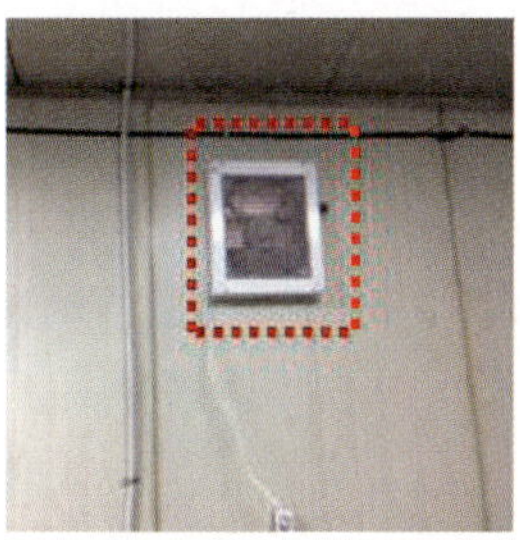		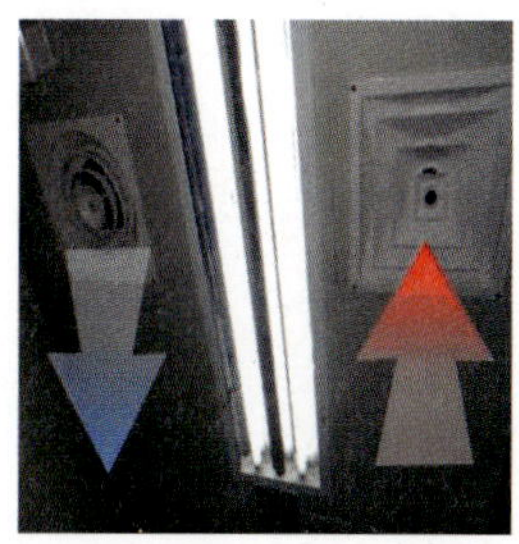
O	O	O

그림 8-12 환기시설

출처: 식품의약품안전처장(2014).『HACCP 선행요건 개선 우수 사례집』. 38~39.

다) 방충·방서

① 식품에 관계하는 위생곤충

위생곤충 및 쥐 등은 식품위생상 유해한 동물이다. 진드기, 바퀴, 파리 등 위생곤충이나 쥐가 식품에 해를 주는 것은 경제상 막대한 손실뿐만 아니라 위생적인 면에서도 좋지 못하다. 이들은 직접 병해를 주는 것 이외에 각종 병원체를 식품에 운반하여 질병을 유발시키는 간접적인 역할도 한다. 또한 병원체는 아니지만 그 동물의 사체, 배설물 등이 이물로 혼입되어 식품위생상 자주 행정처분을 받게 되는 것뿐만 아니라 소비자들에게 불쾌감을 주게 된다.

㉮ 진드기

진드기는 큰진드기와 좀진드기(응애) 두 종류로 분류한다. 진드기에는 참진드기와 물렁진드기가 있고 좀진드기는 매우 미세하여 육안으로 쉽게 발견하기 힘들고 참진드기와 물렁진드기를 제외한 모든 진드기류를 일명 좀진드기라고 하며 옴진드기, 가루진드기, 먼지진드기, 털진드기, 모낭진드기 등이 여기에 속한다.

이들의 진드기는 몸의 표면으로 호흡을 하며 아주 적은 산소에서 생존할 수 있는 능력이 있는 반면 온도·습도가 적당하지 않으면 발생하지 않는다. 특히 장마철과 그 직후의 무더운 계절에 왕성하게 발생하여 자주 그 식품의 표면에 두껍게 진드기로 피복되어 있는 경우도 있다. 식품 내 진드기의 존재는 보관이나 취급이 위생적이지 않음을 의미하고 식품을 망가뜨리거나 변질시켜 식품의 가치를 떨어뜨리며 식용에도 부적합하다.

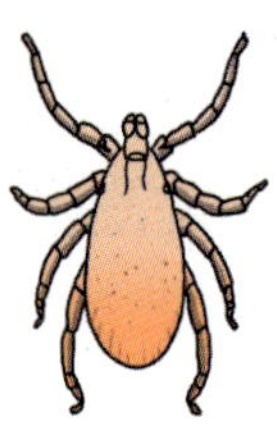	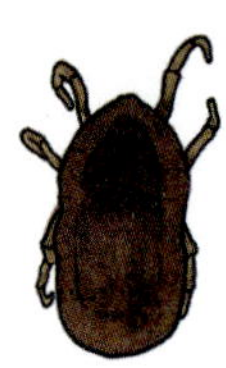	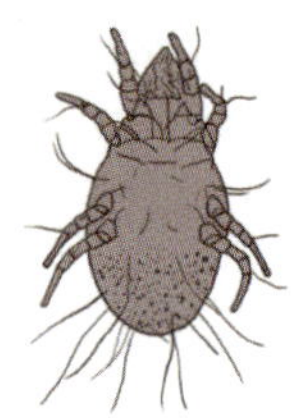	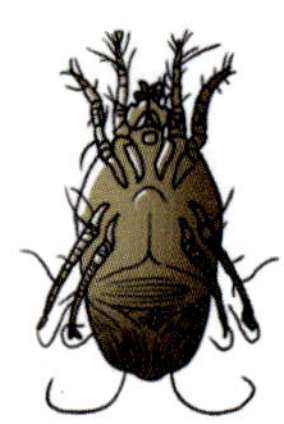
참진드기	물렁진드기	긴털가루진드기	집먼지진드기(세로무늬)

그림 8-13 진드기류

출처 : 2017 크라운 위생사 실기문제집. 321, 322, 324, 326

- 참진드기

세계적으로 널리 분포되어 있고 대형이며 배면에 순판(scutum)을 갖고 있어 물렁진드기와 쉽게 구별된다. 수컷의 순판은 대부분의 배면을 덮고 있는 반면, 암컷은 배면의 극히 일부분을 차지하고 있다.

진드기가 숙주를 발견하는 요인으로는 사람이나 동물이 지날 때 체온에 의한 따뜻한 기류와 광선강도의 변화, 땅의 진동, 냄새 등의 요인에 의하고 숙주가 가까이 오면 기어 올라가 몸에 부착하여 흡혈 및 자교(刺咬, 물림)에 의한 자극증과 2차 감염을 유발한다. 매개 질병으로는 진드기매개티푸스(록키산홍반열), Q열, 라임병 등이 있다.

- 가루진드기류

0.5~1.0 mm 크기의 아주 작은 타원형의 곤충으로 유백색을 하고 있다. 육안으로는 겨우 존재가 확인될 정도이고 우리나라에서 자주 출현되고 있다. 가루진드기류는 다음과 같이 여러 종류가 있고 그에 따라 발생하기 쉬운 식품이 있다.

① 긴털가루진드기 : 쌀, 보리 등의 곡물이나 그 분말, 고춧가루, 초콜릿, 치즈, 건어물 등 각종 식품에서 발견되며 가루진드기류 중에서 가장 흔하게 발견되므로 그 피해도 크다.

② 설탕진드기 : 설탕, 된장 등의 표면에 많이 번식하고 건조 과일에서도 많이 발견된다.

③ 보리가루진드기 : 가쓰오부시, 잔멸치, 게즈리부시, 건어물에서 주로 많이 발견된다.

- 먼지진드기

가루진드기보다도 일반적으로 더 작다. 원래는 식물기생충이지만, 곡물, 곡분, 건조식품, 집먼지 등에서 가루진드기 이상으로 자주 발견된다. 음식물 부스러기, 비듬, 박리상피, 곰팡이 등을 먹고 생활한다. 진드기에 의하여 발생하는 병해로는 진드기 몸체가 사람의 피부에 접촉하여 피부염을 일으키거나 인체 내에 들어가 기관지 천식, 비염 등의 알레르기성 질환을 일으킨다.

진드기의 방제방법으로는 식품의 포장을 잘 밀봉하여 진드기의 부착이나 침입을 방지하여야 한다. 금속관이나 접착이 완전한 알루미늄관이나 폴리에틸렌(PE) 포장 등은 방충에 효과가 있고 건조된 식품에 silica gel 등의 건조제를 봉입하는 것도 진드기류의 발생방지에 효과가 있다.

진드기류의 살충제로서 창고 등에서는 chloropicrin, methylbromide, 이황화탄소(CS_2) 등을 이용하여 훈증을 하고 있다. 그러나 알은 사멸되지 않기 때문에 1주일 간격으로 2~3회 반복

할 필요가 있다.

㉯ 바퀴

바퀴는 잡식성이고 28~33℃ 정도의 온도나 습도가 있는 주방벽틈, 서랍밑, 싱크대 등 으슥한 곳에 서식하며 야간활동성이고 여러 마리가 한곳에 모여 군서생활을 한다. 다리는 질주에 적합하고 저작형 구기를 가졌으며 보기에도 불쾌감과 공포감을 준다. 불결한 장소에서 오물을 묻힌 채 부엌에 나타나 식품을 먹어 황폐하게 하거나 식기나 작업대 등의 위를 돌아다니기 때문에 불쾌감, 오염물질의 운반, 각종 병원체들을 매개하는 등의 피해를 준다.

우리나라에는 7종의 바퀴가 분포하고 있으며, 그 중에 독일바퀴, 집바퀴, 먹바퀴, 이질바퀴 4종이 가주성으로 알려져 있다.

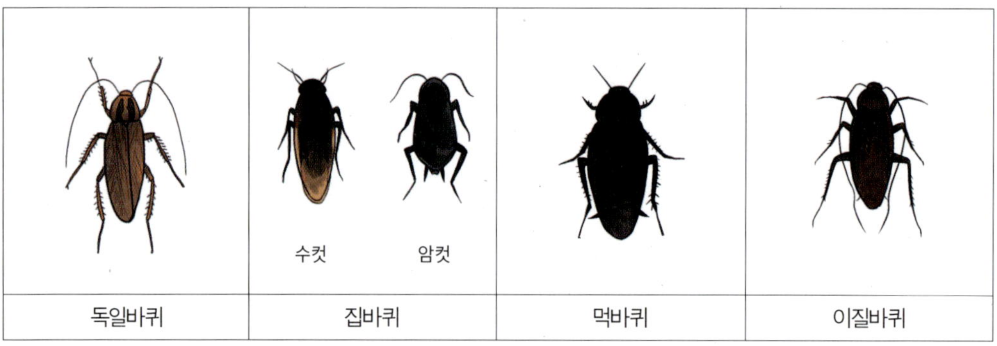

그림 8-14 가주성 바퀴

출처 : 2017 크라운 위생사 실기문제집. 275, 276

- 독일바퀴

우리나라 전국에 분포하고 있고 가주성 바퀴 중 가장 소형으로 체장이 1~1.5 cm 정도로 다른 종에 비하여 매우 작다. 황갈색의 체색을 띠며 전흉배판에 2줄의 흑색 종대가 있다. 암컷은 일생 동안 4~8회 이상 난협(알주머니)을 산출한다.

- 집바퀴

우리나라 중부지방에 분포하고 일본바퀴라고도 한다. 체장이 2~2.5 cm이고 무광택의 흑갈색을 띠며 수컷은 먹바퀴와 비슷하지만 암컷은 날개가 짧아서 날지 못한다. 추위에 강하다.

- 먹바퀴

우리나라 남부지방에 분포하고 검정바퀴라고도 한다. 체장이 3~3.8 cm이고 암갈색 또는 암적갈색을 띠고 몸에 기름을 바른 것과 같은 광택이 있다.

- 이질바퀴

우리나라 남부지방에 분포하고 미국바퀴라고도 한다. 가주성 바퀴 중 가장 대형종으로 체장이 3.5~4 cm에 달하고 전흉배판 가장자리에 황색무늬가 윤상을 이루고 있고 그 가운데는 거의 흑색이다.

이질바퀴와 먹바퀴는 선충류나 구충류의 중간숙주로 된다고 한다.

바퀴의 방제방법으로는 환경위생관리가 무엇보다도 중요하다. 바퀴가 발생되기 쉬운 장소를 청결하게 유지하고 먹이가 되는 음식물 관리를 철저히 하고 식품을 외부에 방치하지 않도록 하여야 한다.

살충제를 이용한 방법에는 살충제를 먹이에 혼합하여 섭취하게 하는 독먹이법과 밀폐된 공간에 연무나 훈증을 하거나 바퀴의 서식처에 잔류분무하는 방법이 있다. 그 외 트랩(trap)을 이용하여 방제하는 방법도 널리 사용된다.

㉰ 파리

파리는 그 종류가 수 천종이나 되며 위생곤충의 대표라고 생각된다. 가장 작은 초파리는 유전의 연구에도 사용되지만, 된장, 부패채소, 과숙된 과일 등에서 발생한다. 집파리는 쓰레기, 퇴비, 축사 등의 장소에 발생하고 우리나라에서 가장 흔한 가주성 곤충이다. 화장실에서 발생하는 구더기의 대부분은 피리의 유충이다.

파리는 주간활동성이고 질병의 기계적 전파자로서 중요한 역할을 한다. 잡식성으로 각종 음식물, 배설물 등의 먹이를 섭취하고 소화작용이 빨라 분변을 자주 배출하며 소낭 내에 섭취한 먹이를 토하는 습성이 있다. 이 때 먹이와 함께 섭취한 병원체를 분변이나 토물 등과 배출하게 된다. 다리 부절 말단에는 1쌍의 욕반이 있는데 액상물질을 분비하는 선모가 있어 끈적끈적한 상태가 유지되어 매끄러운 표면을 걸을 때 도움을 주고 그 곳에 병원체를 부착시켜 다른 장소로 전파한다.

- 집파리과

집파리과에는 집파리와 딸집파리, 큰집파리, 침파리가 있고 구기는 집파리와 같이 액상물질을 흡입하는 형도 있고 침파리와 같이 흡혈형도 있다. 집파리는 6~9 mm의 중형이고 진한 회색빛을 띠며 날개의 4종맥이 예리하게 굴곡되어 3종맥과 근접한 위치에서 끝난다. 병원체를 운반하는 파리의 종류가 많으나 그 중에서 집파리가 매우 중요한 역할을 한다. 전파 가능한 질병으로는 살모넬라 등의 세균성 식중독과 장티푸스, 콜레라, 세균성이질 등의 경구감염병이 있다.

침파리는 집파리와 같은 크기이고 흑회색을 띤다. 머리에 가는 침이 앞으로 돌출되어 있고 중흉배판에 4개의 흑색종대가 있다.

- 쉬파리과

8~15 mm의 중형내지 대형이고 회색을 띤다. 중흉배판에 흑색종대가 있으며 복부에는 바둑판 모양의 무늬가 있다. 쉬파리과의 암컷은 모두 유생생식을 하며 파리유충이 동물의 조직에 기생하여 발생하는 구더기증(승저증)을 일으키기도 한다.

- 체체파리과

6~15 mm의 중형파리로 황갈색 또는 흑갈색을 띤다. 주둥이는 앞으로 길게 돌출되어 있어 흡혈하기에 적합하고 날개가 복부보다 훨씬 긴 것이 특징이다. 전파 가능한 질병으로는 아프리카 수면병이 있다.

파리의 방제방법으로 가장 이상적인 것은 발생원을 제거하는 것으로 환경위생관리가 중요하다. 조리대나 조리시설의 쓰레기나 오물의 처리를 위생적으로 하고 화장실, 쓰레기를 모아둔 장소에 뚜껑 등을 덮어 파리가 들어가지 못하도록 하여야 한다.

그 외 살충제를 이용한 화학적 방법과 기생벌이나 파리 알을 포식하는 풍뎅이류 등의 포식동물을 이용하는 생물학적 방법이 있다.

그림 8-15 파리

출처 : 2017 크라운 위생사 실기문제집. 301, 303, 305, 306

㉣ 쥐

쥐는 야간활동성이고 잡식성이며 구토하는 능력은 없다. 견치(犬齒)는 없고 상하 양턱에 각각 2개씩 문치(門齒)가 있는데, 문치는 안쪽으로 약간 굽어 있고 끝이 날카로우며 길이가 매우 길다. 자라는 속도가 매우 빨라 연간 평균 11~14 cm 정도 자라고 자라는 만큼을 마모시켜야 하기 때문에 생후 2주부터 죽을 때까지 무슨 물건이든지 잘 갉는 습성이 있다. 따라서 식품이나 농작물을 먹어 치우거나 기물 등을 갉아서 망가뜨린다.

쥐는 야간활동성이므로 감각기관이 발달되어 있는데 후각, 청각, 미각이 예민하며 수염에 의한 촉각도 극히 예민하여 모든 활동을 촉각에 의존한다. 반면 시력은 빈약하여 색맹이며 근시이다. 점프능력이 뛰어나 선 자리에서 60 cm, 달리다 점프할 때에는 수직벽을 1 m까지 넘을 수 있는 능력이 있다. 쥐는 보통 일정한 장소에 헝겊이나 솜을 모아 둥지를 만들고, 여기에서 먹이가 있는 곳까지 일정한 통로를 만들어 생활하는데 경계심이 강하여 낯선 물건에 대해 조심스럽게 피하는 습성이 있고 조용하고 물이 있는 곳이면 어디든지 서식한다.

식중독을 일으키는 살모넬라균이나 흑사병(페스트), 렙토스피라증, 신증후성 출혈열, 유행성 출혈열 등의 감염병의 병원체를 매개하고 또한 벼룩, 이, 진드기를 전파하며 그 분변은 식품을 오염시킨다.

쥐는 종류가 많지만 보통 가주성 쥐와 들쥐로 분류한다. 가정에 나타나는 가주성 쥐에는 시궁쥐, 곰쥐, 생쥐의 3종류가 있고 들에서 서식하는 들쥐에는 등줄쥐가 있다.

- 시궁쥐

애급쥐라고도 하며 가주성 쥐 중에서 가장 커서 성숙한 경우 무게가 무려 400~500 g에 달한다. 꼬리는 몸길이 보다 조금 짧거나 같으며 귀는 작아서 접혀도 눈이 덮이지 않을 정도이다. 가정에서는 부엌이나 마루 밑, 시궁창이나 식품창고 등의 장소에서 많이 출몰한다. 임신기간은 곰쥐와 같이 약 3주(22일)이며 1회에 8~10마리 정도의 새끼를 낳는다.

- 곰쥐

집쥐 또는 지붕쥐라고도 하며 몸길이가 17~20 cm, 체중은 300~400 g 전후로 시궁쥐 보다 작고 꼬리의 길이가 몸길이 보다 긴 것이 특징이다. 귀는 커서 접으면 눈이 가려지고 배면은 밤색이다. 흔히 지붕쥐라고 불릴 정도로 동작이 빠르고, 집 천장에서 살며 기둥, 파이프 등 높은 곳을 수직으로 오르내리는 재주가 있다. 암컷의 임신기간은 3주(22일)로 1회에 4~8마리 정도의 새끼를 낳는다.

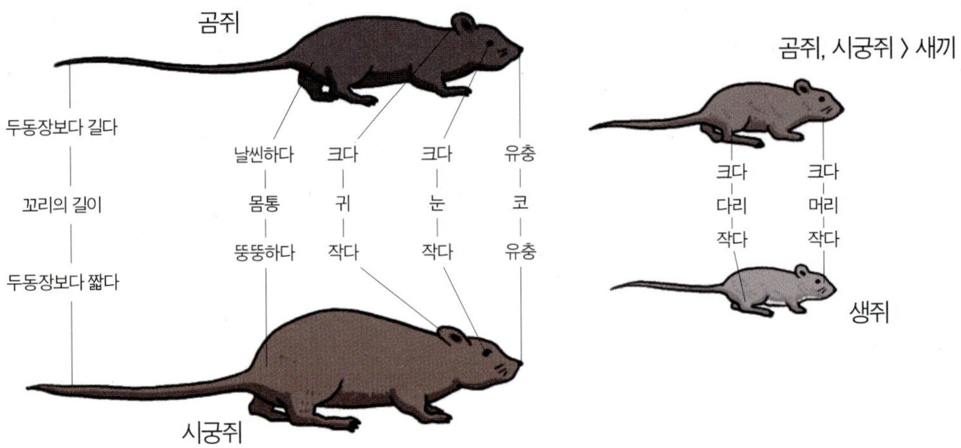

그림 8-16 가주성 쥐의 형태적 비교

출처 : 2017 크라운 위생사 실기문제집, 329

- 생쥐

생쥐는 몸집이 아주 작아서 몸무게가 20 g, 몸길이가 6~9 cm 정도밖에 안되며, 꼬리의 길이가 몸길이와 비슷하다. 작은 틈만 있으면 출입할 수 있으므로 일반가정에는 물론 고층건물 상층에까지 분포되어 있다. 1회에 4~7마리 정도의 새끼를 낳는다.

- 등줄쥐

들쥐 중 전국적으로 가장 많이 있는데, 특히 농촌지역에 많이 분포되어 있다. 배면은 회색이 섞인 연한 적갈색을 띠고 종으로 검은 줄이 머리 위로부터 꼬리의 기부(基部)까지 있으며 복면은 회백색이다. 무게는 20 g 내외로 소형이고 꼬리는 몸길이 보다 항상 짧다. 구멍을 S자로 1~2 m 파고 그 속에 둥지를 만들어 생활한다.

그림 8-17 등줄쥐

쥐의 방제작업은 개체군의 밀도가 낮은 겨울이 가장 효과적이며 방제방법으로는 먹을 것과 발생원 및 서식처를 제거하는 환경개선 방법이 가장 효과적이고 영구적이라고 할 수 있다. 또한 통로나 둥지를 만들지 못하도록 하는 것도 중요하다.

살서제를 이용해서는 급성살서제의 경우 독작용이 빨라 섭취 후 1~2시간 이내에 증상이 나타난다. 그러나 사전미끼를 설치하거나 미끼먹이에 대한 기피성이 생길 수 있고 2차독성이 있을 수 있다. 만성살서제는 모세혈관의 파괴로 내부출혈을 지속적으로 유발시켜 빈혈로 서서히 죽게 만든다. 쥐가 1회 섭취로는 죽지 않지만 3회 이상 계속 섭취하면 1주일 후에 죽게 된다. 2차 독성이 거의 없고 인축에 위험이 없기 때문에 널리 사용되고 있다. 이들 약제들은 사람에게도 유독한 것이 많기 때문에 식품의 취급시설이나 조리장 등에서는 사용해서는 안된다.

그 외 천적이나 쥐틀, 쥐덫 등의 트랩을 이용하는 방법도 많이 이용된다.

② 방충·방서 관리방법

영업장의 방서관리를 위해 건물의 기초 공사 시 건물 둘레에 약 60 cm 깊이의 L자형 콘크리트 방서벽을 설치하고 출입문은 지면과 문 끝의 이격을 0.5 cm 이하가 되게 하고 문 끝으로부터 30 cm까지 철판으로 처리하는 것이 좋다.

조리장 및 부대시설 내·외부의 출입구, 창문, 배수구, 흡·배기구, 배관 틈 등에 비행성 또는 보행성 해충이나 공기의 유입을 차단하기 위하여 내부식성 재질의 스크린설비(방충망(30 mesh), 여과망)나 방충설비(에어커튼, 비닐커튼 등), 필요한 경우 조리장이나 보관창고에 유입된 쥐나 해충을 제거하기 위하여 쥐덫, 트랩, 포충등 등의 방충·방서설비를 설치하여 해충이나 설치류 등의 유입이나 서식을 방지할 수 있도록 하고 유입 여부를 정기적으로 확인하여야 한다.

조리장 내에서 해충이나 설치류 등의 구제를 실시할 경우에는 정해진 위생수칙에 따라 공정이나 식품의 안전성에 영향을 주지 아니하는 범위 내에서 적절한 보호조치를 취한 후 실시하며, 작업 종료 후 식품취급시설 또는 식품에 직·간접적으로 접촉한 부분은 세척 등을 통해 오염물질을 제거하여야 한다.

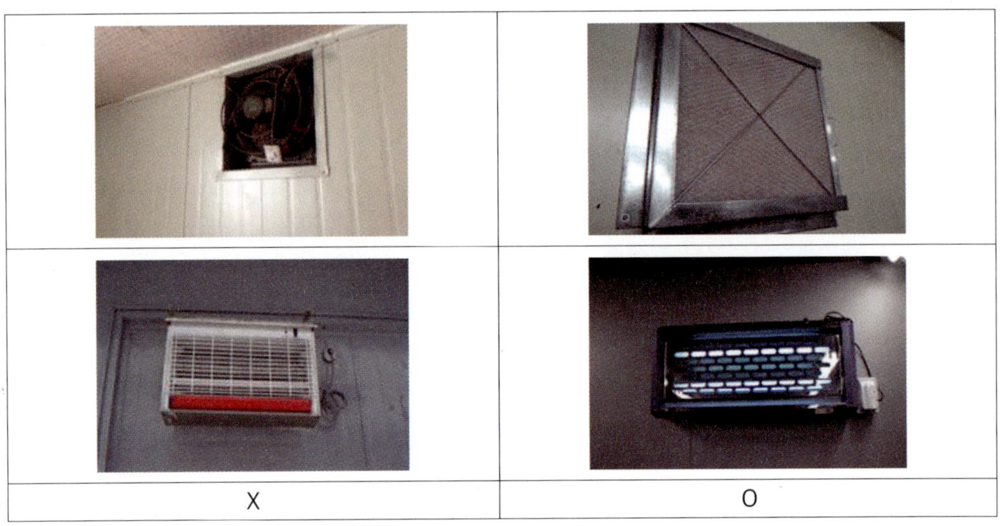

그림 8-18 방충설비

출처: 식품의약품안전처장(2014).『HACCP 선행요건 개선 우수 사례집』. 41, 43.

2) 위생 관리

· 개인위생 관리

가) 건강 관리

식품을 제조·가공·조리·보관하는 일에 직접 종사하는 영업자 및 종업원은「식품위생법 시행규칙」제49조 및「학교급식법 시행규칙」제6조 제1항에 의한 건강진단을 통하여 건강상태를 확인하여야 한다.

「식품위생분야 종사자의 건강진단규칙」제2조에 따라 건강진단항목(장티푸스, 폐결핵, 피부병 또는 그 밖의 화농성질환에 대해 매년 1회 이상 건강진단을 실시하고 학교급식의 조리종사자의 경우는「학교급식법 시행규칙」제6조 제1항에 의거 6개월에 1회 건강진단을 실시하여야 한다. 건강진단을 받지 아니 하였거나 건강진단 결과 타인에게 위해를 끼칠 우려가 있을 때에는 조리장 출입 금지 및 식품취급에서 제외하고 타 업무 배치를 권유하여야 한다.

※「식품위생법」제40조 제4항에 의한 영업에 종사하지 못하는 질병
1. 1군 감염병(콜레라, 페스트, 장티푸스, 파라티푸스, 세균성이질, 장출혈성대장균감염증, A형 간염 등)
2. 결핵(비감염성의 경우는 제외)
3. 피부병 또는 그 밖의 화농성 질환
4. 후천성 면역결핍증(성병에 관한 건강진단을 받아야 하는 영업에 종사자)

또한 작업 전 자신의 건강상태를 확인 후 다음과 같은 이상이 감지되면 위생관리 책임자에게 보고하고 지시에 따라야 하고 관리자는 종업원의 질병이 완치된 것을 확인한 이후에 그 종업원을 작업에 투입하여야 한다.

- 계속되는 설사 및 복통이 있는 경우
- 심한 감기와 몸살로 오한이나 발열이 있는 경우
- 감염성 질병에 걸린 경우
- 화농성 상처가 있는 경우
- 피부병에 걸린 경우
- 기타 신체상 이상이 있다고 판단되는 경우

나) 위생복장 착용 및 신체청결

모든 종업원은 조리장에 입실하기 전에 정해진 위생복장(위생복, 위생모, 위생화, 위생마스크, 작업특성에 따라서 필요한 경우 위생장갑, 앞치마, 토시 등)을 위생복장 착용기준에 따라 착용하여야 하며(표 8-3, 8-4) 정기적으로 세척 또는 교체하여 항상 청결한 상태로 관리하여야 한다.

모든 종업원은 머리, 수염, 손톱 등의 신체를 청결하게 하여야 하고 개인용 장신구(시계, 반지, 목걸이, 귀걸이, 팔찌 등)를 착용하거나 불필요한 개인용품을 조리장에 반입하지 아니한다.

표 8-3 위생복장 착용기준

위생복장	착용기준
위생복	소매·바지 등은 완전히 내려서 착용하며, 상의 단추 등을 개방하지 않고 조리장 이외의 장소에서 착용하지 않아야 한다.
위생모	머리 전체를 감싸지도록 하여 머리카락이 위생모 밖으로 나오지 않게 착용한다.
위생(장)화	꺾어 신거나 구겨 신지 않는다.
앞치마	가슴에서 무릎까지 가려지도록 착용한 후 뒤에 끈을 묶는다.
위생장갑	손목부위 작업복소매를 덮어서 착용한다.
마스크	호흡기(입, 코)를 완전히 가리도록 착용한다.
토시	위생장갑(손목부위)을 덮어 팔꿈치까지 착용한다.

표 8-4 구역별 위생복장 착용기준(예시)

구분	원료창고	제조·가공·조리구역	배식구역	세척구역
위생복	○	○	○	○
위생모	○	○	○	○
위생(장)화	○	○	○	○
앞치마	×	○	○	○
위생장갑	○	○	○	○
마스크	○	○	○	×
토시	×	○	×	○

위생복장의 착의 및 탈의는 탈의실에서만 행하며, 위생복장의 착용기준을 준수하여야 하고 특히, 위생복장을 착용한 상태에서는 조리장을 이탈하여 출입하거나 이동할 수 없다. 다만, 화재 또는 안전사고 발생의 경우에는 그러하지 않을 수 있다.

그림 8-19 용도별 위생복장 착용(예시)

출처 : 식품의약품안전처장(2009). 『집단급식소 위생관리 매뉴얼』. 12.

표 8-5 위생복장의 세척·소독 및 보관기준

구분	세척주기	교체주기	보관장소
위생복	주1회	12개월	옷장
위생모	주1회	6개월	옷장
위생(장)화	주1회	파손 시	신발장
앞치마	수시	파손 시	앞치마 보관장
위생장갑	–	매일	위생장갑 보관함
위생마스크	–	매일	마스크 보관함
토시	수시	파손 시	토시 보관함

다) 조리장 출입 및 세척·소독

청결구역과 일반구역별로 각각 출입 및 세척·소독기준 등을 포함하는 위생수칙을 설정하고 조리장의 출입구에 구역별 복장착용 방법을 게시하여야 한다. 모든 종업원은 반드시 지정된 출입구와 이동 동선을 이용하여 출입하여야 한다. 조리장의 출입 시 정해진 출입 및 세척·소독기준의 절차를 준수하여 오염 가능성 물질 등을 제거하고 입실한 후 작업에 임하여야 한다.

- 손 또는 위생화를 세척 또는 소독을 하여야 하는 경우는
  - 조리장 입실 전
  - 작업 중 오염 가능성이 있는 물품 등과 접촉하여 오염되었을 때
  - 작업을 위하여 일반구역 또는 준청결구역에서 청결구역으로 이동할 때
  - 작업이 끝난 후
- 위생장갑, 앞치마, 토시 등을 소독하여야 하는 경우는
  - 작업을 시작하기 전
  - 작업 중 더러워졌거나 오염되었을 때

그리고 공정 특성상 필요한 경우를 제외하고는 면장갑은 식품과 직접 접촉하여 사용하지 아니 한다.

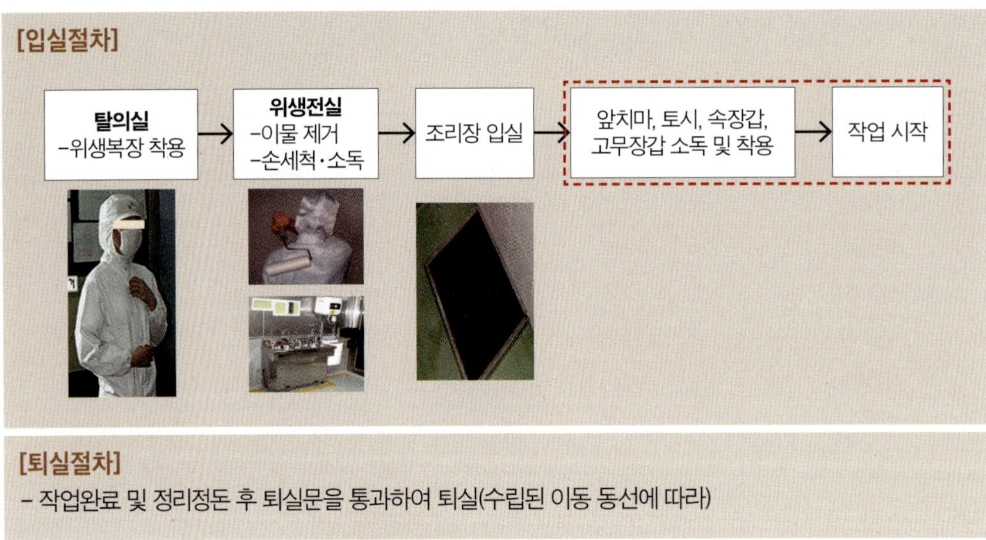

그림 8-20 조리장 출입기준(예시)

라) 손 위생

손을 소독할 때에는 보통 흐르는 물로 씻는 경우가 많다. 그러나 식품의 조리 또는 가공 등에 종사하는 경우에는 세척만으로는 불충분하다. 비누를 이용하여 아주 잘 씻으면 상당한 제균효

과가 있다. 그 예를 나타낸 것이 표 8-6이다.

손은 정해진 손 세척·소독기준에 따라 세척·소독하여야 하고 세척·소독시설에는 올바른 세척·소독방법 등에 대한 기준을 게시한다. 살균된 용기, 시설 등을 취급 할 때는 반드시 손 소독을 실시하며 오염된 손으로 공정품이나 소독된 용기 등을 만져서는 안된다. 손의 세척·소독은 잘 안 씻기는 부위(엄지손가락, 손가락 끝, 손가락 사이, 손바닥 손금부위)가 잘 세척될 수 있도록 다음의 방법으로 실시한다.

표 8-6 손의 세척효과

비누의 유무	물	씻기 전	씻은 후	제거율(%)
비누 없이 수돗물	담금 물 흐르는 물	2,400 40,000	1,600 4,800	64 88
비누 없이 우물물	담금 물 흐르는 물	2,400 30,000	1,520 6,400	37 79
비누 사용, 수돗물	흐르는 물	840	54	93
비누 사용, 잘 씻음, 수돗물	흐르는 물	3,500	8	99

※ 숫자는 생균수를 나타낸다.

- 따뜻한 물(30℃ 정도)로 손목과 손을 적시고 비누칠을 하여 충분히 문지른다. 반팔을 입은 경우에는 팔꿈치까지 씻는다(올바른 손씻기 6단계).
- 필요 시 손톱 부러쉬를 사용하여 손톱 밑, 손톱 주변, 손바닥, 손가락 사이 등을 꼼꼼히 문질러 눈에 보이지 않는 세균과 오물을 제거한다.
- 흐르는 물로 비누거품을 완전히 제거한다.
- 건조기에 손을 넣고 상하로 움직여서 물기를 제거한다.
- 손 바닥에 소독기의 소독액(70% 에틸알코올 또는 동등한 소독 효과를 가진 살균소독제)을 충분히 분무한다.
- 양손과 손가락 사이를 충분히 비빈 다음 소독액을 자연건조시킨다. 손을 깨끗이 씻고 나서 불결한 손수건 등으로 닦으면 다시 오염될 우려가 있으므로 종이타올을 이용하거나 열풍 또는 자연건조를 하는 것이 좋다.

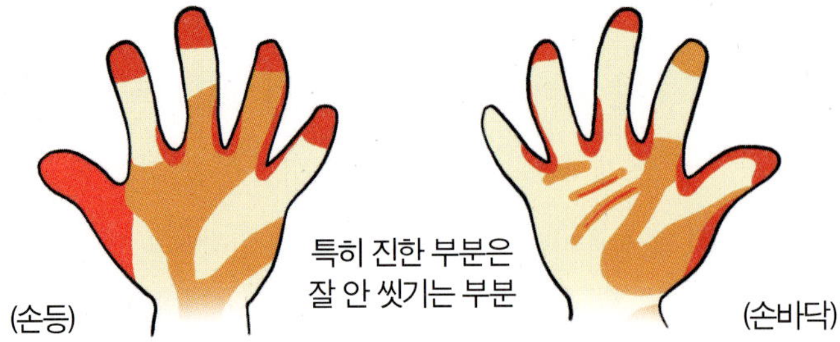

그림 8-21 손에서 잘 씻기지 않는 부위

출처: 식품의약품안전처장(2009). 『집단급식소 위생관리 매뉴얼』. 9.

건강을 위한 3가지 약속! ·자주 씻어요. ·올바르게 씻어요. ·깨끗하게 씻어요.
올바른 손씻기 6단계! 5늘부터 실천하세요!

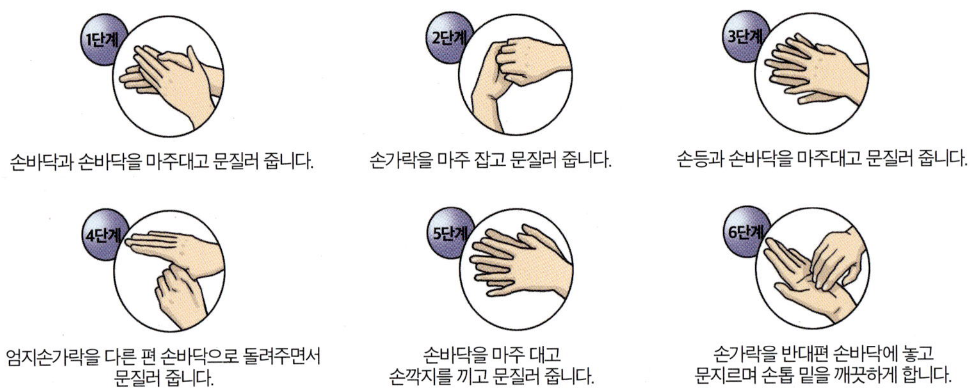

그림 8-22 올바른 손씻기 6단계

출처 : 질병관리본부

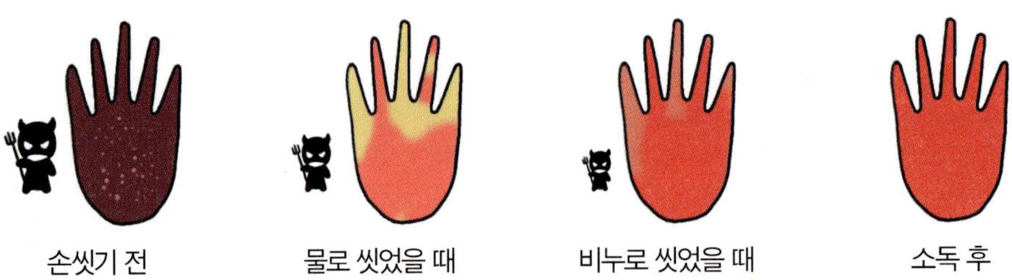

그림 8-23 세척·소독방법에 따른 미생물 제거효과

출처: 식품의약품안전처장(2009). 『집단급식소 위생관리 매뉴얼』. 9.

마) 방문객 관리

작업자 외의 견학자 등 외부 방문객은 가급적 조리장 출입을 통제한다. 부득이하게 방문객을 출입시키는 경우에는 방문객 출입관리대장(방문자명, 소속, 직위, 방문 일시, 방문 목적, 특이사항 포함)에 그 사실을 기록관리하여야 한다.

· **작업위생 관리**

가) 교차오염 방지

교차오염을 방지하기 위해서는 칼과 도마 등의 기구나 용기는 용도별 또는 구역별(가공식품, 육류, 어류, 채소류 등)로 구분하여 사용하여야 하고 앞치마와 고무장갑, 행주 등도 전처리 및 세척용, 조리용, 청소용으로 구분하여 사용하여야 한다.

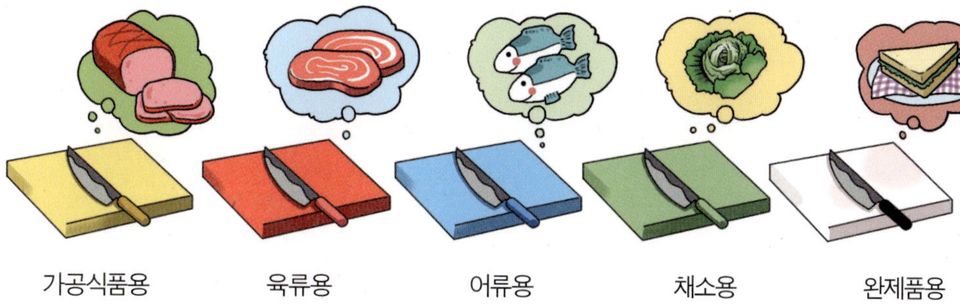

그림 8-24 칼과 도마의 용도별 구분(예시)

출처: 식품의약품안전처장(2009). 『집단급식소 위생관리 매뉴얼』. 32.

싱크대는 구분사용을 원칙으로 하고 구분사용이 어려울 경우 채소류 → 육류 → 어류 순으로 사용하되 작업 변경 시에는 소독 후에 변경하도록 한다.

식품 취급 등의 작업은 바닥으로부터 60 cm 이상의 높이에서 실시하여 바닥으로부터의 오염을 방지하여야 한다.

전처리한 원료와 하지 않은 원료, 조리가 완료된 조리식품과 그렇지 않은 공정품은 구분보관 등의 방법으로 교차오염되지 않도록 관리하여야 하고 세척한 식기와 세척하지 않은 식기는 다음의 보관고 등을 이용하여 위생적으로 구분보관한다.

- 자외선 또는 전기살균 소독고 : 정상작동(60℃ 이상)
- 보관장 : 바닥으로 부터 15 cm 이상 높이
- 선반 : 바닥으로 부터 60 cm 이상 높이

그 외 원료 및 포장재의 입고에서부터 출고까지 물류 및 종업원의 이동 동선계획을 교차오염이 발생되지 않도록 수립하고 이를 준수하는 것 또한 교차오염을 방지할 수 있는 방법이다.

나) 전처리공정(해동, 세척, 소독) 관리

① 해동

냉동식품의 해동은 다음과 같은 방법을 이용하여 실시하고 해동시간과 장소를 미리 정하여 신속히 해동될 수 있도록 하고 다른 식품과 분리 해동하여 교차오염을 방지하여야 하며 해동 중임을 표시하여야 한다.

- 냉장해동 : 5℃ 이하, 72시간 이내
- 유수해동 : 20~21℃ 이하, 4시간 이내
- 마이크로웨이브 해동 : 해동 후 즉시 조리

해동된 식품은 즉시 사용하고 즉시 사용하지 못할 경우 조리 시까지 냉장보관하며, 사용 후 남은 부분을 재동결하여서는 안된다.

② 세척

세척 시 싱크대는 식품별로 구분사용하고 물 넘침에 의한 교차오염을 주의하여야 하며 하나의 싱크대를 사용할 경우에는 반드시 원료 세척 후 싱크대를 세척·소독하고 사용하도록 한다. 채소류 등을 절단할 경우에는 절단하기 전 세척하는 것이 교차오염을 줄일 수 있으며 미생물 제거 시는 흐르는 물에 3회 이상 세척하고 농약 제거 시는 침지 상태로 세척하는 방법이 효과적이다.

③ 소독

가열하지 않고 생으로 먹는 채소 또는 과일류의 경우 세척 후에도 병원성 미생물이 잔류되어 있을 수 있기 때문에 위생적이고 안전하게 섭취할 수 있도록 소독 후 사용하여야 한다. 소독은 다음의 방법으로 실시하여야 한다

> 소독액 조제(100 ppm) 또는 이와 동등한 살균효과가 있는 소독제(식품첨가물 표시제품) → 농도 확인(test paper) → 3~5분간 침지 또는 분무 → 헹굼(흐르는 물에 3회 이상)

다) 조리공정 관리

① 절단·소분

냉장식품을 절단·소분 등의 처리를 할 때에는 식품의 온도가 가능한 한 15℃를 넘지 아니하도록 한번에 소량씩 취급하고 절단·소분 후 즉시 사용하여야 하며 즉시 사용이 어려울 경우에는 뚜껑이 있는 용기에 담아 냉장고에 보관하는 등의 온도 관리를 하여야 한다.

② 무치기

무치기는 소독된 장갑을 사용하고 조리기구 등은 무치기 전에 알코올 등으로 소독하고 휘발시킨 후 사용하여야 한다.

③ 가열

74℃, 1분 이상 가열을 하여야 하고 제품 중심부의 온도를 측정(1회 조리 분량 마다 3회 이상)하여 품온이 74℃ 이상(어패류의 경우는 85℃ 이상)인지를 확인한다. 뜨거운 재료와 직접 접촉하는 조리기구는 스텐인레스 등 내열성 재질을 사용하여야 한다.

④ 냉각

조리한 음식을 즉시 제공하지 않거나 차게 제공하여야 할 경우는 빠르게 냉각시키고 냉장보

관하여야 한다. 냉각은 2단계 냉각의 경우는 조리된 음식의 내부를 2단계로 나누어 6시간 이내에 냉각한다(2시간 이내에 60℃ → 21℃, 4시간 이내 21℃ → 5℃). 1단계 냉각의 경우는 조리된 음식의 내부를 한번에 4시간 이내에 냉각하여야 한다(4시간 이내 60℃ → 5℃).

라) 완제품 및 배식 관리

① 완제품

제조·가공·조리된 음식은 배식 전까지 교차오염이 발생하지 않도록 위생적인 용기에 보관하여 다음과 같이 온도 및 시간 기준을 설정하여 관리하여야 한다.

- ·28℃ 이하의 경우 : 조리 후 2~3시간 이내 섭취 완료
- ·60℃ 이상으로 품온 유지 시 : 조리 후 5시간 이내 섭취 완료
- ·5℃ 이하로 품온 유지 시 : 조리 후 24시간 이내 섭취 완료

② 배식

조리 후 즉시 배식하는 것을 권장하고 배식 용기, 도구 등은 세척·소독·건조된 것을 사용하며, 배식담당자는 배식 직전에 손을 세척·소독하고 위생복장을 착용하여야 한다. 배식 시 맨손 사용을 금지하고 위생장갑, 청결한 도구(집게, 국자 등)를 사용하여야 하며, 배식하던 음식에 새로운 음식을 혼합하지 않아야 하고 배식 후 남은 음식은 전량 폐기하여야 한다.

마) 검식 및 보존식 관리

① 검식

영양사는 조리된 음식에 대하여 배식하기 직전에 음식의 맛, 온도, 이물, 이취, 조리 상태 등을 확인하기 위한 검식을 실시하여야 한다. 다만, 영양사가 없는 경우 조리사가 검식을 대신할 수 있다.

② 보존식

조리된 음식은 소독된 보존식 전용용기 또는 멸균 비닐봉지에 매회 1인분 분량(100g 이상)을

담아 채취일자, 채취시간, 메뉴명, 폐기일자를 기록하여 -18℃ 이하에서 144시간 이상 보관하여야 한다.

• 폐기물 관리

폐기물·폐수의 처리시설은 조리장과 격리된 지정된 장소에 설치·운영하여야 하며, 폐기물 등의 처리용기는 밀폐 가능한 구조로 침출수 및 냄새가 누출되지 않도록 뚜껑이 있는 내수성 재질로 된 것이어야 한다. 폐기물 중 냄새 유발, 유출 위험성, 벌레 서식의 우려가 있는 폐기물은 빠른 시간 내에 우선 처리하고 폐기물이 조리장 내에 적체되지 않도록 정해진 관리계획에 따라 신속히 처리·반출하고 그 관리기록을 유지하여야 한다.

• 세척 및 살균·소독 관리 (시설, 설비, 기구·용기 등)

가) 세척(Cleaning, washing)

세척은 식품용 기구 또는 용기의 표면에 오염되어 있는 음식성분과 기타 유기성분을 세척제의 침투, 흡착, 유화, 용해, 분산 등의 작용을 통해 제거하는 일련의 작업과정이다. 세척에 있어 세척제는 매우 중요한 역할을 하기 때문에 세척제의 선택에 있어 세척제의 성질, 특히 그들의 장·단점을 알고 있지 않으면 안된다.

세척제는 보건복지부 고시「위생용품의 규격 및 기준」에 따라 채소 또는 과실용으로 사용하는 1종과 식기류용(자동식기세척기 또는 산업용 식기류 포함)인 2종, 식품가공·조리기구용의 3종으로 분류된다. 1종 세척제는 2종 및 3종 세척제로, 2종 세척제는 3종 세척제로 사용이 가능하지만, 3종 세척제는 2종과 1종 세척제로, 2종 세척제는 1종 세척제의 용도로는 사용할 수 없으므로 세척하고자 하는 대상에 따라 올바르게 선택하여야 한다(표 8-7).

표 8-7 용도별 세척제의 종류

1종	2종	3종
채소 또는 과실용 세척제	식기류용 세척제 (자동식기세척기용 또는 산업용 식기류 포함)	식품의 가공·조리기구용 세척제

또한 세척제는 액성에 따라 강알칼리성, 약알칼리성, 중성, 약산성, 강산성의 5종류로 구별할 수 있다. 오염형태가 단백질, 지방, 탄수화물 등 유기물에 의한 일반적 오염물은 가성소다, 탄산소다 등의 알칼리성 세척제가 유효하고 물때, 탄산염 스케일, 석회석 등 무기물에 의한 오염물은 황산, 인산, 질산 등의 산성 세척제가 적합하다. 단, 산성 세척제의 경우에는 알루미늄과 같은 금속류, 타일 등에 사용 시 부식현상이 발생하므로 주의하여야 하고 깨끗이 헹구어 주도록 한다. 그리고 우유혼합기나 우유이중솥 같은 기구 등에 남아 있는 가열처리한 우유잔사, 유석(milk stone) 등의 유기성과 무기성의 오염물이 공존해 있을 경우에는 산성, 알칼리성 세척제를 교차 사용하는 것이 유효하다. 채소·과일, 식기·기구 등에 널리 사용되는 중성 세척제는 냉수나 경수 등에서도 세척작용에 영향을 받지 않는다. 그 외에 매우 더러운 바닥이나 알칼리성 또는 산성 세척제로도 잘 제거되지 않는 오염물에는 연마분이 함유된 연마 세척제를 이용하는 것이 좋은데, 유리나 플라스틱 등 매끄러운 표면에 흠집이 발생될 수 있으므로 주의하여야 한다. 이렇게 세척대상물의 오염물 형태와 정도는 매우 다양하기 때문에 상황에 맞는 적합한 세척제를 선택하여야 오염물을 효과적으로 제거할 수 있다.

※ 세척제를 선택할 때의 주의사항

세척제를 선택할 때에는 다음 4가지 사항에 유의를 하여야 한다.

① 부착되어 있는 식품의 성질
② 세척면과 세척제와의 접촉시간
③ 세척하여야 할 표면의 성질
④ 물의 성질

나) 살균·소독(Disinfection)

미생물은 체단백질이 변성할 수 있을 정도의 물리적, 화학적 조작을 받으면 생존할 수 없게 되는데, 이렇게 미생물을 죽이는 작용을 총괄하여 살균이라고 한다. 이 말은 학문적인 용어라기보다 일반적인 용어로서 사용되고 있고 세균학에서는 살균이라고 하기보다는 멸균(sterilization)과 소독(disinfection)이라고 하는 용어가 사용되고 있다. 멸균은 목표로 하는 물체 중에 포함되어 있는 모든 미생물을 죽여서 완전히 무균상태로 되는 것을 말하고 소독이란 멸균과 달리 대상물 중의 병원균만을 사멸하여 감염 위험성을 제거하는 것으로 보통 비병원균은 생존하고 있는 상태이다. 따라서 소독은 세척 후 식기나 조리기구 등에 남아있는 식중독을 일으키는 유해미생물을 제거하는 일련의 작업과정이라 말할 수 있다.

식품제조, 가공, 조리 등에서는 보존 향상을 위하여 실시하는 소독을 살균이라고 하고 반드시 무균상태라고는 말할 수 없다. 이와 같은 살균처리를 상업적 살균(commercial sterilization)이라 하며 이와 같은 상태의 식품을 상업적 무균상태(commercial sterility)라고 한다.

살균(멸균)이나 소독방법에는 크게 분류하면 물리적인 방법과 화학적인 방법이 있다. 실제로는 이들을 병행하는 경우가 많다.

① 물리적 살균·소독방법

물리적인 방법에는 오래전부터 사용되어 왔던 가열법, 자외선살균법, 여과법, 초음파살균법 등이 있다.

㉮ 열을 이용한 방법

- 화염살균법(소각법)

연소에 의한 가열살균법으로 직접 불꽃에 접촉시켜 표면에 부착된 미생물을 사멸시키는 방법으로 실험실에서 사용하는 백금이, 핀셋, 도자기, 유리 등과 재이용이 불편한 지류, 목재품, 감염병 사체 등을 대상으로 한다.

- 건열멸균법

살균된 뒤에도 건조된 상태로 있기를 원하는 경우에 이용되며, 배양기, 의약품 및 기타의 살균된 것을 넣고자 하는 용기, 피펫, 면전과 식기류 등이 그 대상이 된다. 건열멸균기(dry oven)에 의해 160~170℃에서 1~2시간 정도의 열처리로 목적 달성이 가능하다. 그리고 건조를 마쳤을 때 식기표면온도가 71℃ 이상이어야 한다.

- 열탕(자비)소독법

가장 간단하여 널리 사용되는 소독법으로 100℃의 물을 이용하여 비등상태에서 15~20분 이상 실시한다. 미국의 기준은 80℃ 열탕에서 20분 이상으로 규정되어 있다. 이 방법으로는 100℃를 넘지 않기 때문에 포자나 간염 virus 등을 죽일 수 없으므로 완전멸균을 기대하기는 어렵다. 소형의 기구, 용기, 식기, 섬유제품(행주), 초자 제품, 도자기류, 금속제품 등이 그 대상물이다.

- 고압증기멸균법

물은 상압에서 가열하면 100℃ 이상 올라가지 않지만, 살균용기를 밀폐한 채 가열을 계속하면 수증기가 빠져나가지 못하고 용기 내부의 기압이 상승하게 된다. 증기압이 상승됨에 따라서 끓는점도 높아지고 수증기의 온도도 높아진다. 이 멸균법은 이 원리를 이용하여 100℃ 이상에서 습열을 발생시켜 100℃에서는 죽지 않는 포자까지도 살균할 수 있다.

이 멸균법의 목적을 수행할 수 있는 기기로서는 가압솥, 통·병조림 멸균기, 고압멸균기(autoclave) 등이 이용되는데 일반적으로 1.5기압(15 Lbs)하에서 121℃, 15~20분간 실시한다. 이 멸균법은 모든 세균의 생활세포의 완전멸균이 가능하며, 또한 포자도 완전히 사멸되므로 식품위생상 문제되는 병조림·통조림의 Botulinus 식중독균을 사멸시킬 수 있고 초자기구, 고무제품, 도자기류, 거즈 및 약액 등의 멸균에 이용된다.

- 상압증기소독법

상압 하에서 끓고 있는 물의 수증기를 이용하여 가열살균하는 방법으로 Koch씨 솥을 사용한다. 찜통과 비슷한 길쭉한 원통형의 솥으로 윗부분에서 수증기가 식지 않도록 솥의 외부를 보온재로 싸고 있는 Koch씨 솥을 이용할 때는 물이 끓어서 수증기가 나오게 된 후에 재빨리 소독하려는 것을 넣고 밀폐하며, 솥의 내부 온도가 100℃로 상승한 후부터 30분간 살균한다.

식품공장 등에서 널리 사용되며, 증기발생장치가 있으면 세척할 조리대나 기구에 증기를 내뿜어 살균하는 것이 좋다. 자비 또는 증기 살균을 한 기구, 용기 등은 충분히 건조하여야 2차 오염을 막을 수 있다.

- 간헐멸균법

이 방법은 고압증기멸균법으로서는 이룹지 못한, 즉 120℃ 이상의 온도에서 변성하는 미생물 배양기, 의약품 또는 영양물질 등이나 고압멸균기가 없을 때에 대체가 가능한 멸균법으로서 상압증기를 이용한 멸균법이다. Koch씨 솥이 일반적으로 사용되며 그 요령은 100℃에서 30분간

살균한 후 24시간 동안 항온기 속에 넣어두었다가 다음날 다시 같은 조건으로 살균하되 3회에 걸쳐서 반복 살균하는 방법이다. 이때 100℃에서 생존하던 포자가 15~20℃의 항온기 속에서 방치됨으로써 발아되어 생활세포로 분열하고 계속되는 3회의 반복 살균으로 100℃ 살균에서도 생존했던 포자를 완전히 멸균시킬 수가 있다.

⑭ 자외선살균법

태양광선에는 살균력이 있다는 것이 오래전부터 알려져 왔다. 그러나 실제로는 태양광선으로 지표에 도달되는 자외선은 290 nm 이하의 것은 없기 때문에 그 살균력은 매우 미약하다. 자외선에서 살균작용을 갖는 부분은 약 210~296 nm의 사이에 있고, 250~260 nm가 가장 살균력이 강하다. 현재 자외선 소독기의 자외선원으로 사용하고 있는 것은 저압수은등으로 주로 253.7 nm(2537 Å)의 자외선을 방사하는 장치로 자외선 살균등의 구조는 일반 형광등과 거의 같고 다만 관구는 특수한 자외선 투과 유리로 만들어져 있다. 자외선 살균의 특징은 다음과 같다.

- 모든 균종에 대하여 유효하고 균에 내성을 주지 않는다. 그러나 균종이나 균주에 따라 저항력에 차이가 있다.
- 화학약품이나 가열에 의한 살균과 달리 피조사물에 조사 후 거의 변화를 주지 않는다. 하지만 지방이나 단백질이 많은 식품을 직접 강하게 조사하면 이취나 변색을 일으키는 경우가 있다.
- 취급이 용이하고 사용방법이 간단하다.
- 살균효과는 살균대상물의 자외선 투과율이 관계하며 공기와 물이 가장 유효하다. 따라서 시설내의 공기 살균과 물이나 용액의 살균에 이용되며 무균실, 수술실 및 제약실 등의 구조물 소독에 이용된다. 이외의 대부분의 물질은 자외선이 투과하지 못하므로 빛이 쪼여진 부분의 표면 살균에 한하며 뒷면이나 내부에는 효과가 없다.
- 조리시설 등에서 자외선 살균의 응용은 칼·도마 등 조리기구 및 기타 식기류의 표면 살균에 이용하고 있다.

- 조사하고 있을 때만 효과가 있고 약품과 같은 잔류효과는 없다.
- 물체를 살균하기 위해서는 자외선 살균등과의 거리는 가까울수록 좋으므로 최대 50 cm 이하가 되도록 하고 대상 표면에 직접 닿도록 30~60분간 소독을 실시한다.
- 자외선을 어느 한도 이상 눈이나 피부에 조사하면 일시적인 결막염 증상이나 햇볕에 탄 것과 같이 되므로 적당한 방어대책이 필요하다.

㉰ 여과법

미생물이 통과될 수 없는 세공을 갖고 있는 filter를 이용하여 미생물을 제거하는 방법이다. 가열살균으로 물질의 조성이 불안정해질 우려가 있는 의약품이나 세균배양기 또는 가열로 변성되는 혈청, 백신의 제균을 목적으로 이 방법이 사용된다. 그리고 무균공기를 만들고자 할 경우에도 사용되며, 최근에는 이 목적을 위하여 유기물질로서 임의의 크기의 세공을 가진 세균 여과막(membrane filter)이 이용되고 있다. 이 제균 여과법이 통용되는 대상으로는 음료수, 가열에 약한 의약품류, 그밖에 세균배양기 등이 있다.

㉱ 초음파 살균법

20,000 Hz 이상의 초음파에서 단백질을 응고시키거나 구성성분을 분산·파열시키는 방법이다.

② 화학적 살균·소독방법

화학적인 방법은 소위 소독약품을 이용한 살균이라고 말할 수 있다. 소독약품에는 승홍, 석탄산, 크레졸, 염소계, 알코올계와 제4급암모늄 화합물(역성비누) 등의 계면활성제 등 여러 종류가 있지만 이들의 약품 중에서 식품에 관계하는 조리시설, 특히 식품업체 등의 기구·용기·포장 등에 사용할 수 있는 것은 독성이나 냄새 등을 고려하면 아주 일부 밖에 사용할 수 없다. 식품의 제조·가공·조리 등의 취급시설에서 사용할 수 있는 살균소독제는 「식품위생법」'식품첨가물 공전'에 따라 '기구 등의 살균소독제'로 인정된 제품을 사용하여야 한다.

'식품의약품안전처장(2009) 제14회 식중독예방 전문교육. 기구 등의 살균·소독제의 올바른 사용방법'에 따르면 염소계(42%), 4급 암모늄계(19%), 에탄올계(17%), 과산화물계(12%) 등이 사용되고 있다(표 8-8).

표 8-8 소독제의 종류와 주요 작용 및 용도

종류	사용 농도	주요 작용	용도
금속류	-$HgCl_2$(승홍) 0.1~0.5% -유기 수은제 Merthiolate 0.02% Mercurochrome 2% -$AgNO_3$ 0.1% -$CuSO_4$ -Organic copper compound	단백질의 SH와 결합 단백질 침전 단백질 침전·변성	손소독, 금속성 기구 소독 피부보존료(백신보존료) 피부보존료(백신보존료) 신생아 안질 예방 살조제 식물 소독
할로겐(halogen) (염소계)	-I_2+KI -Cl_2 gas -$CaOCl_2$, NaClO 0.2~0.4ppm -Chloramine	단백질의 할로겐화 효소와 단백질의 불활성화 세포벽과 효소단백질과 결합, 산화작용	피부방부제, 의료기구 소독 음료수 소독, 하수 소독 음료수 소독 식품과 낙농공업의 일반소독
석탄산유도체 (phenol)	-Phenol(석탄산) 3~5% -Cresol 1~3% -Creosote 0.1%	단백질 변성 세포벽의 손상	객담, 토물, 배설물, 의료기구, 실내벽, 기차, 선박 등 소독, 피부방부, 오물(배설물) 소독 배설물 소독 구강 소독
지방족 화합물 (알코올계)	-Ethanol 70% -Isopropyl alcohol 30~70% -Formaldehyde 1~1.5%	단백질 변성 세포벽 손상 탈수, 지질 용매작용	건강한 피부 소독 의료기구 소독 금속성 기구 소독
양이온성 청정제 (cationic detergent)	-제4암모늄 화합물 (역성비누)	단백질 변성 세포벽 손상	손 소독 비누, 화장품, 식기류 소독
과산화물계	-과산화수소	산화작용	피부 상처 소독 구내염, 인두염, 입안 세척

㉮ 염소를 함유한 소독제

가격이 저렴하여 가장 일반적으로 많이 사용되는 소독제이다. 「식품첨가물공전」'기구 등의 살균소독제'로 사용할 수 있는 염소제로는 차아염소산나트륨제제, 차아염소산수제제, 차아염소산나트륨, 차아염소산수 등이 있다.

차아염소산나트륨은 4~6%의 유효염소를 함유한 것이 시판되고 있으며 식품의약품안전처에서는 식품과 접촉하는 기구·용기의 소독에는 200 ppm 이하의 농도로, 과일·채소의 소독에는 100 ppm 이하의 농도로 침지 또는 분무하여 사용할 것을 권장하고 있다. 그러나 식중독 등의 사고 발생이 우려될 경우에는 농도를 높여 1,000 ppm으로, 사고 발생 후에는 5,000 ppm의 농도로 구토물, 분비물, 오염된 부위나 시설 등을 살균·소독하여 2차 감염을 방지하도록 하고 있다.

차아염소산나트륨은 무포자 세균뿐만 아니라 포자를 가지는 균에도 효과가 있으며 저렴하고 저온에서도 그 효과가 유효하다.

사용에 있어 주의하여야 할 사항으로는 염소계는 유기물과 결합하기 쉽기 때문에 우유 등과 같은 식품성분과 급속하게 결합하여 살균력을 잃게 되므로 기구·용기 등을 소독할 때에는 철저하게 세척한 후 소독하지 않으면 소독의 효과가 매우 낮게 된다. 또한 냄새가 심하고 온수 또는 고온 및 다른 세척제와 혼합사용 시 유해가스가 발생되며 금속재질의 기구 등을 부식시킬 수 있고 피부에 자극이 있으므로 주의하여야 한다.

㉯ 살균성 계면활성제

역성비누(양이온 계면활성제)와 양성(양이온, 음이온) 계면활성제가 있다. 이것은 세척제이면서 살균·소독 능력을 함께 지니고 있다.

역성비누에는 다음과 같은 것이 있으며, 이들은 물에 해리하여 계면활성 부분이 양성(+)을 나타낸다.

보통의 비누는 $R \cdot COO^- \cdot Na^+$라고 하는 형태로 활성부분의 전하가 반대로 되어 있기 때문에 역성비누라고 하는 이름으로 불리어 지고 있다. 이 구조에서 알 수 있듯이 경수나 산에서는 안정하지만 강알칼리에서는 불안정하다. 또한 보통의 비누나 중성세척제와 같은 음이온 계면활성제와 혼합하면 물중에서 활성분자가 +, -로 소실되어 활성(살균력)을 잃게 되므로 양자의 혼용은 불가능하다.

$$[C_{18}H_{33}-N \cdot (CH_3)_2]^+X^- \quad (N-CH_2 \cdot C_6H_5) \qquad [C_{18}H_{33} \cdot N(CH_3)_3]^+X^-$$

alkyl dimethyl benzyl ammonium halide　　alkyl trimethyl ammonium halide

역성비누는 방향이 있고 피부자극이 없어 식품공장 소독, 조리기구 및 식기류 소독, 손 소독에 사용한다. 그러나 앞에서도 설명한 바와 같이 세척제 성분이 남아 있거나, 유기물(특히 단백질)과 공존 시 살균력이 현저히 저하된다.

양성 계면활성제는 물에 해리되어 1분자 중에 +와 -의 활성기를 갖고 있기 때문에 그 이름이 붙여졌다. 양성 계면활성제는 산성 수용액 중에서는 그 활성부분을 양성(+)을, 알칼리성 수용액 중에서는 음성(-)을, 중성에서는 비이온형(이 때를 그 계면활성제의 등전점이라고 한다)을 나타낸다.

양성 계면활성제는 역성비누보다 살균력이 약하지만 특유의 냄새, 독성이 적고 상당한 세척력이 있다. 또한 음이온 계면활성제와도 혼용할 수 있기 때문에 살균성 세척제로서 주목되고 있다.

※ 기구 등의 살균소독제의 사용 시 주의사항

- 마스크 등 개인장비를 착용하고 물로만 희석한다.
- 다른 살균소독제나 세척제와 혼합하여 사용하지 말고 반드시 각각 구분하여 사용한다. 세척과 소독(살균)을 동시에 하기 위하여 두 제품을 임의로 혼합할 경우, 세척제와 살균소독제간의 화학반응으로 가스 등 유해물질이 발생할 수 있다.
- 희석액은 즉시 사용하며 남은 액은 폐기한다.
- 사용한 후 뚜껑을 덮어서 서늘한 장소에 보관하며, 식품과 함께 보관하지 않는다.

③ 세척시설·장비

조리장의 시설이나 설비, 기구·용기 등의 세척 또는 소독 관리에 필요한 세척시설 및 장비를 충분히 갖추고 종업원이 사용하기 편리한 정해진 장소에 용도별로 구분하여 위생적으로 보관 관리하고 세척제와 소독제의 보관은 환기장치가 있는 별도의 창고에 잠금장치를 하여 보관 관리하여야 한다.

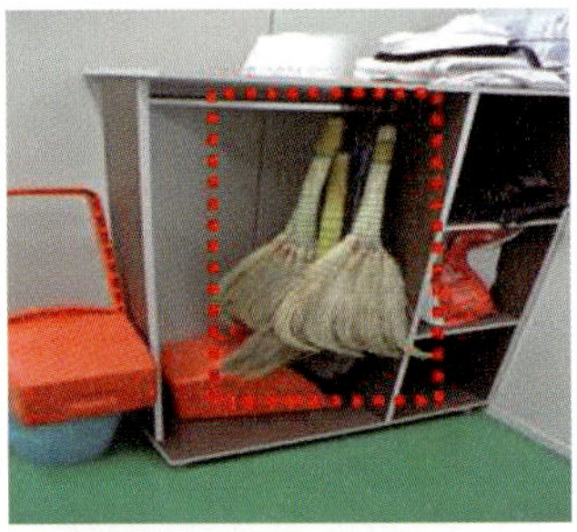	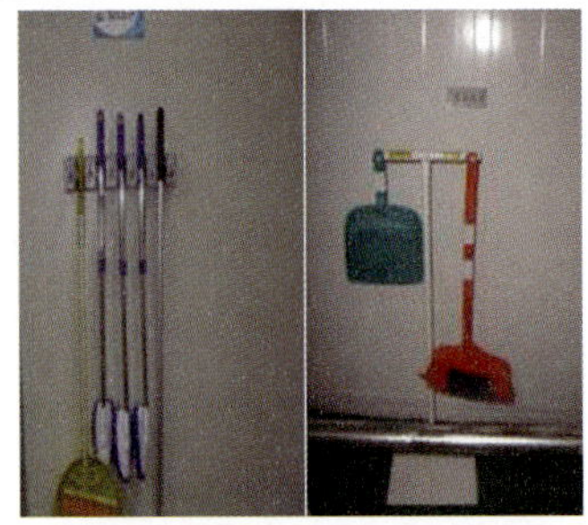
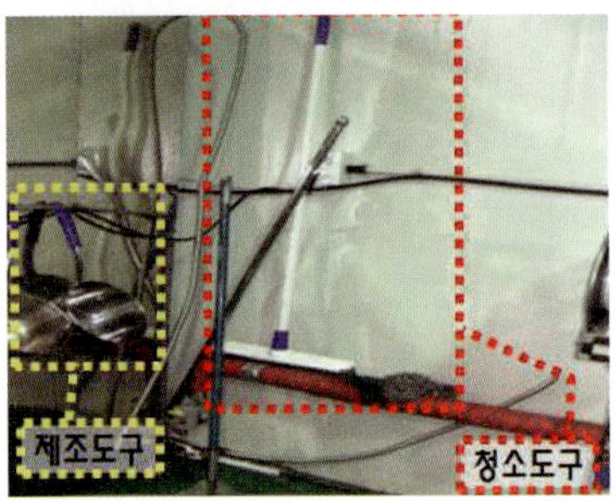	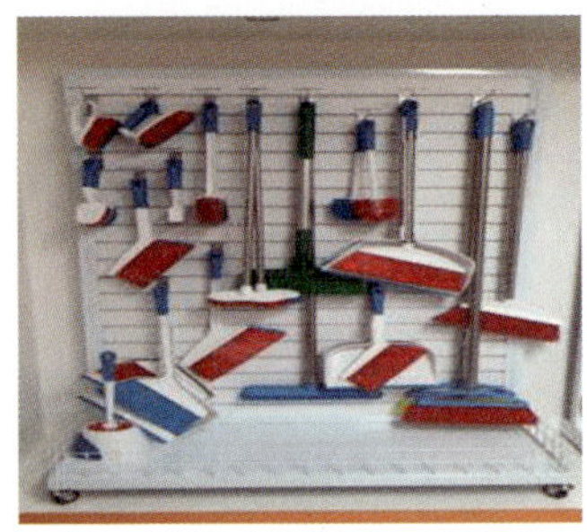
X	O

그림 8-25 청소도구 보관

출처: 식품의약품안전처장(2014).『HACCP 선행요건 개선 우수 사례집』. 48, 50.

④ 올바른 세척·소독방법

미생물은 그 종류에 따라 살균작용에 대한 저항력이 다르며, 특히 포자형성균은 보통의 살균조건 하에서는 휴면 상태로 있다가 조건이 좋아지면 다시 증식을 하게 된다. 또한 같은 종류의 세균이라 할지라도 식품, 혈액, 가래, 분변 등의 단백질과 공유할 경우에는 훨씬 저항력이 강해진다. 사용하는 기구·용기·포장 등의 표면위에 식품 찌꺼기 및 먼지 등이 쌓여 생물막(biofilm)을 형성하고 있을 경우 세척제로 깨끗이 세척하지 않고 소독을 하게 되면 식품접촉표면에 남아 있는 유기물질이나 지방 등의 이물질이 미생물을 보호하는 역할을 하게 된다. 그러면 소독제가 필요로 하는 접촉시간이 줄어들게 되고 소독의 효과가 떨어지게 되는 결과를 초래하게 된다.

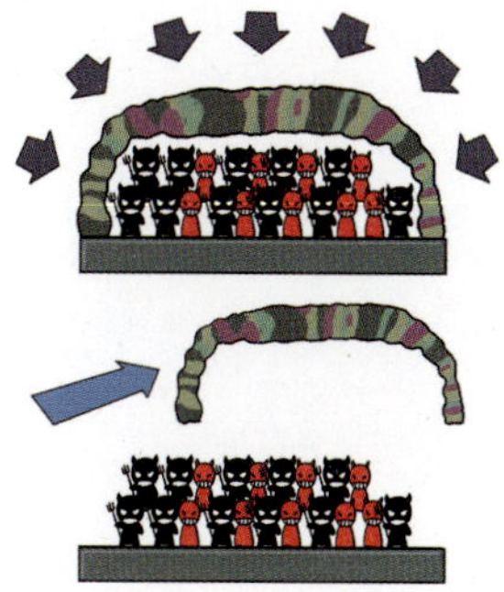

그림 8-26 기구 등 표면의 생물막(biofilm)

출처: 식품의약품안전처장(2009). 『집단급식소 위생관리 매뉴얼』 45.

따라서 반드시 세척하고 깨끗한 물로 헹군 후 살균·소독하는 것이 매우 중요하다. 이러한 점에서 올바른 세척·소독의 순서는 세척 → 헹굼 → 소독 순서로 실시하는 것이 바람직하다고 하겠다. 세척제와 소독제별 사용대상 및 사용기준은 표 8-9와 같다.

표 8-9 세척제와 소독제별 사용대상 및 사용기준

구분	종류	사용대상 및 용도	사용기준
세척제	중성세척제(주방용)	설비, 도구, 시설 세척용	-
	중성세척제(물비누)	손 세척용	-
	산소계표백제, 구연산, 베이킹소다	행주 세척용	-
	분말 합성세척제	위생복, 행주 세척용	-
소독제	차아염소산계	설비, 도구, 청소도구 소독용, 발판소독수	200 ppm
	4급암모늄계	신발 소독용, 발판소독수	200 ppm
	알코올제제	손, 설비, 도구 소독용	70% 용액

※ 올바른 세척·소독 방법

남은 식품 찌꺼기 제거 → 흐르는 물로 이물질 제거 → 세척제 세척 → 세척제 헹굼 + 소독

소독액(200 ppm) 또는 이와 동등한 살균효과가 있는 소독제(식품첨가물 표시제품)조제 → 농도 확인(test paper) → 침지 또는 분무(3~5분 유지) → 건조

⑤ 세척·소독기준 작성

영업자는 다음의 사항에 대해서 세척·소독 부위, 방법 및 주기, 책임자, 세척·소독 기구의 올바른 사용방법, 세척제 및 소독제(일반 명칭 및 통용명칭)의 구체적인 사용방법 등을 포함하도록 세척 및 소독 기준을 설정하여 관리하여야 한다(표 8-10, 8-11).

- 작업자 및 복장(위생복, 위생모, 위생화 등)
- 조리장 주변 및 조리실별 내부
- 식품조리시설(이송배관 포함), 도구 및 냉장·냉동설비
- 용수보관시설
- 보관·운반시설과 운송차량, 운반도구 및 용기
- 모니터링 및 검사 장비
- 환기시설(필터, 방충망 등 포함)
- 폐기물 처리용기 및 세척, 소독도구
- 기타 필요사항

세척제 및 소독제는 식품용과 기구·용기·포장별 세척·소독방법을 정확히 숙지하고 사용방법에 따라 주의사항을 반드시 지켜 사용하여야 한다. 또한 사용 후 잔류물이 남지 않도록 음용에 적합한 물로 완전히 씻어야 하며 세척 및 소독의 효과를 관리계획에 따라 확인하여야 한다.

세척·소독시설에는 종업원에게 잘 보이는 곳에 올바른 손 세척·소독방법 등에 대한 지침이나 기준을 게시하여야 하고 사용 중인 세척제 및 소독제의 물질안전보건자료(MSDS)를 확보하여 비치하여야 한다.

표 8-10 조리설비의 세척·소독기준(예시)

설비명	사진	부위	세척·소독방법	청소용품	주기	담당자	책임자
믹서		본체	1. 소독된 면걸레로 이물, 먼지 등을 제거한다. 2. 소독수를 분무한다.	면걸레 소독액	1회/일	작업자	팀장
		동력 스위치	1. 솔로 먼지를 제거한다. 2. 소독된 면걸레로 닦는다.	솔 면걸레	1회/일	작업자	팀장
		훅, 통	1. 물로 이물을 씻는다. 2. 세척제로 세척한다. 3. 세척제를 헹구고 마른 면걸레로 물기를 제거한다. 4. 소독수를 분무한다.	수세미 세척제 소독액	1회/일	작업자	팀장

표 8-11 조리시설의 세척·소독 기준(예시)

시설명	세척·소독 방법	청소용품	주기	담당자	책임자
바닥	1. 빗자루로 찌꺼기, 오물 등을 제거한다. 2. 물을 뿌려 찌꺼기를 제거한다. 3. 세척제를 묻힌 솔로 이물, 찌든 때 등을 제거한다. 4. 차아염소산나트륨 희석액을 뿌리고 5분 동안 방치한다. 5. 물을 뿌려 헹구고 스크래퍼로 물기를 제거한다.	빗자루 솔 세척제 소독액 스크래퍼	1회/일	작업자	팀장
벽	1. 세척제를 묻힌 면걸레로 이물을 제거한다. 2. 젖은 면걸레로 세척제를 닦아낸다. 3. 소독된 면걸레로 다시 한번 닦아낸다.	면걸레 소독액	1회/주	작업자	팀장
천장	1. 세척제를 묻힌 면걸레로 먼지 등을 제거 한다. 2. 소독된 면걸레로 다시 한번 닦아낸다.	면걸레 소독액	1회/월	작업자	팀장
문	1. 세척제를 사용하여 면걸레로 이물과 때를 제거한다. 2. 젖은 면걸레로 세척제와 이물을 제거한다. 3. 소독된 면걸레로 다시 한번 닦아낸다.	세척제 면걸레 소독액	1회/주	작업자	팀장
배수로	1. 배수로 덮개를 꺼내고 솔로 찌꺼기를 제거한다. 2. 세척제를 묻힌 솔로 이물, 찌든 때 등을 제거한다. 3. 차아염소산나트륨 희석액을 뿌리고 5분 동안 방치한다.	솔 세척제 소독액	1회/일	작업자	팀장

3) 시설·설비 관리

조리장 내부에는 식품을 위생적으로 제조·가공·조리 등을 하기 위하여 필요한 조리시설·세척시설·폐기물 용기 및 손 씻는 시설을 각각 설치하여야 하고 도구·용기·식기류 등을 소독하기 위한 자외선 또는 전기살균소독기를 설치하거나 열탕소독시설(식중독을 일으키는 병원성 미생물 등이 소독될 수 있는 시설)을 갖추어야 한다.

· 시설·설비 요건

조리시설·설비는 제품을 위생적으로 제조·가공·조리하는데 적합한 성능과 용량을 갖추어야 한다. 또한 사용되고 있는 기구·용기·포장 등에서 표 8-12와 같이 유해물질 등이 식품으로 이행될 수 있기 때문에 식품과 직접 접촉 또는 작업 중 식품에 간접적으로 접촉 가능성이 있는 시설·설비는 식품 등의 특성에 따라 「식품위생법」 제9조의 기구와 용기·포장 등의 기준 및 규격에 적합한 것을 사용여야 한다. 그리고 온도를 높이거나 낮추는 조리시설·설비는 온도변화를 측정·기록하는 장치를 설치·구비하거나 일정한 주기를 정하여 온도를 측정하고 그 결과를 유지하여야 하며, 관리계획에 따른 온도가 유지되어야 한다.

표 8-12 기구·용기·포장에서 이행이 예상되는 물질

구분	이행물질
종이(셀로판 포함)	착색제(형광염료 포함), 충전제, 접합제, 펄프용 잔류 보존료
금속제품	납(땜납에서 유래), 주석(도금에서 유래), 도료 성분(monomer, 첨가제)
도자기, 법랑기구, 유리제품	납(유약, crystal glass 등), 그 밖의 금속(유약, 안료 등)
플라스틱	잔류 monomer(vinyl chloride, styrene, acrylonitrile 등), 첨가제(안정제, 가소제, 산화방지제 등), 잔류촉매(금속, 과산화물 등)

가) 재질

식품과 직접 접촉하는 부분은 내수성, 내부식성 재질(스테인레스, 알루미늄 등)로서 세척이 쉽고 열탕·증기·살균제 등으로 살균·소독이 가능한 내열성, 내약품성 재질이어야 한다. 인체

에 유해한 중금속(납, 카드뮴, 비소 등) 등의 유독성 물질이 기준 이상 용출되지 않도록 표 8-13과 같이 「식품용 기구 및 용기·포장 공전」 'Ⅱ. 공통기준 및 규격, Ⅲ. 재질별 규격'에 적합한 조건을 충족하여야 한다.

표 8-13 재질별 기구 및 용기·포장의 규격(단위 : mg/L)

검사항목 \ 종류	금속제	유리제 (가열조리용)	도자기제·옹기류 (가열조리용)	법랑 (가열조리용)
납	0.4 이하	0.5 이하	0.5 이하	0.4 이하
카드뮴	0.1 이하	0.05 이하	0.05 이하	0.07 이하
비소	0.2 이하	-	0.05 이하 (옹기류에 한함)	-
니켈	0.1 이하	-	-	-
6가크롬	0.1 이하	-	-	-
안티몬	-	-	-	0.1 이하

검사항목 \ 종류		폴리에틸렌(PE) 및 폴리프로필렌(PP)	폴리에틸렌테레프탈레이트 (PET)	멜라민수지 (MF)	종이제
잔류규격	PCBs	-	-	-	5 mg/kg 이하
용출규격	납	1 이하	1 이하	1 이하	1 이하
	과망간산칼륨 소비량	10 이하	10 이하	-	-
	총용출량	30 이하	30 이하	30 이하	-
	1-헥센	3 이하	-	-	-
	1-옥텐	15 이하	-	-	-
	안티몬	-	0.04 이하	-	-
	게르마늄	-	0.1 이하	-	-
	테레프탈산	-	7.5 이하	-	-
	이소플탈산	-	5 이하	-	-
	아세트알데히드	-	6 이하	-	-
	페놀	-	-	5 이하	-
	포름알데히드	-	-	4 이하	4 이하
	멜라민	-	-	2.5 이하	-
	비소	-	-	-	0.1 이하
	형광증백제	-	-	-	불검출

나) 구조

식품과 직·간접적으로 접촉 가능성이 있는 조리시설·설비는 내부의 구석진 곳 까지 청소 및 소독이 가능하고 공업용 윤활유나 물리적 위해요인에 의한 오염이 발생하지 않는 구조이어야 한다. 조리시설·설비에 윤활유가 사용되는 경우는 가능하면 식용 윤활유를 사용하여야 한다. 오염물질의 낙하로 제품오염의 우려가 있을 경우 뚜껑, 덮개 등 방지장치를 설치하여야 한다. 또한 물을 많이 배출하는 조리시설·설비는 가능하면 배수로와 직접 연결되어야 한다.

다) 배치

조리시설·설비는 공정 간 또는 시설·설비 간 교차오염이 발생되지 않도록 공정흐름에 따라 적절히 배치하고 청소가 용이하도록 바닥, 벽, 천장과의 이격을 두어 배치하여야 한다.

라) 유지관리

조리시설·설비, 기구(모니터링 기구 포함) 등은 조각이 나거나 틈, 깨짐, 구멍, 벗겨짐 등의 결함이 없도록 정기적으로 점검·정비를 하고 그 결과를 기록하며 사용 전후에 지속적인 세척·소독을 실시하여 교차오염이 발생하지 않도록 청결하게 관리하여야 한다.

4) 냉장·냉동시설·설비 관리

냉장·냉동·냉각시설은 냉장·냉동 원료 보관, 냉동 원료의 해동, 가열조리된 식품의 냉각과 냉장보관에 충분한 용량이 되어야 한다.

냉장시설의 내부온도는 10℃ 이하(단, 신선편의식품, 훈제연어는 5℃ 이하 보관 등의 보관온도 기준이 별도로 정해져 있는 식품의 경우에는 그 기준을 따른다.), 냉동시설은 -18℃로 유지하여야 하고, 외부에서 온도변화를 관찰할 수 있어야 하며, 온도감응장치의 센서는 온도가 가장 높게 측정되는 곳에 위치하도록 한다.

냉장·냉동시설은 온도가 정상적으로 유지될 수 있도록 점검, 정비를 실시하고 그 결과를 기록하여야 한다.

5) 용수 관리

식품의 제조·가공·조리 및 시설·설비, 손의 세척 등에 사용하는 용수는 먹는 물의 수질기준에 적합한 물을 사용하여야 한다(표 8-14). 보통 우리들이 사용하는 물은 수돗물 또는 지하수로서 장소에 따라서는 간이수도가 이용된다. 대도시에서는 「먹는물 관리법」에 규정된 상수라면 우선 안전하다. 그러나 단수되었을 경우에는 파이프의 균열, 접합부의 틈새 등의 부분으로 토양 중의 오염물질이 혼입되는 문제도 발생될 수 있으므로 주의할 필요가 있다.

지하수나 간이수도에서는 분변 등의 오염물질이 오염되어 집단적으로 이질 등이 발생한 사례가 과거에는 많았다. 지하수나 간이수도는 먹는물 수질검사기관에서 수질검사를 받을 필요가 있다.

· 수질 관리

「수도법」제29조 제1항, 제53조 및 제55조 제1항에 따라 일반수도사업자, 전용상수도 설치자 및 소규모 급수시설을 관할하는 시장·군수·구청장(자치구의 구청장을 말한다.)은 「먹는물 관리법」제4조 구분에 따라 다음과 같이 수질검사를 실시하여야 한다.

① 광역상수도 및 지방상수도 : 정수장 검사는 일일, 주간, 월간, 분기검사를 실시하고 수도꼭지에서의 검사는 월간검사를 실시하며, 수돗물 급수과정별 시설에서의 수질검사는 분기별로 실시한다.

② 마을상수도·전용상수도 및 소규모 급수시설 : 분기별, 반기별, 연간검사로 구분하여 실시한다.

③ 공동시설의 먹는 물 : 분기검사와 연간검사로 구분하여 실시한다.

식품 제조·가공·조리에 사용되거나, 식품에 접촉할 수 있는 시설·설비, 기구·용기, 종업원 등의 세척에 사용되는 용수는 수돗물이나 「먹는물 관리법」 제5조의 규정에 의한 먹는물 수질기준에 적합한 지하수이어야 하며, 지하수를 사용하는 경우 취수원은 화장실, 폐기물·폐수처리시설, 동물사육장 등 기타 지하수가 오염될 우려가 없도록 관리하여야 한다. 필요한 경우 용수 살균 또는 소독장치를 갖추어야 하며 「식품위생법」에 따라 영업의 종류별로 정해진 주기별로 검사를 실시하여야 한다.

- 먹는물 수질기준 전 항목 검사 : 년 1회 이상(음료류 등 직접 마시는 용도의 경우는 반기 1회 이상) 실시
- 먹는물 수질기준에 정해진 미생물학적 항목에 대한 검사 : 월 1회 이상 실시(미생물학적 항목에 대한 검사는 간이검사키트를 이용하여 자체적으로 실시할 수 있다.)

표 8-14 재질별 기구 및 용기·포장의 규격(단위 : mg/L)

구분	검사항목	기준
미생물	1. 일반세균(Total colony counts)	100CFU/mL 이하
	2. 총대장균군(Total coliforms)	불검출/100 mL
	3. 대장균/분원성대장균군(*E.coli*/Fecal coliforms)	불검출/100 mL
유해무기물질	1. 납(Pb)	0.05 mg/L 이하
	2. 불소(F)	1.5 mg/L 이하
	3. 비소(As)	0.05 mg/L 이하
	4. 세레늄(Se)	0.01 mg/L 이하
	5. 수은(Hg)	0.001 mg/L 이하
	6. 시안(CN)	0.01 mg/L 이하
	7. 크롬(Cr)	0.05 mg/L 이하
	8. 암모니아성질소(NH_3-N)	0.5 mg/L 이하
	9. 질산성질소(NO_3-N)	10 mg/L 이하
	10. 카드뮴(Cd)	0.005 mg/L 이하
유해유기물질	1. 페놀(phenol)	0.005 mg/L 이하
	2. 다이아지논(diazinon)	0.02 mg/L 이하
	3. 파라티온(parathion)	0.06 mg/L 이하
	4. 페니트로티온(fenitrothion)	0.04 mg/L 이하
	5. 카바릴(carbaryl)	0.07 mg/L 이하
	6. 1.1.1-트리클로로에탄(1.1.1-trichloroethane)	0.1 mg/L 이하
	7. 테트라클로로에틸렌(PCE)	0.01 mg/L 이하
	12. 에틸벤젠(ethylbenzene)	0.3 mg/L 이하
	13. 크실렌(Xylene)	0.5 mg/L 이하
	14. 1.1-디클로로에틸렌(1.1-dichloroethylene)	0.03 mg/L 이하
	15. 사염화탄소(carbontetrachloride)	0.002 mg/L 이하
	16. 1,2-디브로모-3-클로로프로판	0.003 mg/L 이하
	17. 1,4-다이옥산	0.05mg/L 이하
소독제 및 소독부산물질	1. 유리잔류염소(free residual chlorine)	4.0 mg/L 이하
	2. 총트리할로메탄(THMs)	0.1 mg/L 이하

표 8-14 계속

구분	검사항목	기준
소독제 및 소독부산물질	3. 클로로포름(chloroform)	0.08 mg/L 이하
	4. 브로모디클로로메탄(bromodichloromethane)	0.03 mg/L 이하
	5.디브로모클로로메탄(dibromochloromethane)	0.1 mg/L 이하
	6. 클로랄하이드레이트(chloralhydrate)	0.03 mg/L 이하
	7. 디브로모아세토니트릴(dibromoacetonitril)	0.1 mg/L 이하
	8. 디클로로아세토니트릴(dichloroacetonitril)	0.09 mg/L 이하
	9. 트리클로로아세토니트릴(trichloroacetonitril)	0.004 mg/L 이하
	10. 할로아세틱에시드(haloacetic acid)	0.1 mg/L 이하
	11. 포름알데히드	0.5 mg/L
심미적 영향물질	1. 경도(hardness)	300 mg/L 이하
	2. 과망간산칼륨소비량($KMnO_4$)	10 mg/L 이하
	3. 냄새(odor)	이취 없을 것
	4. 맛(taste)	이미 없을 것
	5. 동(Cu)	1 mg/L 이하
	6. 색도(color)	5도 이하
	7. 세척제(음이온계면활성제:ABS)	0.5 mg/L 이하
	8. 수소이온농도(pH)	5.8~8.5
	9. 아연(Zn)	3 mg/L 이하
	10. 염소이온(Cl^-)	250 mg/L 이하
	11. 증발잔류물(total solids)	500 mg/L 이하
	12. 철(Fe)	0.3 mg/L 이하
	13. 망간(Mn)	0.3 mg/L 이하
	14. 탁도(turbidity)	0.5 NTU 이하
	15. 황산이온(SO_4^{-2})	200 mg/L 이하
	16. 알루미늄(Al)	0.2 mg/L 이하

· 용수설비 관리

저수조, 배관 등은 인체에 유해하지 아니한 재질을 사용하여야 하며, 외부로부터의 오염물질 유입을 방지하는 잠금장치를 설치하여야 하고, 누수 및 오염여부를 정기적으로 점검하여야 한다. 저수조의 청소와 소독은 「수도법」에 따라 반기별 1회 이상 자체적으로 실시하거나 저수조 청소업자에게 대행하여 실시하여야 하며 그 결과를 기록·유지하여야 한다. 비음용수 배관은 음용수 배관과 구별되도록 표시하고 교차되거나 합류되지 아니 하여야 한다.

6) 보관·운송 관리

· 구입 및 입고

원료 및 용기·포장재는 입고 시 검사성적서(공인 또는 자가) 또는 자체적으로 정한 입고기준 및 규격(성상, 중량, 포장상태, 원산지, 생물학적·화학적·물리적 검사항목)에 적합한 원료 및 용기·포장재만을 입고시켜 사용하여야 하고 부적합한 원료 및 용기·포장재는 적절한 절차를 정하여 반품 또는 폐기처분하여야 한다.

원료 및 용기·포장재 검수는 납품 즉시 실시하며, 부득이 하게 검수가 늦어질 경우에는 정해진 보관실에 선입고하여 보관하고 차후 입고검사를 마친 후 입고처리 하여야 한다. 검수가 끝난 제품의 보관실 반입 시 먼지를 제거하거나 외부포장(박스)을 제거한 후 반입하여야 한다. 입고검사를 할 수 있는 검수공간을 확보하여야 하고 검수대에는 온도계 등 필요한 장비를 갖추고 청결하게 관리하여야 한다.

· 운송

운송차량은 냉장의 경우는 10℃ 이하, 냉동의 경우는 -18℃ 이하를 유지할 수 있어야 하며, 외부에서 온도변화를 확인할 수 있도록 임의조작이 방지된 온도기록장치(타코메타 등)를 부착하여야 한다. 운반 시 식품과 비식품은 구분하여 취급하고 운송차량, 운반도구 및 용기 등은 관리계획에 따라 세척·소독을 실시하여 제품에 교차오염되지 않도록 관리하여야 한다.

· 보관

원료 및 용기·포장재 및 완제품은 선입선출 원칙에 따라 입고 및 출고를 하여야 하고 입·출고 시마다 입·출고량 및 재고량 등을 파악하여 그 상황을 기록하여야 한다. 식품과 비식품, 원료 및 용기·포장재와 완제품은 덮개나 포장 등을 사용하여 구분 관리하고 벽과 바닥으로 부터 15 cm 이상 이격하여 교차오염이 발생하지 아니 하도록 적재·관리하여야 한다.

검수기준에 부적합한 원료 및 용기·포장재나 보관 중 유통기한이 경과된 제품, 포장이 손상된 제품 등은 별도의 지정된 장소에 명확하게 식별표시를 하여 보관하고 반송, 폐기 등의 조치

- 식품과 비식품(소모품)은 구분하여 보관
- 세척제, 소독제 등 별도보관

- 온도 15~25℃, 습도 50~60% 유지
- 식품보관 선반은 벽과 바닥으로부터 15cm 이상 거리두기
- 직사광선은 피할 것

- 대용량 제품을 나누어 보관하는 경우
- 제품명과 유통기한을 반드시 표시
- 유통기한이 보이도록 진열
- 입고 순서대로 사용(선입선출)

- 외포장 제거 후 관리
- 식품은 정리정돈상태 유지

그림 8-27 원료보관실의 보관방법(예시)

출처 : 식품의약품안전처장(2009). 『집단급식소 위생관리 매뉴얼』. 17.

를 취한 후 그 결과를 기록·유지하여야 한다.

세척제, 소독제 등의 유독성 물질, 인화성 물질, 비식용 화학물질은 식품취급구역으로부터 격리된 환기가 잘 되는 지정된 장소에서 구분하여 보관·취급하여야 한다.

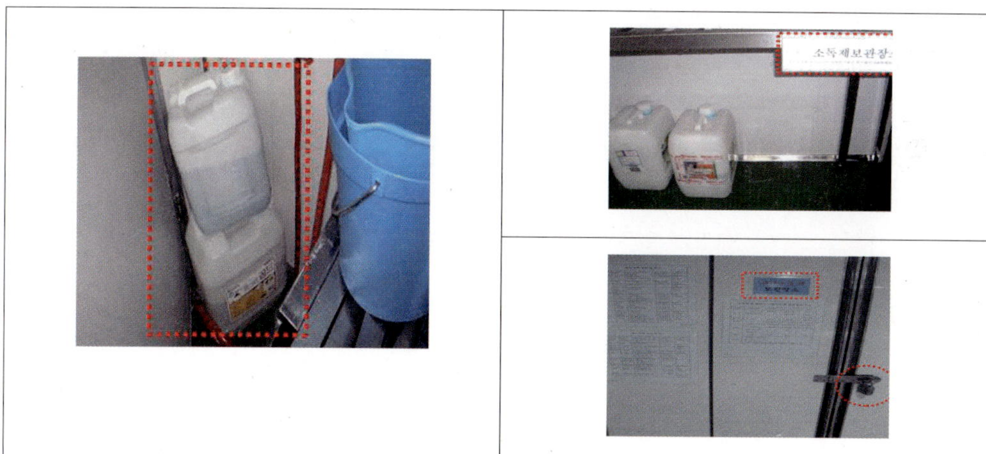

X	O

그림 8-28 유해물질 보관

출처: 식품의약품안전처장(2014).『HACCP 선행요건 개선 우수 사례집』. 76.

※「식품공전」제5. 식품접객업소(집단급식소 포함)의 조리식품 등에 대한 기준 및 규격(조리식품 등)

① 조리식품

· 성상 : 고유의 색택과 향미를 가지고 이미·이취가 없어야 한다.

· 이물 : 원료 처리과정에서 그 이상 제거되지 아니하는 정도 이상의 이물과 오염된 비위생적인 이물을 미함유

· 대장균 : 1 g당 10 이하

· 세균수 : 3,000/g 이하이어야 한다(슬러쉬에 한한다).

· 식중독균

– 살모넬라균, 황색포도상구균, 리스테리아 모노사이토제네스, 장출혈성 대장균, 캠필로박터 제주니/콜리, 여시니아 엔테로콜리티카 등 : 음성

– 장염비브리오균, 클로스트리디움 퍼프린젠스 : g당 100 이하

– 바실러스 세레우스 : g당 10,000 이하

– (비가열 처리식품 또는 가열 후 조리한 식품)황색포도상구균 : g당 100 이하

② 접객용 음용수 : 대장균 음성/250 mL, 살모넬라균 음성/250 mL,
여시니아 엔테로콜리티카 음성/250 mL

③ 용수(조리·세척·먹는물) : 「먹는물 관리법」의 수질기준 항목, 노로바이러스 불검출

④ 얼음 : 세균수 1 mL당 1,000 이하, 대장균 및 살모넬라균 250 mL당 음성 등

7) 검사 관리

· 제품검사

제품(조리완제품)검사는 정해진 기준 및 규격을 참고하여 자체 실험실에서 검사계획에 따라 실시하거나 검사기관과의 협약에 의하여 실시하여야 하고 검사결과에는 다음 내용을 구체적으로 기록하여야 한다.

· 검체명
· 제조연월일 또는 유통기한(품질유지기한)
· 검사연월일
· 검사항목, 검사기준 및 검사결과
· 판정결과 및 판정연월일
· 검사자 및 판정자의 서명날인
· 기타 필요한 사항

· 위생검사

가) 표면오염도 검사

작업자 손, 칼, 작업대 등의 조리기구 및 도구 등의 세척 및 소독 후 효과를 확인하기 위하여

검체 표면을 멸균한 면봉이나 간이검사 kit(그림 8-29)를 사용하여 검사한 다음 형성된 집락 수를 측정·관리하여야 한다.

나) 공중낙하균 검사

조리장의 청정도 유지를 위해 공중낙하균 등을 관리계획에 따라 측정·관리하여야 한다. 단, 식품이 노출되지 아니 하거나 식품을 포장된 상태로 취급하는 조리장은 제외할 수 있다.

※「식품공전」제5. 식품접객업소(집단급식소 포함)의 조리식품 등에 대한 기준 및 규격 (조리기구 등)
- 행주(사용 중인 것은 제외) : 대장균 음성
- 칼·도마 및 숟가락, 젓가락, 식기, 찬기 등 식품을 먹을 때 사용하거나 담는 것(사용 중인 것은 제외) : 살모넬라균 음성, 대장균 음성

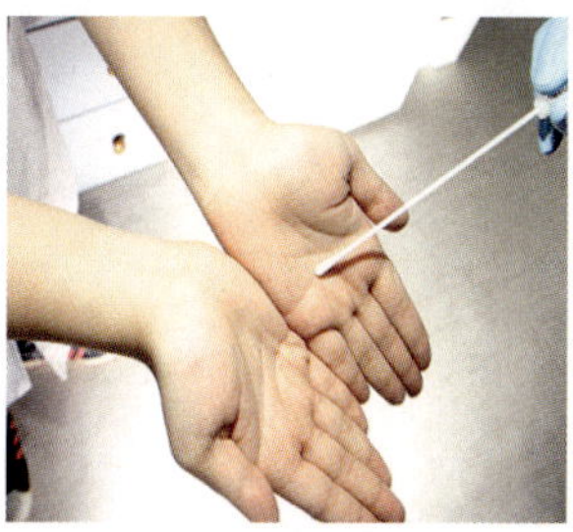	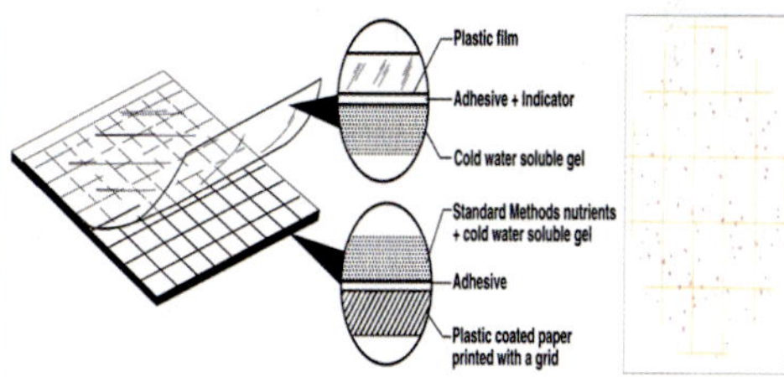
	Petrifilm 배지
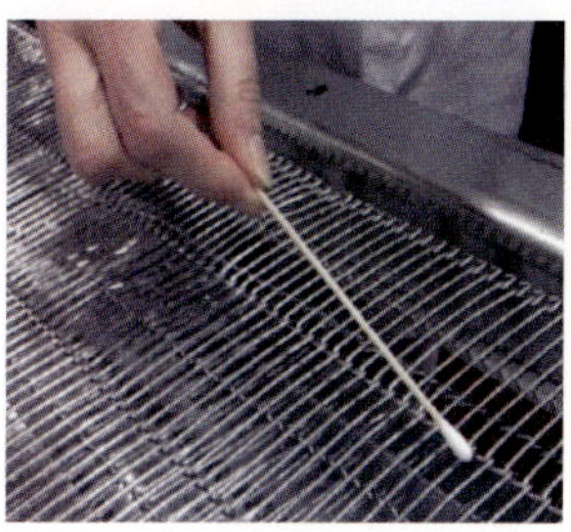	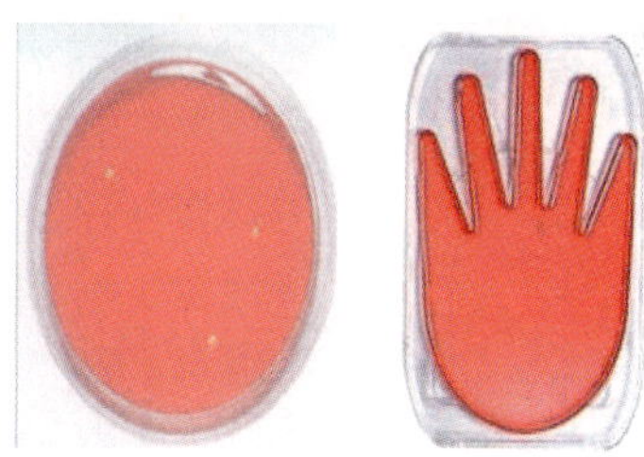
면봉검사	Rodac plate & Hand plate 배지

그림 8-29 간이검사 kit 종류

출처 : 식품의약품안전처장(2015).『알기 쉬운 HACCP 관리』. 57., 3M Microbiology Products Technical Guidebook. 2, 37.

· 시설, 설비, 기구 등 검사

냉장·냉동 및 가열처리 시설 등의 온도측정 장치는 연 1회 이상, 검사용 장비 및 기구는 정밀도, 중요도, 사용 빈도 등을 감안하여 검·교정주기를 설정하여야 한다. 표준기를 이용하여 자체적으로 검·교정을 하거나 외부 공인 국가교정기관에 의뢰하여 받을 수 있고 그 결과를 기록·보관하여야 한다.

8) 회수프로그램 관리(시중에 유통·판매되는 포장제품에 한함)

영업자는 당해제품의 유통 경로, 소비대상과 판매처의 범위를 파악하여 제품 회수에 필요한 업소명과 연락처 등을 기록·보관하여야 하고 부적합품이나 반품된 제품의 회수를 위한 구체적인 회수절차나 방법을 기술한 회수프로그램을 수립·운영하여야 한다. 부적합품의 원인규명이나 확인을 위한 제품별 생산장소, 일시, 제조라인 등 해당시설내의 필요한 정보를 기록·보관하고 제품추적을 위한 코드표시 또는 로트관리 등의 적절한 확인방법을 강구하여야 한다.

8.2.2. HACCP 관리

HACCP관리는 선행요건이 효과적으로 수행된다는 전제조건하에서 중점적으로 관리하여야 할 공정/단계를 파악하여 집중 관리하는 기준 및 절차를 말한다.

HACCP 적용 순서도(7원칙·12절차)		
준비단계	·1. HACCP팀 구성 ·2. 제품설명서 작성 ·3. 제품의 용도 확인	·4. 공정흐름도 작성 ·5. 공정흐름도 현장 확인
본단계	·6. 위해요소 분석(원칙 1) ·7. 중요관리점(CCP) 결정(원칙 2) ·8. 한계기준 설정(원칙 3) ·9. 모니터링 체제 확립(원칙 4)	·10. 개선조치방법 수립(원칙 5) ·11. 검증 절차 및 방법 수립(원칙 6) ·12. 문서화 및 기록유지 방법 수립(원칙 7)

그림 8-30 HACCP 적용 순서도

HACCP를 적용하고자 하는 업소는 다음의 HACCP 적용원칙(그림 8-30)과 「식품 및 축산물 안전관리인증기준」 별표 2의 HACCP 적용 순서도에 따라 제조·가공·조리·소분·유통·판매에 사용하는 원료 및 용기·포장재와 해당 공정에 대하여 적절한 HACCP 관리계획을 수립·운영하여야 한다.

1) 준비단계

· HACCP팀 구성(HACCP 적용절차 1)

HACCP를 확립하고 운용을 담당할 HACCP팀장 및 팀원으로 구성된 HACCP팀을 구성·운영하여야 한다. 필요한 경우 HACCP 협의체나 위원회 등을 운영할 수 있다. HACCP팀 구성에는 다음의 사항이 포함되어야 한다.

- ·HACCP팀의 조직 및 인력현황
- ·HACCP팀의 구성원별 역할
- ·교대 근무 시 업무 인수인계방법

· 제품설명서(메뉴설명서) 작성 및 제품용도 확인(HACCP 적용절차 2 및 3)

제품설명서는 조리(생산)되는 식품의 특성과 용도를 기술한 문서로 위생관리의 목표와 방향을 설정하고, 위해요소 도출을 위한 중요한 기본 자료가 된다. HACCP를 적용할 품목에 대해서 제품설명서를 품목별로 작성하고 제품의 사용용도를 확인하여야 한다. 제품설명서는 다음의 항목이 포함하도록 작성하여야 한다.

- ·제품명(메뉴명)·제품유형 및 성상(조리형태 및 유형)
- ·품목제조보고 연월일(해당제품)
- ·작성자 및 작성 년월일
- ·성분(또는 원료) 배합비율(원료명 및 함량)
- ·제조(포장)단위(해당제품)
- ·완제품 규격
- ·보관·유통 시(또는 배식 시)의 주의사항
- ·유통기한(또는 배식시간)
- ·제품용도(가열 또는 섭취방법, 소비대상)
- ·포장방법 및 재질(배식형태 및 제공방법)
- ·표시사항(해당제품)
- ·기타 필요한 사항(알레르기 유발물질 등)

· 공정흐름도 작성 및 현장 확인(HACCP 적용절차 4 및 5)

제조·가공업소나 집단급식소에서 제조·가공·조리되는 제품에 대해 원료 및 용기·포장재의 입고에서 부터 완제품(조리제품)의 출고·유통(배식)까지의 모든 단계를 작성한 문서로 해당제품의 작업환경 및 제조·가공, 조리, 유통 등의 과정을 이해할 수 있다.

공정흐름도는 품목(조리제품)별 또는 전체적인 공정흐름 이해에 어려움이 없는 경우 식품유형별(집단급식소는 ※ 메뉴의 분류 참고)로 입고에서부터 출고·유통(배식)까지 세부공정 단위별로 다음의 공정흐름도를 작성하여야 한다.

·조리(제조)공정 흐름도	·환기 또는 공조시설 계통도
·공정별 가공방법	·용수 및 배수처리 계통도
·조리장 평면도	·건물 배치도 : 각 시설의 구별 및 명칭(필요 시 작성)

※ 메뉴의 분류 참고(집단급식소)
- ·대분류 : 가열조리공정, 비가열조리공정, 가열 후 처리공정
- ·중분류 : 유사한 조리방법 및 메뉴에 따른 분류
- ·소분류 : 세부 메뉴명

작성한 공정흐름도는 조리장에서 공정별 각 단계를 직접 점검하면서 현장과 일치여부를 확인하여야 한다.

2) 본단계

· 위해요소 분석(HACCP 적용절차 6, 원칙 1)

위해요소 분석(hazard analysis)은 식품안전에 영향을 줄 수 있는 위해요소와 이를 유발할 수 있는 조건이 존재하는지 여부를 판별하기 위하여 필요한 정보를 수집하고 평가하는 일련의 과정으로 중요관리점(CCP) 결정에 대한 근거를 제공하고 발생 가능한 위해요소의 파악과 예방조치 방법을 수립하여 위해요소의 제거와 안전성 향상을 위한 공정 또는 제품 개선에 도움을 준다.

위해요소 분석은 제품(메뉴)설명서에서 파악된 원료 및 용기·포장재와 공정흐름도에서 파악된 조리(제조)공정별로 구분하여 실시하여야 한다. 분석절차는 원료 및 용기·포장재별 또는 조

리(제조)공정별로 발생 가능한 모든 위해요소를 파악하여 목록을 작성하고 각 위해요소의 발생원인과 이를 제어할 수 있는 예방조치 및 관리방법을 파악하여 기술한다. 그 다음 파악된 발생원인과 예방조치 및 관리방법을 고려하여 위해요소의 심각성과 발생 가능성을 각각 평가하고 이를 그림 8-31의 위해평가 matrix에 적용하여 종합평가하고 그 결과, 종합평가점수가 3점 이상인 위해요소는 "최종 위해요소"로 결정하여 CCP 결정단계로 이행시킨다. 이 일련의 과정을 「식품 및 축산물안전관리인증기준」의 별표 2에 따른 표 8-15의 위해요소 분석표에 작성한다.

발생가능성	높음(3점)	3	6	9
	보통(2점)	2	4	6
	낮음(1점)	1	텍스트	3
		낮음(1점)	보통(2점)	높음(3점)
			심각성	

그림 8-31 위해평가 matrix(종합평가기준)

출처: 식품의약품안전처장(2015).『알기 쉬운 HACCP 관리』. 87.

표 8-15 위해요소 분석표

위해요소 분석표								
일련번호	원료 및 포장재/제조공정명	구분	위해요소		위해 평가			예방조치 및 관리방법
			명칭	발생원인	심각성	발생가능성	종합평가	
		B						
		C						
		P						

※ 위해요소

인체의 건강을 해할 우려가 있는 생물학적, 화학적, 물리적 인자나 조건을 말한다.

- B(biological hazards) : 생물학적 위해요소
  제품에 내재하면서 인체의 건강을 해할 우려가 있는 병원성 미생물, 부패미생물, 병원성 대장균(군), 효모, 곰팡이, 기생충, 바이러스 등
- C(chemical hazards) : 화학적 위해요소
  제품에 내재하면서 인체의 건강을 해할 우려가 있는 중금속, 농약, 항생물질, 항균물질, 사용 기준초과 또는 사용 금지된 식품첨가물 등 화학적 원인물질
- P(physical hazards) : 물리적 위해요소
  제품에 내재하면서 인체의 건강을 해할 우려가 있는 인자 중에서 돌조각, 유리조각, 플라스틱조각, 쇳조각 등

· 중요관리점 결정(HACCP 적용절차 7, 원칙 2)

중요관리점(critical control point : CCP)은 HACCP를 적용하여 식품의 위해요소를 예방·제어하거나 허용수준 이하로 감소시켜 식품의 안전성을 확보할 수 있는 중요한 단계·과정 또는 공정을 말한다.

CCP 결정은 위해요소 분석 과정에서 결정된 "최종 위해요소"를 대상으로 「식품 및 축산물안전관리인증기준」의 별표 2에 따른 그림 8-32의 CCP 결정도에 따라 위해요소 분석표와 연계하여 결정한다. 그리고 그 결과를 「식품 및 축산물안전관리인증기준」의 별표 2에 따른 표 8-16의 CCP 결정표에 작성한다. CCP 결정표의 구성항목 중 일련번호, 공정명, 구분, 위해요소는 위해요소 분석표의 내용을 그대로 기재한다.

표 8-16 CCP 결정표

구분		질문1	질문2	질문2-1	질문3	질문4	질문5	중요관리점 결정
공정단계	위해요소	예→CP 아니오→질문2	예→질문3 아니오→질문2-1	예→질문2 아니오→CP	예→CCP 아니오→질문4	예→질문5 아니오→CP	예→CP 아니→CCP	

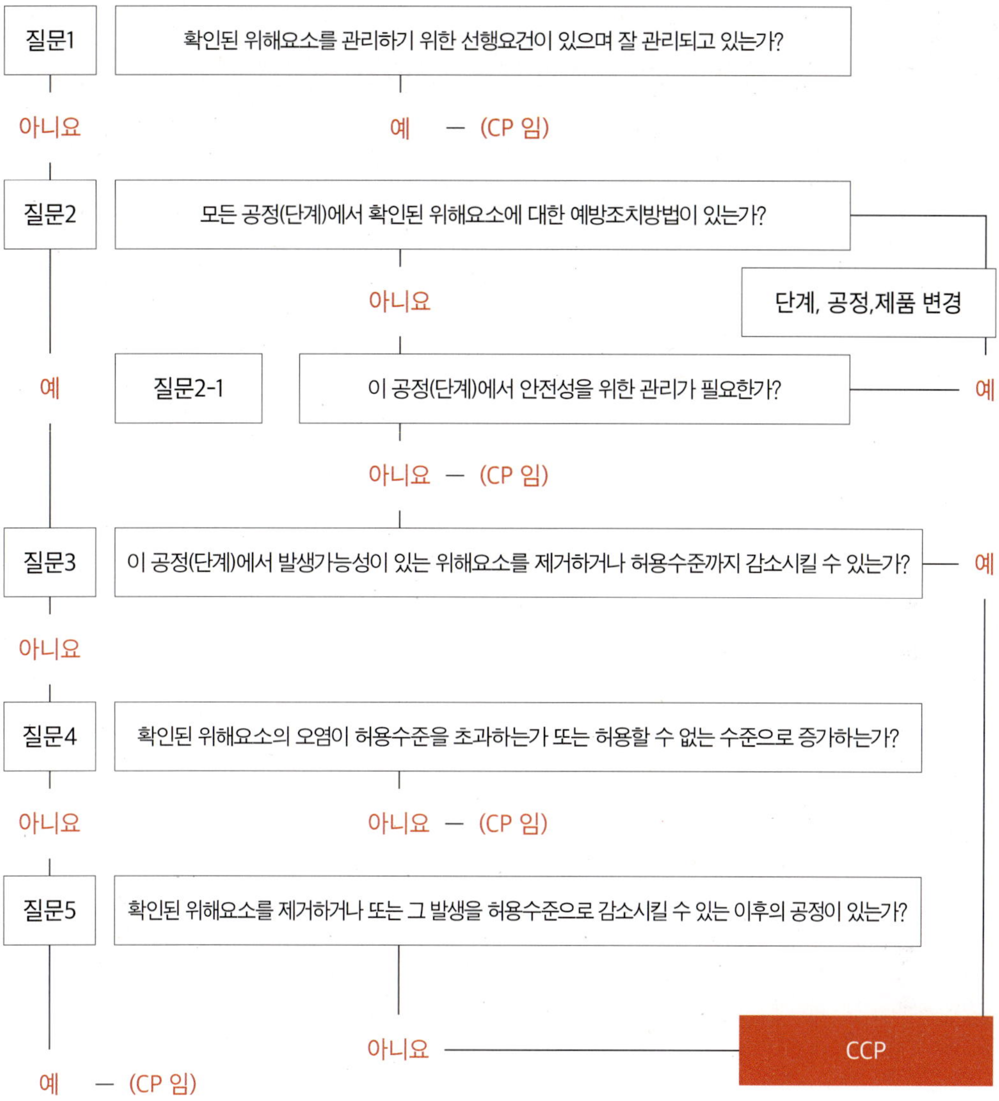

그림 8-32 CCP 결정도

· CCP의 한계기준 설정(HACCP 적용절차 8, 원칙 3)

한계기준(critical limit)은 중요관리점(CCP)에서의 위해요소 관리가 허용범위 이내로 충분히 이루어지고 있는지 여부를 판단할 수 있는 기준이나 기준치를 말한다.

표 8-17 CCP의 한계기준(예시)

공정명	항목	한계기준
세척	세척횟수 세척가수량 세척시간	4~5회 10 L/분 5분 이상
소독	소독농도 소독시간 소독수 교체주기 헹굼방법 헹굼시간	100 ppm 5분 이상 10 kg 당 흐르는 물 10분 이상
가열	가열온도 가열시간 제품중심온도	80~85℃ 10분 이상 75℃ 이상
금속 검출	금속성 이물	불검출
	검출기 감도	철(Fe) 1.5 mmφ 이상 검출 비철(Sus) 2.0 mmφ 이상 검출

표 8-18 한계기준 설정(예시)

CCP No.	제조 공정	위해 요소 구분	위해요소	한계기준
CCP-1	세척	P	칼날, 설비부속 이탈물, 철사, 금속파편	- 세척수 온도 : 15℃ 이하 - 세척수량 : 15~20 L - 원료 투입량 : 1 kg 이하 - 세척횟수 : 3회(3단 세척조) - 세척시간 : 15~20초 - 세척수 교체주기 : 2회 사용 후 교환
CCP-2	소독	B	*E. coli O157*:H7 *Listeria monocytogenes*	- 소독농도 : 차아염소산나트륨 100~120 ppm - 소독수량 : 100~110 L - 원료 투입량 : 10~12 kg - 소독시간 : 5분 ~ 5분 30초 - 소독수 교체주기 : 2시간 사용 후 전체 소독수 교체
CCP-3	가열	B	*E. coli O157*:H7 *Listeria monocytogenes*	- 가열온도 및 시간 : 품온 74℃ 이상 도달 후 1분~1분 10초
CCP-4	배식	B	*Staphylococcus aureus*	- 배식시간 : 조리 종료 후 2시간 이내

이 과정은 결정된 CCP에서 생물학적, 화학적 또는 물리적 위해요소를 예방, 제어 또는 허용 수준으로 감소시키기 위해 취해야 할 예방조치 및 관리방법에 대한 한계기준을 설정하는 것이다. 따라서 한계기준은 식품의 안전성을 보장할 수 있는 과학적 근거에 기초하여 결정된 CCP별로 어떤 법적 한계기준이 있는지를 확인하고 법적 한계기준이 없는 경우 과학적 문헌자료, 내부자료 등을 참고하여 자체적으로 위해요소를 관리하기에 적합한 한계기준을 설정한다(표 8-18). 가능하면 현장에서 쉽게 확인이 가능한 구체적인 수치로 관리범위(range)를 두어 설정함을 원칙으로 한다.

· CCP의 모니터링 체계 확립(HACCP 적용절차 9, 원칙 4)

모니터링(monitoring)은 CCP에 해당하는 공정이 한계기준을 벗어나지 않고 안정적으로 운영되도록 관리하기 위하여 작업자 또는 기계적인 방법으로 수행하는 일련의 관찰 또는 측정하는 수단을 말한다.

모니터링 체계는 CCP별로 설정된 한계기준이 준수됨을 보장하기 위하여 필요한 모니터링항목을 설정하고 그 항목에 대한 모니터링의 실시방법과 위치 및 지점, 실시주기(빈도), 담당자, 모니터링결과의 기록방법을 강구하여 6하 원칙에 따라 확립하여야 한다. 모니터링 체계를 확립하여 시행하게 되면 제조과정에서 발생되는 위해요소의 추적이 용이하며 조리(제조)공정 중 CCP에서 발생한 기준이탈시점을 확인할 수 있고 문서화된 기록을 제공하여 검증 및 식품사고 발생 시 증빙자료로 활용할 수 있다.

· CCP의 개선조치방법 수립(HACCP 적용절차 10, 원칙 5)

HACCP관리는 식품으로 인한 위해요소가 발생하기 이전에 문제점을 미리 파악하고 개선조치하는 예방체계이므로 모니터링 결과 한계기준을 벗어날 경우 취해야할 개선조치방법을 사전에 수립하여 신속한 대응조치가 이루어지도록 하여야 한다.

일반적으로 취해야 할 개선조치(corrective action)사항에는 공정상태의 기준이탈 전·후 신속한 원상조치(온도보정, 시간연장 등)와 한계기준 이탈에 의해 영향을 받은 식품에 대한 재가공, 선별 또는 폐기 등의 조치사항과 이탈에 대한 원인규명 및 재발방지 조치, HACCP 관리계획의 변경 등이 포함되게 6하 원칙에 따라 개선조치방법을 설정하여야 한다.

※ 안전관리인증기준 관리계획(HACCP plan)

안전관리인증기준 관리계획(HACCP plan)은 식품의 원료 및 용기·포장재 구입에서부터 최종 판매에 이르는 전 과정에서 발생 우려가 있는 위해요소를 사전에 확인하여 허용수준 이하로 감소, 제어 또는 예방할 목적으로 HACCP 원칙에 따라 작성한 제조·가공·조리·소분·유통 공정 관리문서나 도표 또는 계획을 말한다.

CCP에 대한 한계기준(원칙 3), 모니터링 체계(원칙 4), 개선조치방법(원칙 5), 검증절차 및 방법(원칙 6)을 표 8-19의 안전관리인증계획서로 관리하여야 한다.

표 8-19 안전관리인증계획서

분류	종류	원인물질의 예
공정명(CCP 번호)		
위해요소		
위해요소의 발생원인		
한계기준		
모니터링체계	항목	
	방법	
	위치/지점	
	빈도	
	담당자	
	기록	
개선조치빙법		
검증절차 및 방법		

- **검증절차 및 방법 수립(HACCP 적용절차 11, 원칙 6)**

검증(verification)은 HACCP 관리계획의 적절성과 실행 여부를 정기적으로 평가하는 일련의 활동(적용 방법과 절차, 확인 및 기타 평가 등을 수행하는 행위를 포함한다.)을 말한다.

검증은 실시 시기에 따라 HACCP를 적용할 때 실시하는 HACCP 관리계획의 유효성을 평가하는 최초검증과 일상적으로 발생되는 HACCP 기록문서 등에 대한 검토·확인을 하는 일상검증, 정기적으로 HACCP의 적합성을 재평가하는 정기검증이 있고 특별검증은 HACCP의 중대한 사항이 변경되었을 때(원료, 제조공정, 한계기준 등), 위생문제의 중대결함이 반복하여 발생될 때, 해당제품 관련 새로운 위해정보가 발생될 때, 신제품이 개발될 때, HACCP팀장의 지시가 있는 경우에 실시한다.

검증방법에는 유효성 평가(validation)와 실행성 평가(on-going verification, 현장검증)로 구분하고 유효성 평가는 HACCP를 확립하고 검토하는 초기단계로 HACCP 예비단계 적용을 통해 선택된 사항들이 실제 상황에서 확인된 위해요소를 효과적으로 예방하거나 제어 또는 허용수준으로 감소시키는 지를 HACCP 적용 후 최초로 검증하는 활동이다. 실행성 평가는 HACCP이 효율적으로 운용(이행)되고 있는지를 확인하는 것으로 현장서류 및 기록 점검, 검토하고 현장에서 cross check를 하며, 담당자 인터뷰, 무작위 시료채취 및 분석 등을 실시한다.

- **문서화 및 기록유지방법 확립(HACCP 적용절차 12, 원칙 7)**

문서화 및 기록유지(documentation and record keeping)는 문서 및 기록의 제정, 개정, 검토, 승인, 배포, 회수 및 폐기와 외부에서 입수된 자료의 관리에 대하여 적용한다.

작성해야할 문서로는 선행요건 준수를 위해 필요한 관리계획 등을 포함하는 선행요건 관리기준서와 HACCP 관리계획의 적절한 운영을 위하여 HACCP 관리기준서를 작성하여 비치하여야 하고 이에 따른 기록(모니터링(점검), 개선조치, 검사, 검증, 기타 각종 실행한 내용)을 하여야 한다. 기록은 다음의 사항을 주의하여 기록하도록 한다.

· 정해진 서식에 기록
· 사실적으로 기록
· 확인되는 값을 정확하게 기록
· 온도, 시간 등은 수치로 기록
· 공란이 없을 것 · 점검결과를 정기적으로 통계분석하여 활용
· 점검자와 결재자는 기록사항을 확인하고 서명(도장으로 날인 금지)
· 지속적인 기록유지
· 변조, 훼손 방지

· 교육·훈련

교육·훈련은 HACCP 적용절차 및 원칙에 포함되지는 않지만 효과적인 HACCP관리를 적용하고 운영하기 위해 가장 필수적인 요건이다. 따라서 영업자, HACCP팀장, HACCP팀원 및 종업원에 대하여 HACCP 교육훈련을 실시하여야 하고 영업자, HACCP팀장, HACCP팀원 및 종업원은「식품 및 축산물안전관리인증기준」에서 정한 다음의 신규교육과정 및 정기교육과정을 이수하여야 한다.

· 신규교육과정
- 영업자 : 2시간(HACCP팀장 교육을 이수한 경우 이를 갈음할 수 있다.)
- HACCP팀장 : 16시간
- HACCP팀원, 기타 종업원 : 4시간

· 정기(보수)교육과정
- HACCP팀장(부득이한 경우 HACCP팀원으로 대체 가능하다.) : 4시간
- HACCP팀원, 기타 종업원 : 4시간

영업자와 HACCP팀장은 식품의약품안전처장이 지정한 전문교육기관에서 교육을 반드시 이수하여야 하고, HACCP팀원과 기타 종업원에 대한 교육은 당사에서 자체적으로 실시할 수 있으며, HACCP 적용업소 인증일로부터 6개월 이내에 신규교육을 이수하여야 한다.

그 외 일반위생교육, 안전보건교육, 특별위생교육 등을 실시하여 위생관리에 능동적으로 참여할 수 있도록 한다.

8.2.3. 안전관리인증기준(HACCP) 적용품목 심벌

안전관리인증기준(HACCP) 적용심벌이나 현판은 다음 기본 심벌을 참조하여 제품 및 업소의 특성과 포장재질 또는 디자인에 적합하게 다양한 색상과 크기를 적용하여 사용할 수 있다(식품 또는 축산물 구분이 필요한 경우 심벌 내부에 "식품안전관리인증 또는 축산물안전관리인증", "안전관리인증식품 또는 안전관리인증축산물"로 표시할 수 있다).

1) 안전관리인증기준(HACCP) 심벌

도축장, 집유장, 농장

그 밖의 HACCP 적용작업장·업소

축산물 안전관리통합인증업체

※ 사용하고자 하는 자가 사용장소에 맞게 색상 및 크기를 조정할 수 있으나 디자인은 본 견본과 같아야 한다.

2) 안전관리인증기준(HACCP) 적용(인증) 작업장·업소·농장 현판 견본

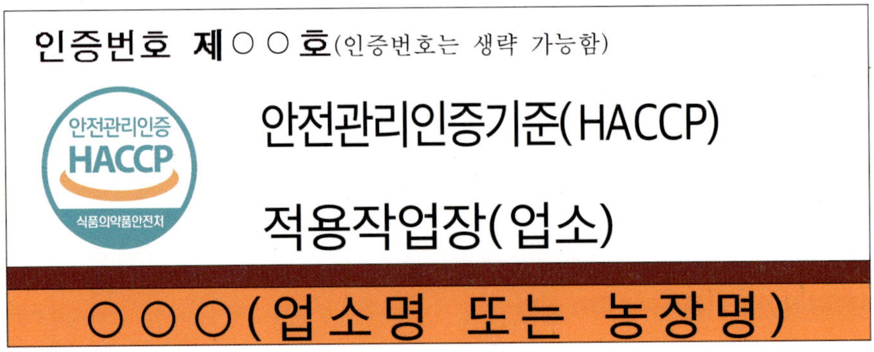

도축장, 집유장, 농장

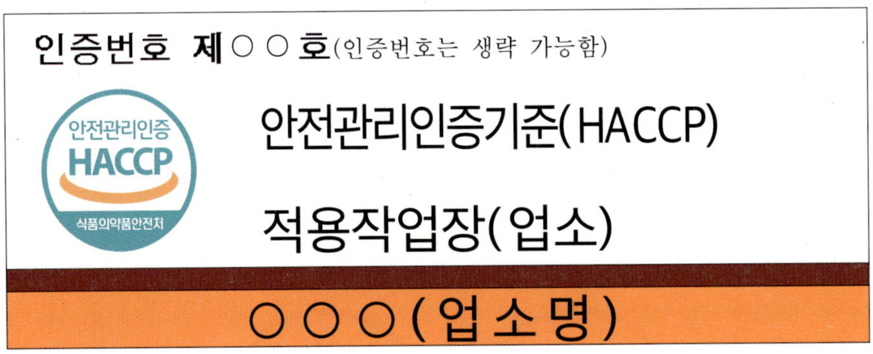

그 외 HACCP 적용작업장·업소

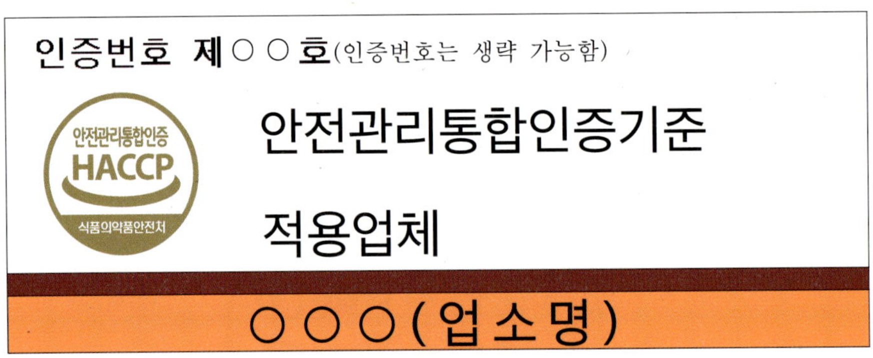

축산물 안전관리통합인증업체

※ 사용하고자 하는 자가 사용장소에 맞게 현판의 크기를 조정할 수 있으나 디자인과 가로(2) : 세로(1) 크기의 비는 가능한 본 견본과 같아야 한다.

9.1. 식품첨가물의 개념

9.2. 식품첨가물 각론

9.3. 천연첨가물

9.4. 기구 등의 살균·소독제

CHAPTER 09

식품첨가물

9.1. 식품첨가물의 개념

1) 식품첨가물이란

식품의 제조가공기술이 발달함에 따라 식품의 종류나 형태는 점점 다양화되었다. 가공식품이나 인스턴트식품 등의 보급과 함께 식품첨가물의 종류와 사용량도 증가하는 경향이 있다. 이와 함께 최근에는 식품첨가물의 안전성에 대해서 소비자의 관심도 높아졌다. 식품은 원래 천연·자연의 식품이 주체가 되며 조미료를 포함하여, 식품첨가물은 식품이라고는 하지 않는다. 말하자면 식품의 부성분이라고도 한다. 식품첨가물이라 하는 것은 넓은 의미로는 식품 본래 이외의 것을 의미한다. 현재 국제적으로 알려지고 있는 첨가물은 어떤 목적을 가지고 첨가하는 의도적인 식품첨가물(intentional food additives)과 오염 또는 혼입되어 식품에 들어가는 비의도적인 식품첨가물(unintentional food additives)로 나누어진다. 그러나 보통 식품첨가물이라 하면 의도적인 식품첨가물을 가리킨다.

식품위생법 제2조에서 「식품첨가물이란 식품을 제조·가공·조리 또는 보존하는 과정에서 감미, 착색, 표백 또는 산화방지 등을 목적으로 식품에 사용되는 물질(기구, 용기·포장을 살균·소독하는 데에 사용되어 간접적으로 식품으로 옮아갈 수 있는 물질을 포함)」이라고 정의되어 있다. 이 정의에서 서술된 바와 같은 용도, 목적을 가지고 첨가되는 물질은 천연첨가물이건, 화학적 합성품이건, 또 최종제품인 식품 중에 잔존하는가 어떤가에 불구하고 식품에 사용하는 한 모두 식품첨가물로서 취급된다.

비의도적인 식품첨가물은 적극적으로 첨가한 것이 아니라 환경이나 용기·포장 등에서 식품에 부착, 혼입, 또는 이행하는 성분으로 잔류농약, 잔류항생물질, 수질 혼탁물질, 대기오염물질 및 용기·포장재료에서 용해되어 이행하는 성분이 있다. 공해에 관련한 환경유해의 오염물질도 식품위생의 입장에서는 광의의 식품첨가물 범위에 들어가는 것이다. 일반적으로 식품첨가물에 대해서는 각 나라마다 엄중히 규제하고 있고, 그 규제를 올바르게 지키고 있는 한 이론적으로 유독·유해하다고는 할 수 없다.

2) 식품첨가물의 지정

우리나라에서는 식품첨가물에 대해서 「사람의 건강을 해칠 위험이 없는 경우로 식품의약품안전처장이 기준 및 규격을 고시한 것만」을 사용, 판매하도록 하고 있다.

식품첨가물로 사용, 판매하려면 식품첨가물의 제조자나 사용자가 충분한 자료를 갖추어 식품의약품안전처장에게 제출하여 지정절차를 밟아야 한다. 제출된 자료는 식품의약품안전처에서 검토되고, 검토 결과는 식품의약품안전처장 자문기관인 식품위생심의위원회에 상정되어 위원회에서 논의되고 그 결과를 토대로 처장이 고시 등의 행정절차를 밟는다.

한편 식품첨가물로 고시하기 위한 검토사항은 다음과 같다.

① 통례의 사용방법에 의할 때 인체에 대한 충분한 안전성이 확보되는 것
② 식품에 사용할 때 충분한 효과가 있는 것
③ 화학명과 제조방법이 확실한 것
④ 이화학적 시험, 급성독성 시험, 만성독성 시험, 최기형성 시험, 생화학적 시험 등에 관하여 2개 이상의 권위있는 시험연구기관에 의한 자료가 구비되고 시험성적이 일치하는 것

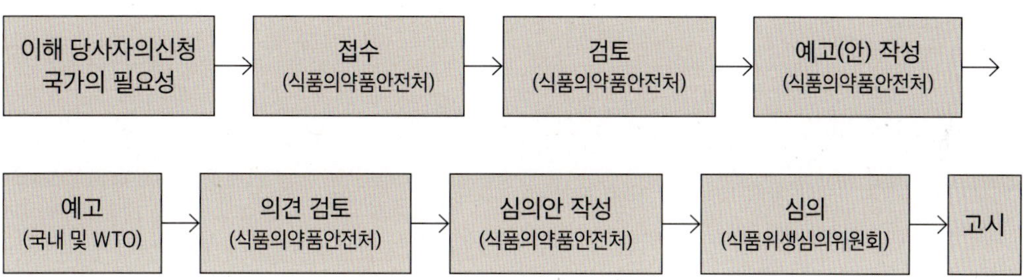

그림 9-1 식품첨가물 지정절차

우리나라에서 식품첨가물의 지정제도가 처음 채택된 것은 1962년이며, 1962년 1월 20일에 법률 제1007호로 217품목이 지정, 공포되었다. 그 후 수차에 걸친 지정품목의 삭제와 추가를 거듭하여 왔다.

3) 식품첨가물의 성분규격, 사용기준

식품첨가물로 지정된 품목의 성분규격이란 식품첨가물이 불순하지 않고 항상 일정한 품질을 유지하도록 규제하는 것을 목적으로 하며, 사용기준이란 동일한 식품첨가물을 사용한 몇 종류의 식품을 섭취한 경우에 식품첨가물 섭취량의 합계량이 1일 허용량을 초과하지 않도록 첨가하는 식품의 종류, 첨가량, 사용방법, 사용목적 등을 규제하는 것이다

4) 식품첨가물의 분류체계

우리나라 식품첨가물은 '화학적 합성품'과 '천연첨가물' 구분 없이 '식품첨가물'로 통합하여 사용목적을 누구나 쉽게 알 수 있도록 품목별 주용도를 표 9-1과 같이 명시하여 사용목적을 명확히 분류하고 있다.

표 9-1 식품첨가물 용도별 분류체계

용도	정의
감미료	식품에 단맛을 부여하는 식품첨가물
고결방지제	식품의 입자 등이 서로 부착되어 고형화되는 것을 감소시키는 식품첨가물
거품제거제	식품의 거품 생성을 방지하거나 감소시키는 식품첨가물
껌기초제	적당한 점성과 탄력성을 갖는 비영양성의 씹는 물질로서 껌 제조의 기초 원료가 되는 식품첨가물
밀가루개량제	밀가루나 반죽에 첨가되어 제빵 품질이나 색을 증진시키기 위해 사용되는 식품첨가물
발색제	식품의 색을 안정화시키거나 유지 또는 강화시키는 식품첨가물
보존료	미생물에 의한 품질 저하를 방지하여 식품의 보존기간을 연장시키는 식품첨가물
분사제	용기에서 식품을 방출시키는 가스 식품첨가물
산도조절제	식품의 산도 또는 알칼리도를 조절하는 식품첨가물
산화방지제	산화에 인한 식품의 품질 저하를 방지하는 식품첨가물
살균제	식품 표면의 미생물을 단시간 내에 사멸시키는 작용을 하는 식품첨가물
습윤제	식품이 건조되는 것을 방지하는 식품첨가물
안정제	두 가지 또는 그 이상의 성분을 일정한 분산 형태로 유지시키는 식품첨가물
여과보조제	불순물 또는 미세한 입자를 흡착하여 제거하기 위해 사용되는 식품첨가물
영양강화제	식품의 영양학적 품질을 유지하기 위해 제조공정 중 손실된 영양소를 복원하거나 영양소를 강화시키는 식품첨가물
유화제	물과 기름 등 섞이지 않는 두 가지 또는 그 이상의 상(phases)을 균질하게 섞어주거나 유지시키는 식품첨가물

표 9-1 계속

용도	정의
이형제	식품의 형태를 유지하기 위해 원료가 용기에 붙는 것을 방지하여 분리하기 쉽도록 하는 식품첨가물
응고제	식품 성분을 결착 또는 응고시키거나 과일 및 채소류의 조직을 단단하거나 바삭하게 유지시키는 식품첨가물
제조용제	식품의 제조·가공 시 촉매, 침전, 분해, 청징 등의 역할을 하는 보조제 식품첨가물
젤형성제	젤을 형성하여 식품에 물성을 부여하는 식품첨가물
증점제	식품의 점도를 증가시키는 식품첨가물
착색료	식품에 색을 부여하거나 복원시키는 식품첨가물
추출용제	유용한 성분 등을 추출하거나 용해시키는 식품첨가물
충전제	산화나 부패로부터 식품을 보호하기 위해 식품의 제조 시 포장 용기에 의도적으로 주입시키는 가스 식품첨가물
팽창제	가스를 방출하여 반죽의 부피를 증가시키는 식품첨가물
표백제	식품의 색을 제거하기 위해 사용되는 식품첨가물
표면처리제	식품의 표면을 매끄럽게 하거나 정돈하기 위해 사용되는 식품첨가물
피막제	식품의 표면에 광택을 내거나 보호막을 형성하는 식품첨가물
향료	식품에 특유한 향을 부여하거나 제조공정 중 손실된 식품 본래의 향을 보강하기 위해 사용되는 식품첨가물

9.2. 식품첨가물 각론

1) 보존료(Chemical preservatives)

미생물의 증식에 의해 식품의 부패나 변질을 방지하여 식품의 보존기간을 연장시키기 위하여 사용되는 물질을 보존료라 한다. 보존료는 식품 중에서 미생물의 증식을 억제하거나 사멸시키는 작용을 하지만 식품에 대한 보존기구는 살균작용(bacteriocidal action) 보다는 미생물에 대한 정균작용(bacteriostatic action)이나 효소의 발효작용억제(anti-enzymic action)에 있다.

보존료는 미량으로도 미생물의 발육저지력이 강하고 확실하며 지속적이어야 하고 식품에 대하여 나쁜 영향을 주지 않아야 하며, 사용법이 간편하고 값이 싸야 하며, 산과 알칼리에 안정하고 식품과 반응을 하지 않아야 한다. 그리고 그보다 중요한 것은 인체에 무해하거나 독성이 낮아야 하고, 장기적으로 사용하여도 해가 없어야 한다.

현재 허용되어 있는 보존료는 파라옥시안식향산에스테르류(*p*-oxybenzoic acid ester)를 제외하면 모두 유기산이나 그 염류인데, 이러한 산형보존료는 산성영역에서 그 효과를 발휘한다. 그 원인은 산형보존료가 중성용액에서는 완전히 해리하나 산성 용액에서는 보존효과를 발휘하는 비해리 분자가 증가하기 때문이다. 즉, 항균작용은 비해리 분자의 농도에 비례하게 되며, 이는 비해리 분자가 세포막이나 원형질에 쉽게 신속히 투과할 수 있는데 반하여 해리 이온은 거의 투과하지 못하기 때문에 항균작용에 차이가 생기는 것으로 보고 있다.

현재 사용이 허용된 보존료의 종류와 사용기준은 표 9-2와 같다.

표 9-2 허용 보존료 및 그 사용기준

보존료	사용식품	사용기준
데히드로초산(dehydroacetic acid) 데히드로초산나트륨(sodium dehydroacetate)	치즈류, 버터류, 마가린	데히드로초산으로서 0.5 g/kg 이하
소브산(sorbic acid) 소브산칼륨(potassium sorbate) 소브산칼슘(calcium sorbate)	치즈류	소브산으로서 3.0 g/kg 이하
	식육가공품(양념육류, 분쇄가공육제품, 갈비가공품, 식육추출가공품 제외), 어육가공품, 성게젓, 땅콩버터, 모조치즈, 마가린, 건강기능식품(액상제품에 한하며, 알로에전잎(겔포함) 제품은 제외)	2.0 g/kg 이하
	콜라겐케이싱을 사용한 소시지류	소브산으로서 사용량 합계가 2.0 g/kg 이하
	콜라겐케이싱	0.1 g/kg 이하
	젓갈류(단, 식염함량 8% 이하의 제품에 한함), 한식된장, 된장, 고추장, 혼합장, 춘장, 청국장(단, 비건조제품에 한함), 혼합장, 어패건제품, 조림류(농산물을 주원료로 한 것에 한함), 플라워페이스트, 드레싱, 소스, 알로에전잎(겔 포함) 건강기능식품(단, 두 가지 이상의 건강기능식품원료를 사용하는 경우에는 사용된 알로에전잎(겔 포함) 건강기능식품성분의 배합비율을 적용), 농축과일즙, 과·채주스, 잼류, 절임식품당류가공품(시럽상 또는 페이스트상에 한함), 향신료조제품(건조제품 제외)	1.0 g/kg 이하
	탄산음료, 건조과일류, 토마토케첩, 당절임(건조당절임 제외)	0.5 g/kg 이하

표 9-2 계속

보존료	사용식품	사용기준
	발효음료류(살균한것은 제외) 과실주, 탁주, 약주	0.05 g/kg 이하 0.2 g/kg 이하
안식향산(benzoic acid) 안식향산나트륨(sodium benzoate) 안식향산칼륨(potassium benzoate) 안식향산칼슘(calcium benzoate)	과일·채소류음료(비가열제품 제외), 탄산음료, 기타음료(분말제품 제외), 인삼·홍삼음료, 한식간장, 양조간장, 산분해간장, 효소분해간장, 혼합간장 알로에 전잎(겔 포함) 건강기능식품 (단, 두 가지 이상의 건강기능식품원료를 사용하는 경우에는 사용된 알로에 전잎(겔 포함) 건강기능식품 성분의 배합비율을 적용) 마요네즈, 마가린, 잼류, 절임식품 망고처트니	안식향산으로서 0.6 kg/kg 이하 0.5 g/kg 이하 1.0 g/kg 이하 0.25 g/kg 이하
파라옥시안식향산메틸 (methyl *p*-hydroxy benzoate) 파라옥시안식향산에틸 (ethyl *p*-hydroxy benzoate)	캡슐류, 잼류 망고처트니, 한식간장, 양조간장, 산분해간장, 효소분해간장, 혼합간장 식초, 기타음료(분말제품 제외), 인삼·홍삼음료 소스 과일류(표피부분에 한함), 채소류(표피부분에 한함)	파라옥시안식향산으로서 1.0 g/kg 이하 0.25 g/kg 이하 0.1 g/L 이하 0.2 g/kg 이하 0.012 g/kg 이하
프로피온산(propionic acid) 프로피온산나트륨(sodium propionate) 프로피온산칼슘(calcium propionate)	빵류 치즈류 잼류	프로피온산으로서 2.5 g/kg 이하 3.0 g/kg 이하 1.0 g/kg 이하
이초산나트륨(sodium diacetate)	빵류 식용유지류(동물성유지류, 모조치즈, 식물성크림 제외), 식육가공품(식육추출가공품 제외), 알가공품, 캔디류 소스 수프, 과자	이초산나트륨으로서 0.4% 이하 0.1% 이하 0.25% 이하 0.05% 이하

* 두 가지 이상의 보존료를 병용할 때의 사용 기준은 식품첨가물 공전을 참고할것.

· 데히드로초산 및 데히드로초산나트륨 (Dehydroacetic acid, sodium dehydroacetate)

Dehydroacetic acid(DHA)는 백색의 침상 또는 판상 결정 또는 결정성 분말이며 맛과 냄새가 거의 없고 물에는 잘 녹지 않으나 acetone 등의 유기용매에 녹는다. 미생물에 대해서는 주로 정균작용을 하며 살균작용은 약하다. 다른 산형보존료와 같이 pH에 의해서 그 항균력이 크게 영향을 받아 pH가 낮을수록 효과가 증대된다.

세균에는 부패균이나 병원균의 구별 없이 고르게 작용하며, 곰팡이나 효모에 대해서는 세균에서 보다 강한 항균력을 나타낸다.

Sodium dehydroacetate(DHA-S) 또한 백색의 결정성 분말로서 맛은 없고 냄새도 거의 없다. 물(33 g/100 g)과 glycerine(15 g/100 g)에는 잘 녹으나 알코올에는 잘 녹지 않는다. Dehydroacetic acid을 수용액으로서 식품에 첨가하는 경우에는 주로 이 나트륨염이 사용된다.

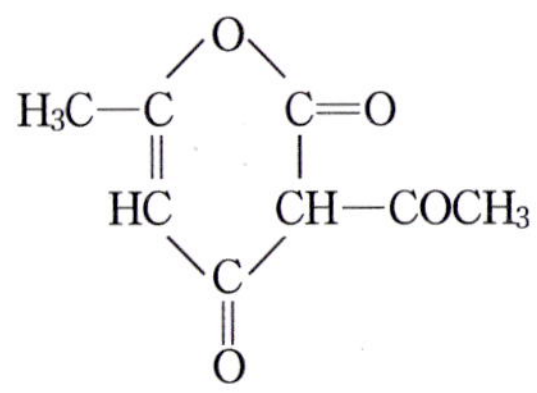

DHA

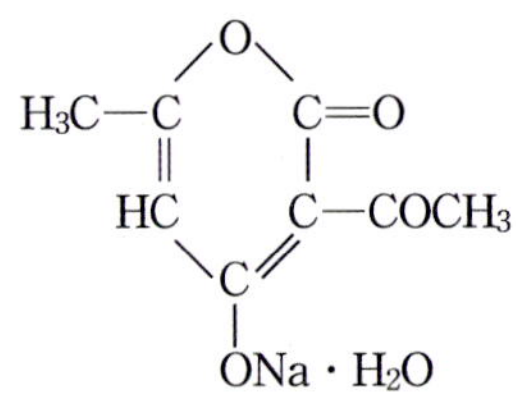

DHA-S

· 소브산, 소브산칼륨 및 소브산칼슘 (Sorbic acid, potassium sorbate, calcium sorbate)

Sorbic acid는 무색의 침상 결정 또는 백색의 결정성 분말로서 냄새가 없거나 조금 자극적인 냄새가 있으며, 물에 잘 녹지 않는다. pH가 낮을수록 효과가 크고 pH의 상승에 따라 효력이 저하하지만, 안식향산(benzoic acid)과는 달리 pH 6~7에서도 어느 정도의 효력을 나타낸다.

$CH_3-CH=CH-CH=CH-COOH$(Sorbic acid)

$CH_3-CH=CH-CH=CH-COOK$(Potassium sorbate)

$CH_3-CH=CH-CH=CH-COOCa$(Calcium sorbate)

젖산균이나 혐기성 포자형성균에는 거의 효과가 없으나 그 외의 세균이나 곰팡이, 효모에는 동일하게 작용하는 것이 특징이다.

Potassium sorbate은 무색 내지 담황갈색의 편상 결정 또는 결정성 분말이며 sorbic acid 보다 물에 녹기 쉽고 분해하기 쉽다. 독성이 낮아 보존료 중 가장 안전성이 높다.

- **안식향산, 안식향산나트륨, 안식향산칼륨 및 안식향산칼슘**
  (Benzoic acid, sodium benzoate, potassium benzoate, calcium benzoate)

Benzoic acid는 광택이 있는 백색의 작은 엽상 또는 침상의 결정이며 냄새가 없거나 또는 benzaldehyde 같은 냄새가 조금 있다. 융점은 121~123℃이고, 승화성이며 물에는 녹기 어렵지만 열탕에는 조금 녹으며 알코올에는 잘 녹는다. 공기 중에서는 안정하고 흡습성이 조금 있다. pH 4 이하에서는 저농도로서도 각종 부패미생물의 증식을 억제하지만, pH 5.5 이상에서는 그 효과가 격감한다.

Sodium benzoate는 백색의 입상 또는 결정성 분말로서 냄새가 없으며, 공기 중에서 안정하고 물에 잘 녹으므로 사용하기에 편리하다. 작용기구는 benzoic acid와 같으나 그 효력이 benzoic acid에 비해 대체로 약한 것으로 알려져 있다.

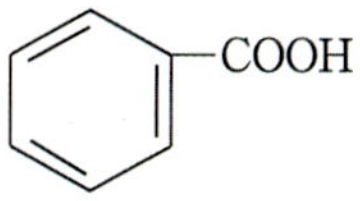

Benzoic acid

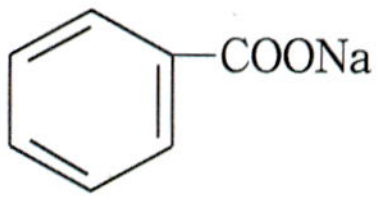

Sodium benzoate

- **프로피온산, 프로피온산나트륨 및 프로피온산칼슘**
  (Propionic acid, sodium propionate, calcium propionate)

Propionic acid는 유상의 액체로 약간 특이한 냄새가 있으며 물과 알코올에 녹는다. Calcium propionate나 sodium propionate는 모두 백색의 결정, 과립 또는 분말이고, 냄새가 없거나 조금 특이한 냄새가 있으며 물에 녹는다.

양자가 모두 산성에서 propionic acid를 유리하여 세균에 대해서 항균력을 발휘하지만, 효모에는 거의 작용하지 않는다. Sodium propionate는 그 염기성 때문에 빵에 사용할 때에는 효모의 활성을 저하시킨다. 이들도 다른 산형보존료와 마찬가지로 pH가 낮을수록 효력이 크지만 sorbic acid 보다는 약하다.

CH_3CH_2COONa

Sodium propionate

$(CH_3CH_2COO)_2Ca \cdot 0\sim1H_2O$

Calcium propionate

· **파라옥시안식향산에스테르류(p-Hydroxybenzoic acid esters)**

p-hydroxybenzoic acid esters로서 식품첨가물로 지정되어 있는 것은 methyl과 ethyl의 2종이다. 이들은 어느 것이나 무색의 작은 결정 또는 백색의 결정성 분말이며 냄새가 없다. 물에는 녹기 어려우나 알코올이나 ether에는 잘 녹는다. 그러므로 사용할 때에는 알코올이나 초산 수산화나트륨 용액에 녹인 다음에 첨가한다. Propyl, isopropyl, butyl 및 isobutyl의 4종은 안전성 때문에 지정이 취소되었다.

p-hydroxybenzoic acid esters는 주로 곰팡이나 효모의 발육을 저지하는데 그 작용은 pH의 영향을 별로 받지 않는다. 항균작용은 ester를 구성하는 알코올의 탄소수가 많을수록 진하다. 그러나 독성은 이와는 반대로 알코올의 탄소수가 적을수록 강해진다. 그러나 benzoic acid에 비하면 훨씬 독성이 적으며 신장에서 배설되는데 자극성은 거의 없다.

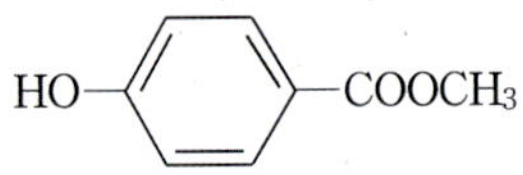

Methyl *p*-hydroxy benzoate

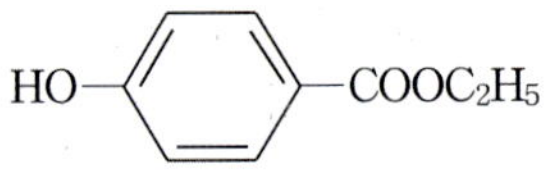

Ethyl *p*-hydroxy benzoate

· **이초산나트륨(Sodium diacetate)**

초산과 초산나트륨으로 이루어진 분자 화합물로 백색의 흡습성이 있는 결정성 고체이다. 물에 잘 용해하며 초산 냄새가 난다.

2) 살균제(Bacteriocides)

살균제는 미생물을 단시간 내에 사멸시키기 위한 목적으로 사용하는 첨가물로서 현재 허용된 것은 표 9-3과 같다.

차아염소산칼슘(고도표백분, calcium hypochlorite)은 백색이나 유백색의 과립 또는 분말로서 염소 냄새를 가지며, 유효염소 함량이 60% 이상이다. 표백분(bleaching powder)은 주요 외국에서 지정되어 있지 않고 국내에서 사용실적이 없기 때문에 현재는 사용이 지정 취소되었다.

표 9-3 허용 살균제와 그 사용기준

살균제	사용기준
차아염소산칼슘(고도표백분, calcium hypochlorite) 차아염소산나트륨(sodim hypochlorite) 차아염소산수(hypochlorous acid water)	과일류, 채소류 등 식품의 살균 목적에 한해 사용, 차아염소산나트륨은 참깨에는 사용금지, 최종식품 완성 전에 제거할 것
이염화이소시아뉼산나트륨 (sodium dichloroisocyanurate)	식품접객업용 기구 등, 집단급식소용(1회 50인미만 제공 급식소용 포함) 기구 등 : 100 mg/L 이하(유효염소로서) 유가공용 기구 등 : 100 mg/L 이하(유효염소로서) 식품의 제조·가공용 기구 등 : 100 mg/L 이하(유효염소로서)
과산화수소(hydrogen peroxide)	식품접객업용 기구 등, 집단급식소용(1회 50인 미만 제공 급식소용 포함) 기구 등 : 91 mg/L 이하(과산화수소로서) 유가공용 기구 등 : 465 mg/L 이하(과산화수소로서) 식품의 제조·가공용 기구 등 : 1,100 mg/L 이하(과산화수소로서) 최종식품의 완성 전에 분해 또는 제거할 것

차아염소산나트륨(유효염소 4% 이상)은 무색에서 엷은 녹황색의 맑은 액체로서 염소의 냄새를 가지며 물에 희석하면 다음과 같이 반응한다.

$$NaClO + H_2O \rightarrow HClO + NaOH$$

$$HClO \rightleftarrows H^+ + ClO^-$$

살균작용은 해리형인 ClO^-보다는 비해리형인 HClO의 농도에 좌우되는데 pH가 낮을수록 비해리형의 비율이 증가하므로 살균력은 증대된다(표 9-4).

이염화이소시아뉼산나트륨(sodium dichloroisocyanurate)는 유효염소 64% 이상을 함유하는 백색의 결정 또는 과립상 분말이다. 그밖에도 과산화수소가 살균제로 사용되지만, 이것은 제조용제로도 분류된다.

표 9-4 비해리형의 차아염소산과 pH

pH	비해리형 차아염소산 %(HClO)	pH	비해리형 차아염소산 %(HClO)
4	100	8	18.7
5	99.6	9	2.2
6	95.8	10	0.2
7	69.7		

$NaClO$	$CaCl_2O_2$	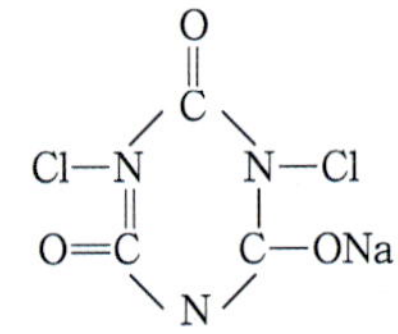
Sodium hypochlorite	Calcium hypochlorite	Sodium dichloroisocyanurate

3) 산화방지제(Antioxidants)

항산화제라고도 하며 공기 중의 산소에 의해 일어나는 변질, 즉 유지의 산패에 의한 이미, 이취, 식품의 변색 및 퇴색 등을 방지하기 위하여 사용되는 첨가물이 산화방지제이다.

식품 중의 유지는 공기 중에서 산패 또는 산화 등을 일으킨다. 그 이유는 유지 중의 불포화지방산이 이중 결합부위에 산소분자와 결합하여 peroxide를 거쳐 aldehyde 등으로 변화하기 때문이다. 몇 가지 산화방지제의 독성을 표 9-5에 나타내었다.

표 9-5 산화방지제의 독성

산화방지제	LD_{50}		ADI (mg/kg)	돌연변이 유발성	염색체 이상 유발시험	
					배수체 출현율	염색체 이상 출현율예
BHT	rat, 경구 mouse, 경구	1.5~2.0 g/kg 1.4~2.4 g/kg	0~0.5	-	-	-
BHA	rat, 경구 mouse, 경구	2.0~4.1 g/kg 1.1~1.3 g/kg	0~0.5	-	-	-
LD-α -tocopherol	rat, 경구 mouse, 경구	10 g/kg 이상 20 g/kg 이상	0~2.0	-	-	-
Erythorbic acid Sodium erythorbate	mouse, 경구 mouse, 경구	5 g/kg 이상 15.3 g/kg 이상	0~0.5 0~0.5	+ -	- -	- -

산화방지제에는 erythorbic acid, ascorbic acid 등의 수용성인 것과 propyl gallate, butyl hydroxy anisole(BHA), dibutyl hydroxy toluene(BHT) 등의 지용성인 것이 있는데, 수용성인 것은 주로 색소의 산화방지에 사용되고 지용성인 것은 유지 또는 유지를 함유하

는 식품의 산화방지에 이용된다. 또 산화방지제는 단독으로 사용하기도 하고 다른 산화방지제에 병용하기도 하는데, 일반적으로 병용할 때에는 단독으로 사용할 때보다 그 작용이 증가되는 경우가 많다.

산화방지제의 작용을 증가시키는 효과가 있는 cirtic acid, malic acid 등의 유기산류나 폴리인산염, 메타인산염 등의 축합인산염류를 산화방지제와 병용하기도 하는데, 이러한 물질을 효력증강제(synergist)라고 한다.

천연물 중에도 산화방지작용을 갖는 물질이 있다. 즉, 유지 중의 tocopherol, 참기름 중의 sesamol, flavonoid로서 식물계에 널리 분포되어 있는 quercetin과 오미자, 몰식자, 차 등의 성분인 gallic acid(몰식자산) 등이다. Tocopherol 이외에는 산화방지제로서 별로 이용되지 않고 있다.

현재 허용된 산화방지제의 사용기준은 표 9-6과 같다.

· 디부틸히드록시톨루엔(Dibutyl hydroxy toluene : BHT)

무색의 결정, 백색의 결정성 분말 또는 덩어리로 맛과 냄새가 없다. 물에는 녹지 않으나 유지에는 잘 녹고, 광선이나 열에는 안정하다. 다른 산화방지제에 비하여 안정성이 커서 가열 가공에도 효력이 저하하지 않으므로 효력 이행성(carry through effect)이 높다.

이러한 효력 이행성은 유지에 대한 용해도가 큰 때문이라고 한다. BHA나 유기산과 병용하면 산화방지력이 상승적으로 커지므로 흔히 BHA와 병용한다. BHA와 병용할 때에는 그 상용량의 합계가 각각의 한도 이하이어야 한다.

식용유지나 버터에는 그대로 첨가하여 균일하게 혼합하며, 버터의 포장지에 도포하여도 유효하다. 그 밖의 식품에는 미리 알코올에 녹여 혼합하는 방법을 많이 이용한다.

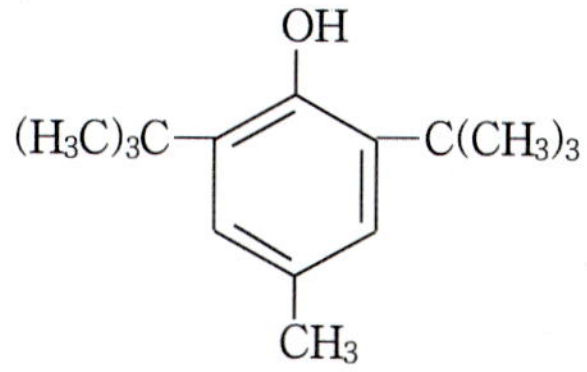

Dibutyl hydroxy toluene

표 9-6 허용 산화방지제 및 그 사용기준

산화방지제	사용식품	사용기준
BHT BHA TBHQ	식용유지류(모조치즈, 식물성크림 제외), 버터류, 어패건제품, 어패염장품 어패냉동품(생식용 냉동선어패류, 생식용굴은 제외) 침지액 추잉껌 체중조절용 조제식품, 시리얼류 마요네즈	0.2 g/kg 이하 1 g/kg 이하 0.4 g/kg 이하 (BHT, BHA)0.05 g/kg 이하 (BHT)0.06 g/kg 이하, (BHA) 0.14g/kg 이하
몰식자산프로필	식용유지류(모조치즈, 식물성크림 제외), 버터류	0.1 g/kg 이하
에리토브산 에리토브산나트륨	산화방지제 목적에 한해 사용	
L-아스코브산(비타민 C) L-아스코브산나트륨 L-아스코브산칼슘		
아스코빌팔미테이트	식용유지류(모조치즈, 식물성크림 제외) 건강기능식품	0.5 kg/kg 이하 해당 기준 및 규격에 따름
아스코빌스테아레이트	식용유지류(모조치즈, 식물성크림 제외), 마요네즈 조제유류, 영아용조제식, 성장기용조제식, 영·유아용 특수조제식품 영·유아용곡류조제식, 기타 영·유아식 기타식품 건강기능식품	0.5 kg/kg 이하 0.05 g/L 이하(표준조유농도에 대하여) 0.2 g/L 이하(표준조유농도에 대하여) 1.0 kg/kg 이하 해당 기준 및 규격에 따름
d-α-토코페롤(비타민 E) d-토코페롤(혼합형) d-α-토코페릴아세테이트 dl-α-토코페릴아세테이트 d-α-토코페릴호박산	최소량 사용	
이디티에이칼슘이나트륨 이디티에이이나트륨	소스, 마요네즈 통조림식품, 병조림식품 음료류(캔 또는 병제품에 한하며, 다류, 커피 제외) 마가린 오이초절임, 양배추초절임 건조과일류(바나나에 한함) 서류가공품(냉동감자에 한함) 땅콩버터	무수이디티에이이나트륨으로서 0.075 g/kg 이하 0.25 g/kg 이하 0.035 g/kg 이하 0.1 g/kg 이하 0.22 g/kg 이하 0.265 g/kg 이하 0.365 g/kg 이하 0.1 g/kg 이하

· **부틸히드록시아니졸(Butyl hydroxy anisole : BHA)**

무색 또는 약간 황갈색의 결정, 또는 덩어리, 또는 백색의 결정성 분말이며, 석유와 같은 냄새가 약간 있고, 자극성의 맛이 있다. 물에는 거의 녹지 않으나 알코올, propylene glycol, 유지 등에는 잘 녹는다. 열에는 상당히 안정하지만 광선에 오래 쪼이면 착색된다.

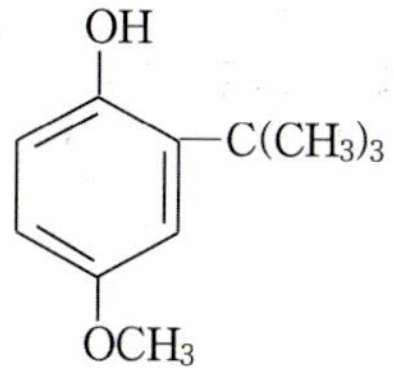
(3-BHA)

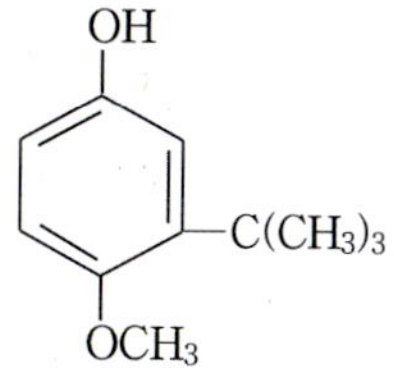
(2-BHA)

Butyl hydroxy anisole

BHA는 2-tert. butyl-4-hydroxy anisole(2-BHA)과 3-tert. butyl-4-hydroxy anisole(3-BHA)의 혼합물인데 3-BHA는 2-BHA의 1.5~2배의 효력이 있으며, 시판품은 3-BHA를 90% 이상 함유하는 것이 많다.

1982년 약한 발암성을 나타낸다는 것이 확인되어 BHA의 위험성과 유용성의 벨런스가 고려되고 있으며 미국, 일본, 영국, 캐나다 등에서는 규제의 움직임이 일고 있어 주목되고 있다. BHA의 효과는 BHT보다 우수한 것으로 알려지고 있다. 다른 산화방지제와 병용하면 효력이 커지므로 BHT와 병용되는 경우가 많고, 그 사용기준은 모두 BHT와 같다.

· **터셔리부틸히드로퀴논(t-Butyl hydroquinone: TBHQ)**

백색의 결정성 고체로 특이한 냄새가 있으며 알코올과 ether에는 녹으나 물에는 녹지 않는다. 용도와 사용방법은 BHT와 같고 사용기준도 같다. TBHQ를 단독으로 사용하는 것보다 BHT나 BHA 또는 PG 등과 병용하면 효력이 증강된다. 항산화력은 TBHQ, PG, BHT, BHA의 순으로 네가지 중에서 가장 효과가 크다.

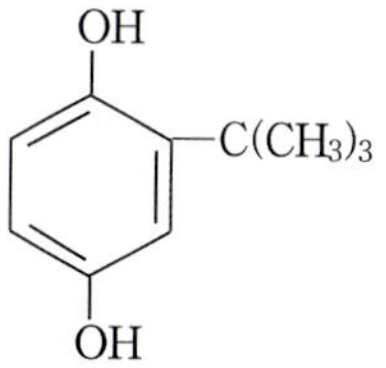
TBHQ

- **몰식자산프로필(Propyl gallate : PG)**

백색 또는 담황갈색의 결정성 분말이며, 냄새는 없으나 약간 쓴맛이 있고 물에는 녹지 않으나 알코올에는 잘 녹는다. 또 유지에 대한 산화방지력은 강하나 착색되기 쉽고, 유지에 대한 사용량은 0.005% 정도이며, 다른 산화방지제나 구연산 등과 병용하면 효과적이다.

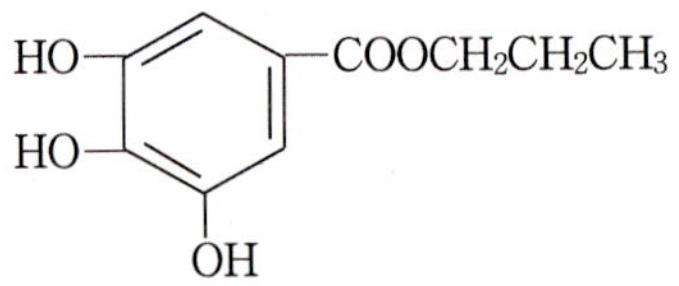

Propyl gallate

- **D-α-토코페롤(D-α-Tocopherol)**

천연품인 D-α-tocopherol과는 달리 합성품이며, 담황~황갈색의 점조액으로 물에는 녹지 않고, 알코올이나 그 밖의 유기용매에 잘 녹는다. 이것은 비타민의 일종이므로 영양 강화의 목적으로도 사용되지만 유지나 버터 혹은 이들을 사용한 식품의 산화방지제로서 많이 사용된다. 그와 항산화력은 BHA나 BHT보다 떨어지지만, 독성이 매우 낮은 것이 장점이며, 사용의 제한은 없다.

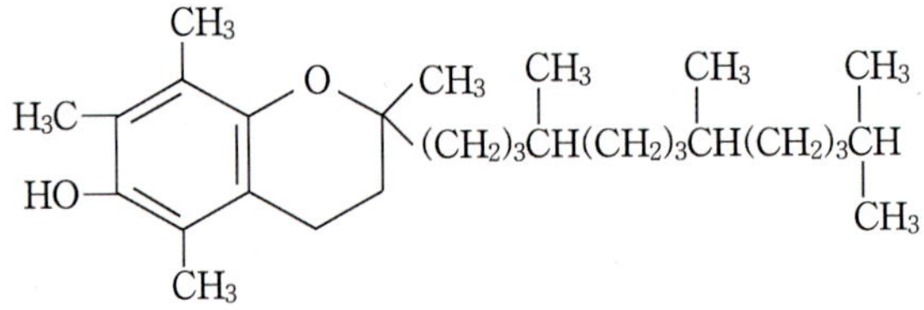

D-α-Tocopherol

- **에리토브산과 에리토브산나트륨(Erythorbic acid, sodium erythorbate)**

Erythorbic acid은 백색~대황갈색의 결정 또는 결정성 분말로서, 냄새가 없으며, 유지에는 녹지 않는다. 강한 환원제이고 열이나 광선에 약하며, 중금속 이온에 의하여 산화가 촉진한다.

화학적으로는 L-ascorbic acid의 입체 이성체로서 성질도 비슷하므로 일명 isoascorbic acid 또는 D-ascorbic acid이라고도 하지만, 비타민 C로서의 영양적 효과가 없으므로 산화방지의 목적 이외에는 사용할 수가 없으며, 대상 식품과 사용량의 제한은 없다.

Sodium erythorbate는 백색~대황색의 입, 세립 또는 결합성 분말로서 냄새는 없지만 약간 짠맛이 있다. 물에는 대단히 잘 녹으나 알코올에는 거의 녹지 않으며, erythorbic acid와 똑같은 목적에 사용된다.

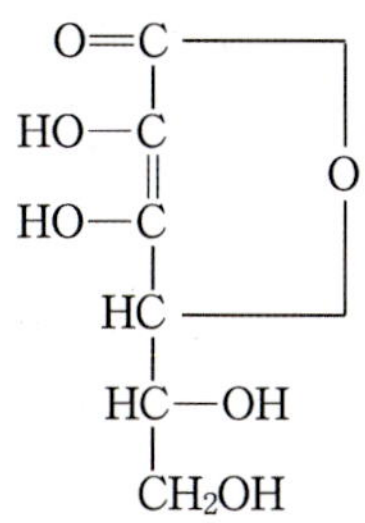

Erythorbic acid

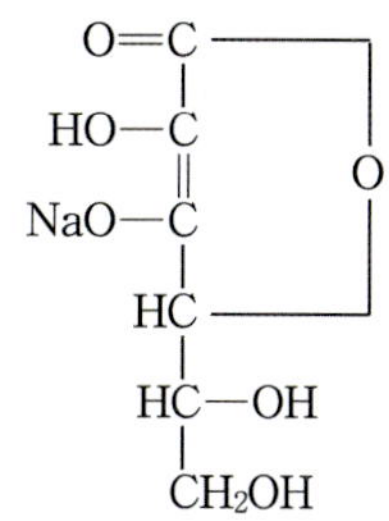

Sodium erythorbate

· L-아스코브산, L-아스코브산나트륨 및 L-아스코브산칼슘 (L-Ascorbic acid, sodium L-ascorbate, calcium L-ascorbate)

L-ascorbic acid는 영양강화제로도 사용되는 비타민 C이며, 백색~대미황백색의 결정성 분말로서 냄새는 없으나 신맛이 있다. 열, 광선, 공기에 의하여 분해되지만 건조한 상태에서는 비교적 안정하고, 물이나 알코올에 녹으나 유기용매에는 녹지 않는다. 산화방지제로서 식육제품의 변색방지, 과일 통조림의 갈변방지 또는 기타 식품의 풍미유지 등에 이용되고 있다.

Sodium L-ascorbate는 백색~대황백색의 입, 세립 또는 결정성 분말이고, 냄새는 없으나 짠맛이 조금 있다. 물에는 잘 녹으며 용도는 ascorbic acid와 같다.

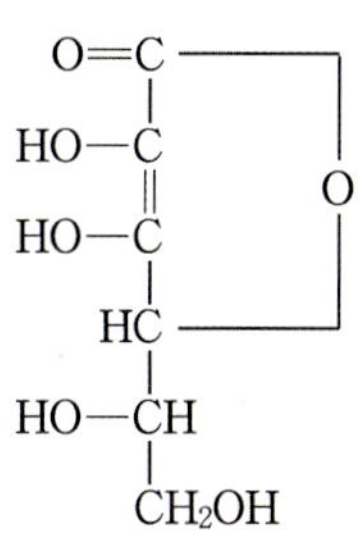

L-Ascorbic acid

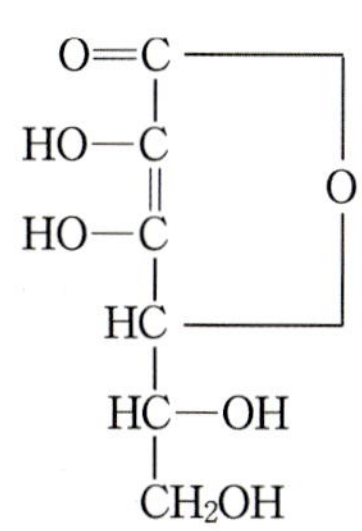

Sodium L-ascorbate

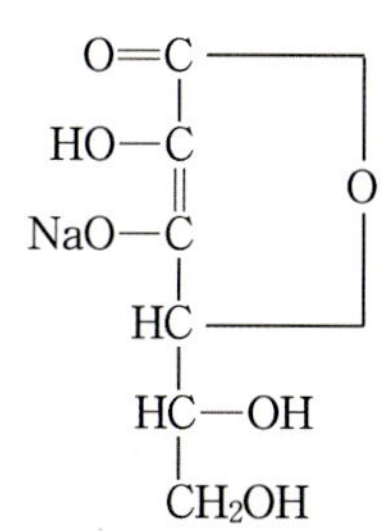

Calcium L-ascorbate

· 아스코빌팔미테이트, 아스코빌스테아레이트(Ascorbyl palmitate, ascorbyl stearate)

백색~담황색의 과일향이 나는 분말로서 물이나 식물유에는 녹지 않으나 알코올에는 잘 녹는다. 비타민 C로서의 효력을 갖는 강화·산화방지제로서 유지나 유지를 함유하는 식품에 널리 이용된다. L-ascorbic acid와는 달리 신맛이 없어서 첨가에 따른 맛의 변화가 없는 것이 특징이다.

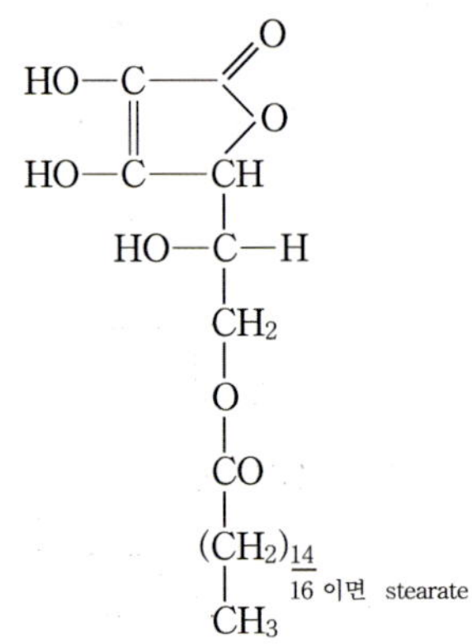

Ascorbyl palmitate

· 이디티에이칼슘이나트륨과 이디티에이이나트륨(Calcium disodium ethylene diamine tetraacetate, disodium ethylene diamine tetraacetate)

두 화합물이 모두 백색의 분말이며 약간의 짠맛이 있고 물에 잘 녹는다. 각종 금속이온과 결합하여 chelate화합물을 형성하는 성질이 있으며 유지식품의 변질원인이 되는 금속이온을 봉쇄함으로써 항산화작용을 나타낸다.

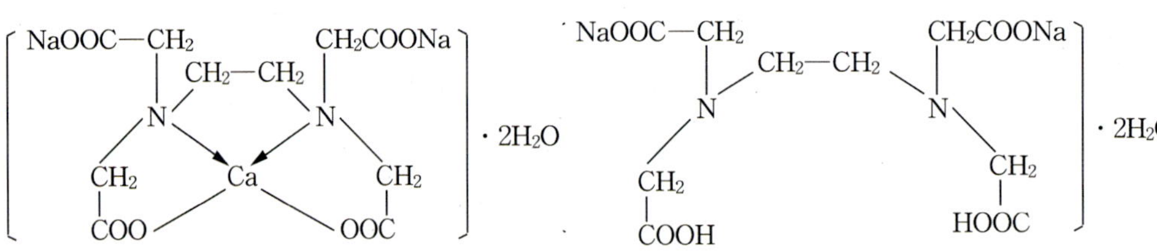

EDTA 칼슘이나트륨 EDTA 이나트륨

4) 표백제(Bleaching agents)

식품을 가공하거나 제조할 때 식품 중의 색소가 퇴색 또는 착색되어 외관을 나쁘게 하는 경우가 종종 있다. 이와 같은 경우에 색소를 파괴하여 그 식품이 완성되었을 때의 색을 아름답게 하기 위하여 표백제를 사용한다. 허용된 표백제와 그 사용기준은 표 9-7과 같다.

표백제는 그 작용에 따라 산화표백제와 환원표백제의 2종으로 구별된다.

표 9-7 허용 표백제 및 그 사용기준

표백제	사용식품	사용기준
메타중아황산칼륨(potassium metabisulfite) 메타중아황산나트륨(sodium metabisulfite) 무수아황산(sulfur dioxide) 아황산나트륨(sodium sulfite) 차아황산나트륨(sodium hyposulfite) 산성아황산나트륨(sodium bisulfite)		이산화황으로서
	박고지(박의 속을 제거하고 육질을 잘라내어 건조시킨 것)	5.0 g/kg 미만
	당밀, 소스	0.30 g/kg 미만
	물엿, 기타엿, 향신료조제품, 곡류가공품(옥배유 제조용으로 옥수수배아를 100% 원료로 한 제품)	0.20 g/kg 미만
	과실주	0.350 g/kg 미만
	과일주스, 농축과일즙	0.150 g/kg 미만(단, 5배 이상 희석하여 음용하거나 사용하는 제품에 한함)
	과·채가공품, 기타수산물가공품(새우, 냉동생게 제외), 땅콩 또는 견과류가공품, 절임류, 빵류, 과일·채소류음료, 탄산음료, 과자, 면류, 만두피, 건포류, 캔디류, 코코아가공품류 또는 초콜릿류, 기타음료, 서류가공품(건조감자, 곤약분 제외), 두류가공품, 조림류(농산물을 주원료로 한 것에 한함), 기타주류, 찐쌀, 잼류, 전분류, 당류가공품, 된장	0.030 g/kg 미만(단, 5배 이상 희석하여 음용하거나 사용하는 과·채가공품의 경우 0.150 g/kg 미만)
	건조과일류, 식초	1.0 g/kg 미만(단,「대한민국약전」(식약처고시) 또는 「대한민국약전외한약(생약)규격집」(식약처 고시)에 포함되어 식품원료로 사용가능한 건조과일류는 이산화황 기준에 따르며, 건조 살구의 경우 2.0 g/kg 미만, 건조코코넛의 경우 0.20 g/kg 미만)
	건조채소류, 건조버섯류, 건조감자	0.50 g/kg 미만(단, 「대한민국약전」또는「대한민국약전외한약(생약)규격집」에 포함되어 식품원료로 사용가능한 건조채소류·버섯류는 이산화황 기준에 따름)
	건조 농·임산물(위의 건조과일류, 건조채소류, 건조버섯류의 규정 이외의 「대한민국약전」또는「대한민국약전외한약(생약)규격집」에 포함되어 식품원료로 사용가능한 식물성 원료로서 건조한 것에 한함), 생지황	이산화황 기준에 따름
	곤약분	0.90 g/kg 미만
	새우, 냉동생게	0.10 g/kg 미만(껍질을 벗긴 살로서)
	설탕류	0.020 g/kg 미만

산화표백제는 산화작용에 의하여 색소를 파괴하는 것으로 과산화수소가 이에 해당된다. 이것은 환원표백제와는 달리 표백제가 잔존하고 있지 않아도 색이 다시 복원되는 일이 없으나, 식품의 조직을 손상시킬 우려가 있어 표백제로는 사용 하면 안 되지만, 살균제로서는 사용된다.

환원표백제는 색소를 환원작용에 의하여 표백하는 것이다. 즉, 색소 중의 산소를 빼앗아 표백하는 것인데, 식품 중의 표백제가 없어지면 공기 중의 산소에 의해서 색이 다시 복원하는 경우가 많은 것이 결점이다.

환원표백제로서 식품에 사용할 수 있는 지정품은 potassium metabisulfite, sodium metabisulfite, sulfur dioxide, sodium sulfite(무수 또는 결정), sodium hyposulfite, 산성 sodium bisulfite 등이며, 어느 것이나 이산화황(SO_2 가스)에 의한 표백작용이다. 따라서 그 사용기준도 모두 사용 후 식품 중에 잔존하는 이산화황(SO_2 가스)의 양으로 규정하고 있다.

5) 밀가루 개량제(Maturing agents, dough conditioners)

밀가루의 표백과 숙성기간을 단축시키고, 제빵효과의 저해물질을 파괴시켜 분질을 개량하기 위하여 첨가하는 물질을 밀가루 개량제라고 한다.

현재 허용되고 있는 밀가루 개량제와 그 사용기준은 표 9-8과 같다.

밀가루 개량제의 효과는 그 산화작용에 근거한 표백작용과 숙성작용에 의한 것이지만, 개량제에 따라서는 표백작용이 거의 없고 숙성작용만을 갖는 것도 있다.

Benzoyl peroxide는 표백작용이 약하지만, gluten의 성질을 좋게 하여 제빵효과를 좋게 하는 것이다. 그러나 이들을 지나치게 많이 사용하면 밀가루 중의 비타민류를 파괴하고, 숙성을 지나치게 빨리 진행시켜 오히려 gluten의 질적인 저하에 따른 노화현상을 일으키고 접착력과 색깔이 저하되며, 제품의 품질이 나빠지므로 그 적절한 사용량을 지켜야 한다.

Ammonium persulfate는 밀가루 색소를 산화, 탈색하고 제빵효과를 높인다. Chlorine dioxide는 밀가루의 carotene 색소를 산화시킬 뿐 아니라 무발효 케이크의 물리적 성질을 개량하여 제품의 결, 부피, 식감 등을 향상시킨다. Chlorine과 azodicarbonamide도 밀가루의 품질 개량제로 이용된다.

표 9-8 허용 밀가루 개량제 및 그 사용기준

밀가루 개량제	사용식품	사용기준
과산화벤조일(희석) (diluted benzoyl peroxide) 과황산암모늄(ammonium persulfate)	밀가루류	0.3 g/kg 이하
염소(chlorine)	밀가루류	2.5 g/kg 이하
이산화염소(chlorine dioxide)	밀가루류(빵류 제조용에 한함)	30 mg/kg 이하
아조디카르본아미드(azodicarbonamide)	밀가루류	45 mg/kg 이하
L-시스테인염산염	밀가루류, 빵류 및 이의 제조용 믹스 이외에는 사용금지	

6) 증점제(Thickeners)

증점제는 식품에 대하여 점도를 증가시키고 가공할 때의 가열이나 보존 중의 경시변화에 관여하여 선도를 유지하고 형체를 보존하는데 도움을 주며, 미각에 대해서도 점활성을 줌으로써 촉감을 좋게 하기 위하여 식품에 첨가되는 것이다. 또한 증점제 대부분이 식품의 유화안정성을 좋게 하기 위해 첨가하는 안정제의 용도로도 사용된다.

식품에 사용할 수 있게 지정되어 있는 증점제는 화학적 합성품과 천연품인 guar gum, locust bean gum, xanthan gum, arabian gum, gelatin, carrageenan, pectin 등도 지정되어 있다. 이들 허용된 증점제는 표 9-9와 같다.

· 폴리아크릴산나트륨(Sodium polyacrylate)

Sodium acrylate의 중합체로 무취·무미의 백색 분말로서, 물에는 잘 녹아 점조성이 큰 액체가 된다.

이 수용액은 칼슘이나 마그네슘 같은 2가 이상의 금속염에 의해서는 백색의 침전이 생겨서 점성을 잃는다. 또 일정 농도의 산(pH 4 부근)에 의해서도 침전이 생긴다.

또한 이것은 점성이 커서 sodium alginate, sodium caseinate나 sodium carboxymethyl starch 등의 10~20배의 점도를 가지므로 첨가량이 적어도 되고, 내열성이 커서 열적 열화가 거의 없으므로 가열처리를 하는 식품에 사용할 수 있다.

표 9-9 허용 증점제 및 그 사용기준

증점제	사용기준
폴리아크릴산나트륨(sodium polyacrylate)	0.2% 이하
메틸셀룰로스(methyl cellulose) 카복시메틸셀룰로스나트륨(sodium carboxymethyl cellulose) 카복시메틸셀룰로스칼슘(calcium carboxymethyl cellulose) 카복시메틸스타아치나트륨(sodium carboxymethyl starch)	2% 이하 병용할 때에는 그 합계가 2% 이하
알긴산프로필렌글리콜(propylene glycol alginate)	1% 이하
알긴산(alginic acid) 알긴산나트륨(sodium alginate) 알긴산암모늄(ammonium alginate) 알긴산칼륨(potassium alginate) 알긴산칼슘(calcium alginate) 변성전분(modified food starch) 카제인(casein) 카제인나트륨(sodium caseinate) 카제인칼슘(calcium caseinate)	최소량 사용

또 천연 증점제와는 달리 부패나 변질될 염려가 없는 것도 장점의 하나이다. 그 사용량은 식품의 0.2% 이하로 제한되어 있다.

· 알긴산프로필렌글리콜(Propylene glycol alginate)

백색~담황백색의 분말로서 무미·무취이다. 산성에서 안정하므로 잼이나 주스 등 산성식품에도 사용할 수 있으며, 크롬, 철, 동, 납, 바륨 이외의 금속에는 안정하고, 식염에는 14%까지는 응고하지 않는다.

· 메틸셀룰로오스(Methyl cellulose)

무취의 백색~유백색의 분말 또는 섬유상의 물질이다. 그 수용액은 중성인데, 산성이나 알칼리성에서도 비교적 안정하므로 어떠한 식품에도 사용할 수 있다. 또 비이온성의 콜로이드를 형성하므로 금속 이온에 의해서도 침전이 생기지 않으며, 식염 같은 무기염이 있으면 점도가 증가

한다. 가열하면 gel화하여 젤리상으로 굳어서 점성이 떨어지지만 냉각하면 다시 처음의 콜로이드상이 되는 가역적 성질을 갖고 있어서 가열처리를 하는 식품에도 사용할 수 있다.

· 카복시메틸셀룰로오스나트륨(Sodium carboxymethyl cellulose)

일명 CMC나트륨이라고도 하며, 무취의 백색~유백색의 분말 또는 섬유상의 물질이다. 물에 녹으면 점조한 액이 되는데 이 액은 비교적 안정하나 알루미늄, 동, 철, 납, 아연 등의 금속 이온에 의해서는 응고한다. 그리고 오래 가열하거나, 산도나 알칼리도가 커지거나, 자외선에 쪼이거나, 미생물이 번식하거나 하면 점도가 저하된다.

· 카복시메틸셀룰로오스칼슘(Calcium carboxymethyl cellulose)

백색~유백색의 분말이며, 무취인데 다른 증점제와는 달리 식품의 붕괴를 빠르게 하기 위하여 사용된다. 즉 분말주스나 인스턴트커피 등에 첨가하면 용해가 빠르고 비스킷 같은 과자에 첨가하면 입 속에서 빨리 붕괴하여 이에 달라붙는 일이 없고, 소화 흡수를 용이하게 하는 등의 작용이 있다.

· 카복시메틸스타아치나트륨(Sodium carboxymethyl starch)

백색의 분말로 무취이며, 장시간의 보존에 견디고 변질하거나 부패하지 않으며 열이나 광선에도 안정하다. 냉수에 잘 녹고, 중성 또는 알칼리성의 무색투명한 콜로이드상의 액이 되는데, 이 액에 동, 납, 철 등의 중금속염류를 가하면 불용성 침전이 생기고 점성이 없어진다. 그러나 칼슘이나 마그네슘 염류에 의해서도 침전이 생기지 않으나 점도는 저하한다.

· 알긴산나트륨(Sodium alginate)

해조류에서 얻은 alginic acid의 나트륨염으로 백색~담황백색의 분말이다. 물에 녹으면 점조한 액이 되며, 가열하면 점도가 저하한다. 또 동, 니켈, 철, 은, 알루미늄 등의 금속 이온이 있으면 반응하여 착색되고 응고한다. 식염이 8% 이상 되는 경우에도 응고하여 점성을 잃는 성질이 있다.

· 알긴산암모늄, 알긴산칼륨 및 알긴산칼슘

(Ammonium alginate, potassium alginate, calcium alginate)

모두 alginic acid의 염류로서 백색~황색을 띤 입자 또는 섬유상 분말이다.

· 카제인(Casein)

우유에서 얻는 단백질로서 백색~담황백색의 분말 또는 알맹이로, 무취·무색이다. 물에는 거의 녹지 않으나 알칼리에는 그 농도에 비례하여 용해도가 커진다. 유화안정제로서 아이스크림, 빵, 비스킷 등에 사용되며, 일반적으로 알칼리액에 녹여서 첨가하는데 과잉의 알칼리는 풍미를 떨어뜨리며, citric acid나 과즙으로 만드는 주스나 샤베트에는 casein이 떠오르므로 적당하지 않다. 그러나 casein 용액은 열에 의해서 응고하지 않고 안정한다.

· 카제인나트륨(Sodium casein)

백색~담황색의 입 또는 분말로 거의 무취·무미이다. 물에 녹으므로 casein 대용으로 이용되며, 단백질로서 중요한 영양원이기도 하다.

· 변성전분(Modified food starch)

전분을 소량의 화학물질로 처리하여 전분의 hydroxy기의 일부를 화학적으로 변형시킨 것 또는 이것을 더욱 가열하여 호화한 것으로서 그 결과 전분 본래의 물리적 특성을 약간 변화시킨 것이다.

7) 향료(Flavoring agents)

향료란 상온에서 휘발성이 있으므로 우리들의 후각신경을 자극함으로써 특유한 방향을 느끼게 하여 식욕을 증진시키는 목적으로 식품에 첨가하는 물질이다.

향료는 천연향료와 합성향료로 분류되며, 천연향료에는 레몬, 오렌지, 장미, 자스민 등의 정유, 발삼, 계피 등의 방향성 생약, 과일성분 등 식물성인 것과 사향, 용연향, 해성향 등 동물성인 것이 있다. 합성향료에도 천연향료의 유효성분을 합성한 것과 천연에는 존재하지 않지만 향기가 비슷한 새로운 것을 합성한 순수한 합성향료가 있다.

향료는 천연향료이건 합성향료이건 단독으로 사용되는 경우는 거의 없고 향기가 약한 천연향료를 배합하여 증강하거나, 천연향료에 가깝게 하기 위하여 수종의 합성향료를 혼합한 종합향료로서 사용된다.

향료를 형태에 따라 분류하면 다음과 같다.

① 분말향료 : 분말에 향료를 혼합하여 분말로 한 것(powder)

② 유화향료 : 유화제로서 향료를 유액으로 한 것(emulsion)

③ 수용성향료 : 알코올을 사용하여 향료를 수용성으로 한 것(essence)

④ 유성향료 : 천연의 정유에 향료를 혼합한 것(oil)

분말향료는 그대로는 향이 약하거나 전혀 느껴지지 않지만, 입 속에 넣거나 물에 녹이거나 하면 강한 냄새를 느끼게 된다. 분말향료는 그 제조공정 중에 순간적이기는 하지만 열을 받으므로 향료의 신선미가 약간 떨어지고 또 다른 향료보다 값이 좀 비싼 것이 결점이다.

향료로 사용되는 화학적 합성품은 약 3,000품목이나 되며, 그 중에서 비교적 많이 사용되는 것은 약 500품목 정도이다. 그러므로 이들을 일일이 지정하여 품질 규격을 규정하기란 대단히 어려운 일이므로 자주 사용되는 것 일부만을 지정하여 그 성분 규격을 규정하였고, 기타는 포괄적 표현의 종류별 명칭으로 표시하고 있다. 이들은 모두 착향의 목적 이외에는 사용할 수 없도록 규정되어 있다. 그러나 ethyl acetate는 vinyl acetate 수지의 용제로 사용하는 경우만은 예외로 되어 있다.

식품에 사용될 수 있는 개별 또는 합성향료 지정품목은 다음과 같다.

- **개별 지정품목**

게라니올(geraniol)

개미산(formic acid)

개미산게라닐(geranyl formate)

개미산시트로넬릴(cirtronellyl formate)

개미산이소아밀(isoamyl formate)

계피산(cinnamic acid)

계피산메틸(methyl cinnamate)

계피산에틸(ethyl cinnamate)

계피알데히드(cinnamic aldehyde)

계피알코올(cinnamyl alcohol)

낙산(butyric acid)

낙산부틸(butyl butyrate)

낙산에틸(ethyl butyrate)

낙산이소아밀(isoamyl butyrate)

γ-노나락톤(γ-nonalactone)

데칸산에틸(ethyl decanoate)

데칸알(decanal)

데칸올(decanol)

리나롤(linalool)

말톨(maltol)

메틸 *β*-나프틸케톤(methyl *β*-naphthylketone)

N-메틸안트라닐산메틸(methyl *N*-methyl anthranilate)

DL-멘톨(DL-menthol)

L-멘톨(L-menthol)

바닐린(vanillin)

벤즈알데히드(benzaldehyde)

벤질알코올(benzyl alcohol)

살리실산메틸(methyl salicylate)

스모크향(smoke flavour) (음료에 사용 금지)

시클로헥산프로피온산알릴(allyl cyclohexane propionate)

시트랄(citral)

시트로넬랄(citronellal)

시트로넬롤(citronellol)

아니스알데히드(anisaldehyde)

α-아밀신남알데히드(α-amyl cinnamic aldehyde)

아세토초산에틸(ethyl acetoacetate)

아세토페논(acetophenone)

안트라닐산메틸(methyl anthranilate)

에틸바닐린(ethyl vanillin)

옥탄산에틸(ethyl otanoate)

n-옥틸알데히드(n-octyl aldehyde)

γ-운데카락톤(γ-undecalactone)

유칼리프톨(eucalyptol)

유게놀(eugenol)

이소길초산에틸(ethyl isovalerate)

이소길초산이소아밀(isoamyl isovalerate)

이소유게놀(isoeugenol)

이소티오시안산알릴(allyl isothiocyanate)

이소프로필알코올(isopropyl alcohol)

α-이오논(α-ionone)

β-이오논(β-ionone)

초산게라닐(geranyl acetate)

초산리나릴(linalyl acetate)

초산벤질(butyl acetate)

초산부틸(butyl acetate)

초산시트로넬릴(citronellyl acetate)

초산신나밀(cinnamyol acetate)

초산에틸(ethyl acetate)

초산이소아밀(isoamyl acetate)

초산페닐에틸(phenylethyl acetate)

카프론산알릴(allyl caproate)

파라메틸아세토페논(p-methylacetophenone)

페닐초산에틸(ethyl phenyl acetate)

페닐초산이소부틸(isobutyl phenyl acetate)

피페로날(piperonal)

프로피온산벤질(benzyl propionate)

프로피온산에틸(ethyl propionate)

프로피온산이소아밀(isoamyl propionate)

핵사논산에틸(ethyl hexanoate)

헵타논산에틸(ethyl heptanoate)

히드록시시트로넬랄(hydroxy citronellal)

히드록시시트로넬랄디메틸아세탈(hydroxycirtronellaldimethylacetal)

- **합성향료 지정품목**

  락톤류(lactones)

  방향족알데히드류(aromatic aldehydes)

  방향족알코올류(aromatic alcohols)

  에스테르류(esters)

  에테르류(ethers)

  이소티오시아네이트류(isothiocyanates)

  인돌 및 그 유도체(indol and it's derivatives)

  지방산류(fatty acids)

  지방족알데히드류(aliphatic aldehydes)

  지방족알코올류(aliphatic alcohols)

  지방족탄화수소류(aliphatic hydrocarbons)

  치오알코올류(thioalcohols)

  치오에테르류(thioethers)

  케톤류(ketones)

  테르펜계탄화수소류(terpene-series hydrocarbons)

  페놀류(phenols)

  페놀에테르류(phenol ethers)

  푸르푸랄 및 그 유도체(furfural and it's derivatives)

- **천연향료 지정품목**

  274개 품목

8) 발색제(Color fixatives)

발색제는 그 자체에 의하여 착색되는 것이 아니고, 식품 중에 존재하는 유색 물질과 결합하여 그 색을 안정화하거나 선명하게 또는 발색되게 하는 물질이다. 현재 허가되어 있는 발색제와 그 사용기준은 표 9-10과 같다.

표 9-10 허용 발색제 및 그 사용기준

발색제	사용식품	사용기준
아질산나트륨(sodium nitrite)	식육가공품(식육추출가공품 제외) 어육소시지 명란젓, 연어알젓	아질산이온으로서 0.07 g/kg 미만 0.05 g/kg 미만 0.005 g/kg 미만
질산나트륨(sodium nitrate)	식육가공품(식육추출가공품 제외) 치즈류	아질산이온으로서 0.07 g/kg 미만 0.05 g/kg 미만
질산칼륨(potassium nitrate)	식육가공품(식육추출가공품 제외) 치즈류 대구알염장품	아질산이온으로서 0.07 g/kg 미만 0.05 g/kg 미만 0.2 g/kg 미만

· 아질산나트륨(Sodium nitrite, $NaNO_2$)

이것은 육류 중의 myoglobin이나 hemoglobin과 결합하여 공기, 열, 세균 등에 대하여 비교적 안정한 nitrosomyoglobin이나 nitrosohemoglobin을 생성하여 붉은색을 유지케 한다.

$$NaNO_2 + RCOOH \rightleftharpoons HNO_2 + RCOONa$$

$$2HNO_2 \rightleftharpoons H_2O + NO_2 + NO$$

$$\text{Myoglobin(Mb)} + NO \longrightarrow \text{Mb} - \text{NO(Nitrosomyoglobin)}$$

$$\text{Hemoglobin(Hb)} + NO \longrightarrow \text{Hb} - \text{NO(Nitrosohemoglobin)}$$

Sodium nitrite는 백색~담황색의 광택이 있는 결정성 분말이거나 입상 또는 봉상의 덩어리로 물에 잘 녹는다. 비교적 독성이 강하므로 사용기준이 규정되어 있으며 WHO에서는 어린이용 식품에는 첨가를 삼가하도록 권고하고 있다. 발색의 유효량은 100 ppm이다.

Sodium nitrite는 급성독성으로 혈압의 강하, 갑상선 기능장해, 혈관확장, methemoglobin 혈증 등이다. 아급성독성으로는 운동성 저하, 심전도 이상, hematocrit치의 상승, 심장·비장의 무게증가 등이 보고되어 있으며 식품 중의 2급 amine과 반응하여 발암물질인 nitrosoamine을 생성하기도 한다. 그러나 식육제품 등에 첨가함으로써 Clostridium botulinum의 생육을 억제하여 식중독 예방에 도움을 주고 있다(perigo effect).

· 질산칼륨(Potassium nitrate, KNO_3) 및 질산나트륨(Sodium nitrate, $NaNO_3$)

모두 무색의 결정 또는 백색의 광택이 있는 결정성 분말로 냄새는 없으나 약간 짠맛이 있으며 잘 녹는다. 이들은 식품 중에서 세균에 의해 아질산염으로 환원된 다음 발색제로서 작용하며 발색의 유효량은 3,000 ppm이다.

9) 착색료(Coloring matters)

천연식품은 고유의 아름다운 색을 가지고 있는데 이 색이 제조·가공·조리하거나 혹은 보존하는 동안에 변색 또는 퇴색되는 수가 많으므로 인공적으로 착색을 시켜 천연색을 보완·미화하며, 식품의 매력을 높여서 소비자의 기호를 끌기 위하여 사용되는 물질을 착색료라고 한다.

옛날에는 식품의 착색에 천연색소가 사용되었으나 식품공업이 발전함에 따라 천연색소만으로는 수요를 충당할 수 없게 되자 지금은 주로 값이 싸고 구입하기 쉬운 합성착색료가 많이 사용되고 있다. 천연색소로서 caramel색소, 감색소, 금박, 베리류색소 등 40여 품목 이상에 대한 기준 및 규격이 마련되어 있고 현재 사용이 허가된 합성착색료로는 tar 색소, tar 색소의 알루미늄레이크(aluminium lake), 비 tar계 착색료 등이 있고 그 사용기준은 표 9-11과 같다.

표 9-11 허용 합성착색료 및 그 사용기준

착색료	사용식품	사용기준
식용색소 녹색 제3호(fast green FCF) 식용색소 녹색 제3호 알루미늄레이크		식용색소 녹색 제3호의 사용량은
	과자, 빵류, 떡류. 소시지류, 어육소시지, 향신료가공품[고추냉이(와사비)가공품 및 겨자가공품에 한함], 주류(탁주, 약주, 소주, 주정을 첨가하지 않은 청주 제외), 곡류가공품, 당류가공품, 기타 수산물가공품, 아이스크림류, 아이스크림믹스류	0.1 g/kg 이하
	캔디류, 기타잼	0.4 g/kg 이하
	초콜릿류	0.6 g/kg 이하
	과·채음료, 탄산음료, 기타음료	0.1 g,/kg 이하(다만, 희석 있어서는 희석한 것으로서)
	절임류(밀봉 및 가열살균 또는 멸균처리한 제품에 한함. 다만, 단무지는 제외)	0.3 g/kg 이하
	건강기능식품(정제의 제피 또는 캡슐에 한함), 캡슐류	0.6 g/kg 이하
식용색소 적색 제2호(amaranth) 식용색소 적색 제2호 알루미늄레이크		식용색소 적색 제2호의 사용량은
	과자(한과에 한함), 추잉껌, 떡류, 즉석섭취식품, 곡류가공품, 전분가공품, 당류가공품, 건강기능식품(정제의 제피 또는 캡슐에 한함), 캡슐류	0.3 g/kg 이하
	소시지류	0.05 g/kg 이하
	음료베이스	0.3 g/kg 이하(다만 희석하여 음용하는 제품에 있어서는 희석한 것으로서)
	향신료가공품[고추냉이(와사비)가공품 및 겨자가공품에 한함], 절임류(밀봉 및 가열살균 또는 멸균처리한 제품에 한함. 다만, 단무지는 제외), 식물성크림, 기타 수산물가공품, 기타가공품	0.5 g/kg 이하
	젓갈류(명란젓에 한함)	0.03 g/kg 이하
	주류(탁주, 약주, 소주, 주정을 첨가하지 않은 청주 제외)	0.1 g/kg 이하

표 9-11 계속

착색료	사용식품	사용기준
식용색소 적색 제3호(erythrosine)	과자, 캔디류, 빵류, 떡류, 만두, 기타 코코아가공품, 초콜릿류, 기타잼, 기타설탕, 기타엿, 어육소시지, 소스, 주류(탁주, 약주, 소주, 주정을 첨가하지 않은 청주 제외), 즉석섭취식품, 곡류가공품, 전분가공품, 건강기능식품(정제의 제피 또는 캡슐에 한함), 캡슐류, 아이스크림류, 아이스크림믹스류 추잉껌 빙과 소시지류 과·채음료, 탄산음료, 기타음료 향신료가공품[고추냉이(와사비)가공품 및 겨자가공품에 한함], 젓갈류(명란젓에 한함), 기타 식용유지가공품, 기타 수산물가공품, 기타가공품 절임류(밀봉 및 가열살균 또는 멸균처리한 제품에 한함. 다만, 단무지는 제외), 서류가공품 당류가공품	식용색소 적색 제3호의 사용량은 0.3 g/kg 이하 0.05 g/kg 이하 0.15 g/kg 이하 0.03 g/kg 이하 0.3g/kg 이하(다만, 희석하여 음용하는 제품에 있어서는 희석한 것으로서) 0.5 g/kg 이하 0.2 g/kg 이하 0.1 g/kg 이하
식용색소 적색 제40호(alura red) 식용색소 적색 제40호 알루미늄레이크	과자, 캔디류, 추잉껌, 빵류, 떡류, 기타 코코아가공품, 초콜릿류, 기타잼, 기타설탕, 기타엿, 당시럽류, 어육소시지, 향신료가공품[고추냉이(와사비)가공품 및 겨자가공품에 한함], 소스, 젓갈류(명란젓에 한함), 절임류(밀봉 및 가열살균 또는 멸균처리한 제품에 한함. 다만, 단무지는 제외), 주류(탁주, 약주, 소주, 주정을 첨가하지 않은 청주 제외), 식물성크림, 즉석섭취식품, 곡류가공품, 전분가공품, 당류가공품, 기타 수산물가공품, 기타가공품, 건강기능식품(정제의 제피 또는 캡슐에 한함), 캡슐류, 아이스크림류, 아이스크림믹스류 빙과 소시지류 과·채음료, 탄산음료류, 기타음료 두류가공품, 서류가공품	식용색소 황색 제5호의 사용량은 0.3 g/kg 이하 0.15 g/kg 이하 0.025 g/kg 이하 0.3 g/kg 이하(다만 희석하여 음용하는 제품에 있어서는 희석한 것으로서) 0.2 g/kg 이하

표 9-11 계속

착색료	사용식품	사용기준
식용색소 청색 제1호(brilliant blue FCF) 식용색소 청색 제1호 알루미늄레이크		식용색소 청색 제1호의 사용량은
	과자, 빵류, 주류(탁주, 약주, 소주, 주정을 첨가하지 않은 청주 제외), 두류가공품, 서류가공품	0.2 g/kg 이하
	캔디류, 추잉껌, 기타 설탕, 기타엿, 당시럽류, 곡류가공품, 건강기능식품(정제의 제피 또는 캡슐에 한함), 캡슐류	0.3 g/kg 이하
	빙과, 떡류, 전분가공품, 아이스크림류, 아이스크림믹스류	0.15 g/kg 이하
	만두, 기타 코코아가공품, 초콜릿류, 소시지류, 어육소시지, 향신료가공품[고추냉이(와사비)가공품 및 겨자가공품에 한함], 소스, 식물성크림	0.1 g/kg 이하
	기타잼	0.25 g/kg 이하
	과·채음료, 탄산음료류, 기타음료	0.1 g/kg 이하(다만 희석하여 음용하는 제품에 있어서는 희석한 것으로서)
	절임류(밀봉 및 가열살균 또는 멸균처리한 제품에 한함. 다만, 단무지는 제외), 기타 식용유지가공품, 당류가공품, 기타 수산물가공품, 기타가공품	0.5 g/kg 이하
	즉석섭취식품	0.05 g/kg 이하
식용색소 청색 제2호(indigo carmine) 식용색소 청색 제2호 알루미늄레이크		식용색소 청색 제2호의 사용량은
	과자, 빵류, 곡류가공품	0.2 g/kg 이하
	캔디류, 추잉껌, 기타잼, 기타설탕, 어육소시지, 향신료가공품[고추냉이(와사비)가공품 및 겨자가공품에 한함], 절임류(밀봉 및 가열살균 또는 멸균처리한 제품에 한함. 다만, 단무지는 제외), 주류(탁주, 약주, 소주, 주정을 첨가하지 않은 청주 제외), 당류가공품, 건강기능식품(정제의 제피 또는 캡슐에 한함), 캡슐류	0.3 g/kg 이하
	빙과, 떡류, 아이스크림류, 아이스크림믹스류	0.15 g/kg 이하
	기타 코코아가공품, 초콜릿류, 기타가공품	0.45 g/kg 이하
	소시지류	0.1 g/kg 이하
	과·채음료, 기타음료	0.1 g/kg 이하(다만 희석하여 음용하는 제품에 있어서는 희석한 것으로서)

표 9-11 계속

착색료	사용식품	사용기준
식용색소 황색 제4호(tartrazine) 식용색소 황색 제4호 알루미늄레이크		식용색소 황색 제4호의 사용량은
	과자, 빵류, 기타잼, 주류(탁주, 약주, 소주, 주정을 첨가하지 않은 청주 제외)	0.2 g/kg 이하
	캔디류, 추잉껌, 소시지류, 기타 식용유지가공품, 건강기능식품(정제의 제피 또는 캡슐에 한함), 캡슐류	0.3 g/kg 이하
	빙과, 떡류, 아이스크림류, 아이스크림믹스류	0.15 g/kg 이하
	만두, 기타설탕, 기타엿, 당시럽류, 어육소시지, 향신료가공품[고추냉이(와사비)가공품 및 겨자가공품에 한함], 소스, 젓갈류(명란젓에 한함), 절임류(밀봉 및 가열살균 또는 멸균처리한 제품에 한함. 다만, 단무지는 제외), 식물성크림, 전분가공품, 곡류가공품, 당류가공품, 기타 수산물가공품, 기타가공품	0.5 g/kg 이하
	기타 코코아가공품, 초콜릿류	0.4 g/kg 이하
	과·채음료, 탄산음료, 기타음료	0.1 g/kg 이하(다만 희석하여 음용하는 제품에 있어서는 희석한 것으로서)
	즉석섭취식품	0.05 g/kg 이하
	두류가공품, 서류가공품	0.1 g/kg 이하
식용색소 황색 제5호 (sunset yellow FCF) 식용색소 황색 제5호 알루미늄레이크		식용색소 황색 제5호의 사용량은
	과자, 주류(탁주, 약주, 소주, 주정을 첨가하지 않은 청주 제외), 기타 수산물가공품	0.2 g/kg 이하
	캔디류, 추잉껌, 기타잼, 소시지류, 어육소시지, 향신료가공품[고추냉이(와사비)가공품 및 겨자가공품에 한함], 소스, 젓갈류(명란젓에 한함), 절임류(밀봉 및 가열살균 또는 멸균처리한 제품에 한함. 다만, 단무지는 제외), 즉석섭취식품, 곡류가공품, 기타 식용유지가공품, 당류가공품, 건강기능식품(정제의 제피 또는 캡슐에 한함), 캡슐류, 아이스크림류, 아이스크림믹스류	0.3 g/kg 이하
	빙과, 빵류, 떡류, 서류가공품	0.05 g/kg 이하
	만두, 기타 코코아가공품, 초콜릿류, 기타설탕, 기타엿, 당시럽류, 전분가공품, 식물성크림, 기타가공품	0.4 g/kg 이하
	과·채음료, 탄산음료, 기타음료	0.1 g/kg 이하(다만 희석하여 음용하는 제품에 있어서는 희석한 것으로서)

표 9-11 계속

착 색 료	사용식품 및 사용기준
삼이산화철(iron sesquioxide)	바나나(꼭지의 절단면), 곤약에만 사용 가능
수용성 안나토(annotto water soluble) 카민(carmine)	천연식품[식육류, 어패류, 과일류, 채소류, 해조류, 콩류 등 및 그 단순가공품(탈피, 절단 등)], 다류, 커피, 고춧가루, 실고추, 김치류, 고추장, 조미고추장, 식초, 향신료가공품(고추 또는 고춧가루 함유제품에 한함)에 사용금지
철클로로필린나트륨(sodium iron chlorophylline) 카로틴(carotene) β-카로틴(β-carotene)	천연식품[식육류, 어패류, 과일류, 채소류, 해조류, 콩류 등 및 그 단순가공품(탈피, 절단 등)], 다류, 커피, 고춧가루, 실고추, 김치류, 고추장, 조미고추장, 식초에 사용금지
동클로로필(copper chlorophyll) 동클로로필린나트륨(sodium copper chlorophylline) 동클로로필린칼륨(potassium copper chlorophylline)	동으로서 1. 다시마 : 무수물 1kg에 대하여 0.15 g 이하 2. 과일류 저장품, 채소류 저장품 : 0.1 g/kg 이하 3. 추잉껌, 캔디류 : 0.05 g/kg 이하 4. 완두콩통조림 중의 한천 : 0.0004 g/kg 이하
이산화티타늄(titanium dioxide)	천연식품[식육류, 어패류, 채소류, 과일류, 해조류, 콩류 등 및 그 단순가공품(탈피, 절단 등)], 식빵, 카스텔라, 코코아매스, 코코아버터, 코코아분말, 잼류, 유가공품(아이스크림류, 아이스크림믹스류 제외), 식육가공품(소시지류, 식육추출가공품 제외), 알가공품, 어육가공품(어육소시지 제외), 두부류, 묵류, 식용유지류(모조치즈, 식물성크림, 기타 식용유지가공품 제외), 면류, 다류, 커피, 과일·채소류음료(과·채음료 제외), 두유류, 발효음료류, 인삼·홍삼음료, 장류, 식초, 토마토케첩, 카레, 고춧가루, 실고추, 천연향신료, 복합조미식품, 마요네즈, 김치류, 젓갈류, 절임류(밀봉 및 가열살균 또는 멸균처리한 절임은 제외), 단무지, 조림류, 땅콩 또는 견과류가공품류, 조미김, 벌꿀류, 즉석조리식품, 레토르트식품, 특수용도식품, 건강기능식품(정제의 제피 또는 캡슐은 제외)에 사용금지

· 식용 tar 색소

Tar 색소란 명칭은 석탄의 coal tar에서 만들어지는 benzene, xylene, toluene, naphthalene 등을 원료로 하기 때문인데 허가되어 있는 tar 색소는 모두 수용성의 산성색소이다. 식용 tar 색소를 화학구조별로 분류하면 azo계 색소(적색 2호, 적색 40호, 황색 4호, 황색 5호), triphenylmethane계 색소(청색 1호, 녹색 3호), xanthene계 색소(적색 3호), indigoid계

색소(청색 2호)로 나눌 수 있다.

식용 tar 색소는 모두 수용성이므로 물에 용해시켜 착색하며, 식용착색료 중에서 가장 이용률이 높다. 식용 tar 색소 중에는 식품에 사용할 경우 일광, 열, 산, 알칼리, 산화, 환원, 금속 등의 영향을 받아서 변색하거나 퇴색하는 등 견뢰성(堅牢性)이 좋지 못한 것이 있다. 따라서 이러한 색소의 성질을 잘 이해하여 효과적으로 사용할 필요가 있다. 또 식용 tar 색소는 표 9-12와 같이 두 종류 이상을 혼합하여 천연색에 가까운 색조를 내게 한 혼합색소와 사용하기 편리하게 황산나트륨이나 포도당 등으로 희석한 희석색소가 사용되기도 한다.

식용 tar 색소의 성질은 표 9-13과 같다.

표 9-12 제제색소의 혼합비율 예(%)

식용색소 \ 색조	초콜릿색	초콜릿색	커피색	커피색	포도주색	포도주색	달걀색	녹색	토마토색	자색	딸기색	흑색	등색	멜론색
적색 2호	(A)	(B)	(A)	(B)	(A)	(B)								
황색 4호	48	48	64	64	20	24	90	72					29	86
황색 5호									7		27	43	57	
청색 1호		6	5	4	5	8		28						14
청색 2호	16									49		57		
적색 40호				32		29	10		93					

표 9-13 식용 tar 색소의 성질

색소명	원래의 색조	0.1% 용액의 색조	내열성	내광성	내산성	내알칼리성	내환원성	염착력
녹색 3호	녹색	청록색	3	2	2	4	-	-
적색 2호	자적색	대자적색	2	2	2	2	4	4
적색 3호	적색	앵실색	1	4	4	2	1	1
청색 1호	청색	청색	1	1	1	2	1	4
청색 2호	청색	감색	2	3	3	4	4	2
황색 4호	금황색	금황색	1	1	1	1	3	4
황색 5호	등색	등황색	1	1	1	2	4	3
적색 40호	자적색	적색	1	1	1	-	4	-

1: 매우 강함 2: 강함 3: 약함 4: 매우 약함

- **식용 tar 색소 알루미늄레이크**

식용 tar 색소와 염기성 알루미늄염을 작용시켜서 얻은 복잡한 화합물을 알루미늄레이크라고 하며 색소 함량이 10~30% 정도이다. 난용~불용성이므로 식품에 사용할 때에는 미세한 색소 입자를 분산시켜 착색하는데, lake 분말의 색조가 그대로 식품의 색으로 된다. 착색된 식품은 색이 빠지는 일이 없고, 또 수성식품이나 유성식품에 관계없이 착색할 수 있는 이점이 있으므로 수용성 tar 색소로는 염착에 시간이 오래 걸리고 균일하게 착색하기 어려운 분말식품, 유지식품, 당의식품, 과자, 알사탕, 껌 등에 사용되어 착색효과를 나타낸다.

식용 tar 색소 알루미늄레이크도 식용 tar 색소와 마찬가지로 단독으로 사용하기도 하고, 다른 식용 tar 색소 알루미늄레이크와 배합하여 사용하기도 하며, 그 사용량은 일반적으로 0.005~0.5% 정도이다(표 9-14 참조).

표 9-14 배합색소의 예

색조	식용색소 적색 제2호 알루미늄레이크	식용색소 황색 제4호 알루미늄레이크	식용색소 적색 제1호 알루미늄레이크
초콜릿색	45	47	8
멜론색		75	25

- **β-카로틴(β-Carotene)**

원래 자연계에 널리 존재하는 색소이지만, 합성에 의해서도 얻으므로 그 합성품을 지정한 것이다. 적자색~암적색의 결정성인 분말로서 약간의 특유한 냄새와 맛이 있다. 지용성 색소이므로 유지성 식품에 적합하여 치즈, 버터, 마가린 등에 많이 사용되지만, 수용화시킨 것도 있어서 수성식품에도 사용할 수 있다. 그러나 산이나 광선 등에 의하여 분해되기 쉽고, 산화되기 쉬운 결점이 있다.

식품에 첨가할 경우 부드러운 느낌이 나는 황색~등색으로 착색되는데, 많이 사용하면 붉은 기를 띤 황색이 되고, 적게 사용하면 옅은 황색이 된다. 이것은 인체 내에서 분해되어 비타민 A로 작용하므로 provitamin A라고도 하며 그 1 mg은 비타민 A 1.666IU(국제단위)에 상당한다.

· β-아포-8′-카로티날(β-Apo-8′-carotenal)

β-Carotene의 산화생성물로 자연계에 널리 분포하고 있는 천연색소지만 화학적으로 합성하여 얻을 수도 있다.

· 삼이산화철(Iron sesquioxide: Fe_2O_3)

일명 '벤가라'라고 불리는 적색~적갈색의 분말인데, 착색력이 강하고 광선, 열, 산화에 대하여 안정하며, 독성이 거의 없어서 오히려 철제로서 영양 강화에 사용할 수도 있으나, 그러한 목적에는 거의 사용되지 않고 과자와 같은 일부 식품에 때때로 사용할 뿐이다.

· 수용성 안나토(Annato, water soluble)

이것은 Bixa orellana L.(Bixaceae)이라는 나무의 종자로 색소 성분인 bixin을 가수분해하여 얻은 norbixin의 칼륨 또는 나트륨염의 액체, 덩어리, 분말, paste상 등 여러 가지 형태의 제품이 있지만 대부분은 액상제품으로서 물에는 잘 녹으나 알코올에는 잘 녹지 않는다.

예로부터 서양에서 치즈 칼라로서 치즈, 버터, 아이스크림 등 각종 식품의 착색에 사용되어 왔으며 특히 소시지의 착색에 많이 사용된다.

· 철클로로필린나트륨(Sodium iron chlorophylline)

암록색의 결정성 분말로서 냄새가 없거나 약간의 amine취가 있고 물에는 잘 녹는다. 사용제한이 없어서 식품 전반에 사용할 수 있으나 보통 캬라멜, 양갱 등에 이용된다. 산성식품이나 칼슘을 함유하는 식품에 사용하면 침전이 생기고, 경수에 의해서도 수용성염이 석출된다. 이것은 착색료로서 뿐만 아니라 철제로서 영양 강화의 효과도 기대할 수 있다.

· 동클로로필린나트륨(Sodium copper chlorophylline)

암청색의 금속성 광택을 갖는 분말이며, amine취가 있다. 물에 잘 녹으며, 그 수용액은 녹색~녹청색이다. Chlorophyll분자 중의 마그네슘을 구리로 바꿔서 안정화시킨 것이기는 하지만,

광선, 열, 수분에 의하여 변성되기 쉽다. 그리고 사용기준이 있어서 그 사용량은 구리의 양으로서 규제하고 있는데, 실제로는 껌의 착색 이외에는 거의 사용되지 않는다.

· 동클로로필린칼륨(Potassium copper chlorophyllin)

동클로로필을 수산화칼륨으로 가수분해하여 얻은 수용성 녹색색소이다.

· 동클로로필(Copper chlorophyll)

엽록소 분자내의 마그네슘이 구리로 치환된 것으로 채소류, 과일류의 저장품, 다시마, 츄잉껌, 캔디류 및 완두콩 통조림 중의 한천에 한하여 사용할 수 있다.

· 이산화티타늄(Titanium dioxide: TiO_2)

냄새도 맛도 없는 백색의 분말이며 화학적으로 대단히 안정하고 독성도 매우 낮다. 분말청량음료에 다른 색소 등과 혼합해서 사용하면 부드러운 자연색을 나타내고 당의(糖衣) 또는 초콜릿 당의의 subcoating에 이용하면 제품색깔이 보다 선명하고 아름답게 나타난다. 또 청량음료의 현탁도를 높여주는 clouding agent로도 이용된다.

· 카민(Carmine)

적색~암적색의 조각, 분말 또는 페이스트상 물질이고 물에는 녹지 않으며 특이한 냄새가 있다. 육가공품, 잼, 젤리, 젤라틴 디저트 등에 사용된다.

10) 조미료(Seasonings)

조미료는 식품 본래의 맛을 한층 돋우거나 기호에 맞게 조절하여 미각을 좋게 하는 식품첨가물인데, 맛의 종류에 따라서 감미료, 산미료, 염미료, 신미료 등으로 분류할 수 있다. 그러나 식품첨가물의 분류상 조미료는 감미료, 산미료 등 다른 것과 구분하여 음식물의 감칠맛을 증진시키려는 목적으로 첨가하는 물질, 즉 정미료를 가리키는 협의의 뜻으로 사용되는 것이 보통이다.

현재 허용되어 있는 것은 표 9-15와 같다.

이들은 화학적으로 핵산계, 아미노산계 및 유기산계로 분류할 수 있는데, 모두 사용기준이 규정되어 있지 않아서 대상 식품이나 사용량의 제한은 받지 않는다. 그러나 현재 sodium glutamate를 과다 사용할 때 인체 유해여부에 대한 논란이 심하게 일고 있으므로 필요 최소량을 사용하는 것이 바람직할 것이다.

표 9-15 허용 조미료 및 그 특성

분류	조미료	구조	성상	비고
핵산계	5'-이노신산 나트륨	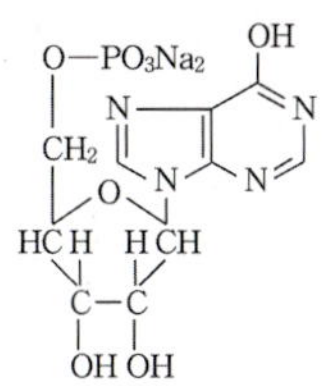	무색~백색의 결정 또는 백색의 결정성 분말	가쓰오부시의 정미성분, 직접 발효법으로 생산함, 쇠고기의 맛을 나타낸다.
	5'-구아닐산 나트륨	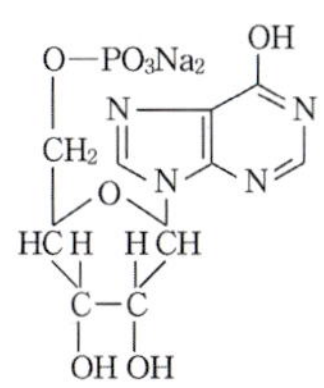	무색~백색의 결정 또는 백색의 결정성 분말	표고버섯의 정미성분, 직접 발효법으로 제조한다.
핵산계	5'-리보누크레오타이 드나트륨 및 칼슘	상기 화합물 등 4종의 혼합물의 나트륨 또는 칼슘염의 혼합물	백~유백색의 결정 또는 분말	효모의 핵산을 효소분해하여 얻거나 직접발효법으로 생산, 5'- IMP, 5'-GMP 혼합물의 이나트륨 또는 칼슘염이다.
아미노산제	L-글루타민산 나트륨	COOH | $CHCH_2CH_2COONa \cdot H_2O$ | HN_2	무색~백색의 결정 또는 백색의 결정성 분말	다시마의 정미성분, 탈지대두 · 소맥분의 분해, 당질의 발효 등에 의하거나 화학적으로 합성하여 얻는다.
	DL-알라딘	$CH_3CHCOON$ | NH_2	무색~백색의 결정성 분말	감미가 있고, 합성청주에 사용한다.
	글리신	NH_2CH_2COOH	백색의 결정 또는 결정성 분말	감미가 있고, 합성청주, 식초, 간장, 과자 등에 사용한다.

표 9-15 계속

분류	조미료	구조	성상	비고
유기산제	D-주석산나트륨 DL-주석산나트륨	HO—CHCOONa, HO—CHCOONa $\cdot 2H_2O$	무색의 결정 또는 백색의 결정성 분말	염미가 있고, 청량음료, 합성청주 등에 사용한다.
	구연산나트륨	CH_2—COONa, HO—C—COONa, CH_2—COONa $\cdot 2H_2O$	무색의 결정 또는 백색의 결정성 분말	청량한 염미가 있다.
	DL-사과산 나트륨	HO—CH—COONa, CH_2—COONa $\cdot \frac{1}{2} H_2O$	백색의 결정성 분말 또는 덩어리	식염과 같은 염미가 있다. 식염의 대용으로 사용한다.
	호박산 이나트륨	CH_2—COONa $\cdot 6H_2O$, CH_2—COONa	무색~백색의 결정 또는 백색의 결정성 분말	물에 가용이므로 보통 식품에도 좋다. 산미가 호박산보다 약하다. 산성식품에도 효과가 강하다.
	호박산	CH_2—COOH, CH_2—COOH	무색~백색의 결정 또는 백색의 결정성 분말	패류의 정미성분, 물에 난용, 특이한 강산미가 있다. 특히 합성 청주에 적합하다.

핵산계 조미료는 단독으로 사용하는 것보다 sodium glutamate와 병용하면 상승효과가 있다. 그러나 sodium 5'-ribonucleotide 등은 된장이나 절임식품 등에 사용하면 효소에 의해서 분해되어 효력이 떨어진다. Calcium 5'-ribonucleotide은 수용성이 적으므로 어육연제품의 제조과정에 넣어도 분해하지 않으며, 가열하면 효소가 불활성화되는 동시에 calcium 5'-ribonucleotide이 녹으므로 어육연제품과 같이 효소를 함유하는 식품의 조미료로서 적합하다.

아미노산인 DL-alanine과 glycine, 유기산제인 D-sodium tartarate, DL-sodium tartarate, succinic acid 등은 합성 청주의 조미료로 사용되고, sodium citrate와 DL-sodium malate는 짠맛이 있으므로 소금의 대용품으로 사용된다.

11) 산미료(Acidulants)

산미료는 식품을 제조·가공, 조리할 때 식품에 적합한 산미를 붙이고, 미각에 청량감과 상쾌한 자극을 주기 위하여 사용되는 첨가물이며 그 중 대표적인 예는 술 등을 발효시켜서 얻는 식초이다.

현재 허용되고 있는 산미료는 표 9-16과 같다.

표 9-16 허용 산미료 및 그 특성

산미료	구조	특성
초산 빙초산	CH_3COOH	
구연산(무수)	$CH_2—COOH$ HO—C—COOH $CH_2—COOH$	
구연산(결정)	$CH_2—COOH$ HO—C—COOH · H_2O $CH_2—COOH$	부드럽고 상쾌한 산미가 있으므로 산미료로 널리 사용된다.
D-주석산 DL-주석산	HO—CH—COOH HO—CH—COOH	포도에 많이 함유되어 있다. 구연산보다 흡습성이 적고 산미는 강하다. 다른 산미료와 병용이 좋다.
글루코노델타락톤	O=C H—C—OH HO—C—H O H—C—OH H—C CH_2OH	글루콘산의 분자 내 에스테르이며 냉수 중에서 서서히 분해하여 글루콘산이 된다. 온도가 상승하면 가수분해가 급속하게 진행되어 글루콘산이 되므로 팽창제의 산미성분으로 좋다. 두부 응고제로도 쓰며, 온화한 산미를 나타낸다.
젖산	$CH_3—CH—COOH$ OH	방부작용이 있는 산미료, 양조용, 청량음료, 과자 등에 사용된다.
푸말산	CH—COOH HOOC—CH	여러가지 식물 중에 함유되어 있다. 독특한 상쾌한 산미를 가지며 분말 발포 주스의 산제로 사용되며, 다른 유기산과 병용한다.
푸발산 1나트륨	CH—COONa HOOC—CH	푸말산은 물에 잘 녹지 않으나 이것은 잘 녹는다. 청량감있는 산미가 있고 조해성이 없으며, 안정하므로 분말 청량음료에 사용한다.
DL-사과산	HO—CH—COOH $CH_2—COOH$	사과 등에 함유되어 있다. 청량음료, 과자, 마가린, 마요네즈 등에 산미·유화안정제로 사용한다.
이산화탄소(탄산가스)	CO_2	청량음료의 청량미료로 사용한다.
아디핀산	$HOOC(CH_2)_4COOH$	캔디, 젤리, 치즈 등의 산미, pH 조정제, 주정음료에 쓰인다. 물에 안녹고 알코올에 잘 녹는다.
인산	H_3PO_4	콜라음료의 산미료로 사용한다.

12) 감미료(Non-nutritive sweetners)

천연감미료의 대종을 이루는 설탕의 과잉섭취는 당뇨병, 심장장해, 비만, 충치 등을 유발하고 식품에서는 발효, 갈변현상 등을 일으켜 그 품질을 떨어뜨리는 등 문제가 많으므로 인공감료ㄱ의 사용이 차츰 증가추세에 있다.

설탕을 100로 했을 때 감미도는 사카린나트륨 50,000, 글리실리진산 이나트륨과 글리실리진산 3나트륨 20,000, D-소비톨 48, 아스파탐 18,000~22,000인데 용해성은 아스파탐을 제외하고 모두 물에 잘 녹는다.

현재 인공감미료로서 허용되고 있는 것은 표 9-17과 같다.

· 사카린나트륨(Sodium saccharin)

화학적으로는 2분자의 결정수를 함유하는 o-sulfobenzimide의 Na염으로 1879년 독일에서 우연히 발견되어 현재 인공감미료로서 가장 널리 이용되고 있다.

무색~백색의 결정 또는 백색의 결정성 분말로서 물에 대단히 잘 녹는다. 공기 중에서 서서히 풍화하여 결정수를 잃는다. 농도에 따라 감미의 강도가 달라서 0.05%이상에서는 고미를 수반하므로 대개 0.01~0.05% 농도로 사용한다.

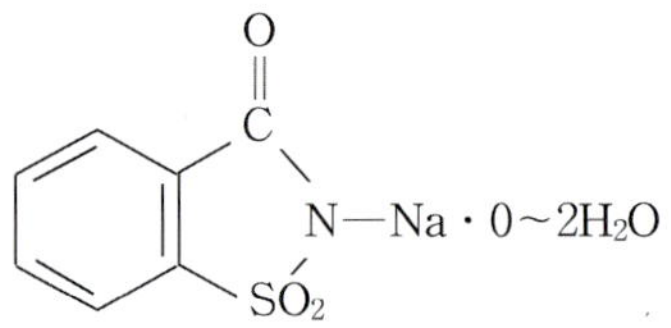

Sodium saccharine

· 글리실리진산이나트륨(Disodium glycyrrhizinate)

감초(Glycyrrhiza glabra var. glandalifera)의 근경에서 추출한 감미성분인 glycyrrhizinic acid(6~14% 함유)를 Na염으로 한 것이다. 백색~담황색의 분말로서 물, glycerine에 녹고 알코올, ether, 유지 등에는 녹지 않는다. 감미도는 설탕의 200배 정도이고 된장, 간장에만 사용이 허가되어 있으며 대개 0.008~0.01% 정도 첨가한다. 입에 조금 넣고 조금 있어야 감미가 느껴지는 것이 특징이다.

표 9-17 허용 감미료 및 그 특성

감미료	사용식품	사용기준
사카린나트륨(sodium saccharin)	젓갈류, 절임류, 조림류	1.0 g/kg 이하
	떡류, 김치류, 특수의료용도 등 식품, 잼류, 장류, 과·채가공품, 옥수수(삶거나 찐 것에 한함)	0.2 g/kg 이하
	음료류(발효음료류, 인삼 홍삼음료, 다류 제외)	0.2 g/kg 이하(다만, 5배 이상 희석하여 사용하는 것은 1.0 g/kg 이하)
	과자, 어육가공품, 시리얼류, 빙과, 아이스크림류, 조미건어포	0.1 g/kg 이하
	뻥튀기, 기타 코코아가공품, 초콜릿류, 캔디류	0.5 g/kg 이하
	당류가공품, 체중조절용조제식품	0.3 g/kg 이하
	건강기능식품, 추잉껌	1.2 g/kg 이하
	소스, 토마토케첩, 마요네즈	0.16 g/kg 이하
	탁주, 소주, 과실주	0.08 g/kg 이하
	빵류	0.17 g/kg 이하
	복합조미식품	1.5 g/kg 이하
글리실리진산이나트륨(disodium glycyrrhizinate)	한식된장, 된장, 한식간장, 양조간장, 산분해간장, 효소분해간장, 혼합간장에만 사용 가능	
D-자일로오스(D-xylose) D-소비톨(D-sorbitol) D-소비톨액(D-sorbitol solution) D-말티톨(D-maltitol) D-말티톨시럽(D-maltitol syrup) 자일리톨(xylitol) 락티톨(lactitol) 이소말트(isomalt) 만니톨(mannitol)		
아스파탐(aspartame)	빵류, 과자, 빵류 제조용 믹스, 과자 제조용 믹스	5.0g/kg 이하
	시리얼류, 특수의료용도 등 식품	1.0g/kg 이하
	체중조절용 조제식품	0.8g/kg 이하
	건강기능식품	5.5g/kg 이하
	기타식품	제한 없음
스테비올배당체(steviol glycoside)	설탕, 포도당, 물엿, 벌꿀류에는 사용금지	
감초추출물(licorice extract)		

· 아스파탐(Aspartame)

Aspartame은 1964년 미국에서 우연히 합성되었다. Aspartame은 L-aspartic acid와 L-phenylalanine으로부터 peptide결합으로 만들어진 아미노산류 감미료로서 화학적으로는 L-aspartyl-L-phenylalanine methylester이다.

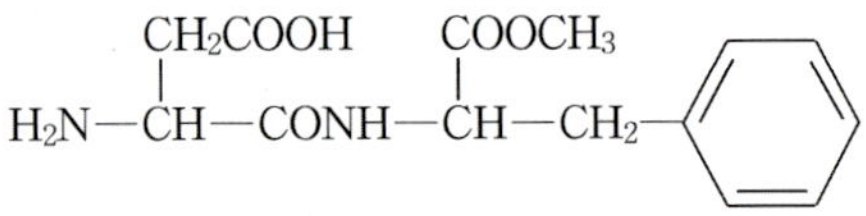

Aspartame

백색의 결정성 분말로서 상온에서 물에 1% 정도 녹고 알코올에도 조금밖에 녹지 않는다. Aspartame의 감미는 최고에 이를 때가지 시간이 설탕보다 더 걸리고 설탕의 맛과 차이를 구별하기가 매우 어렵다. 감미나 떫은 맛을 수반하지 않은 감미를 나타내며 감미도는 설탕의 180~220배이다.

수용액 중에서는 다소 분해가 일어나지만 건조상태에서는 안정하며, 설탕, 포도당, 과당, D-xylose, D-sorbitol, saccharin 등과 병용하면 상승효과를 나타낸다.

· D-자일로오스(D-Xylose)

식물 중에 많이 존재하는 xylan을 가수분해하여 얻는다. 식품에 첨가한 후 가열하여 알맞게 착색되게 하거나 구수한 냄새를 내게 하는데 이용되고 amine취를 제거하는 등 식품의 풍미(flavor) 개선에 이용된다.

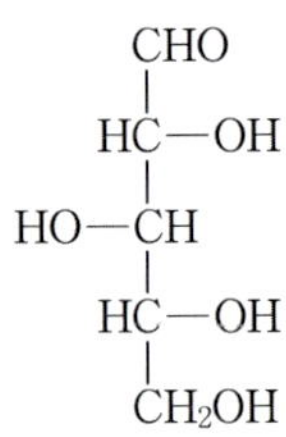

D-Xylose

· **D-소비톨(D-Sorbitol)**

포도당의 환원에 의해 만들어지는 백색의 분말상 결정 또는 분말로서 물에 잘 녹고 청량한 감미를 가진다. 흡습성이 강하고 보수성, 보향성이 우수하며 과자류의 습윤 조정제, 과일통조림의 비타민 C 산화방지제, 냉동품의 탄력과 선도 유지 등 용도가 대단히 넓다.

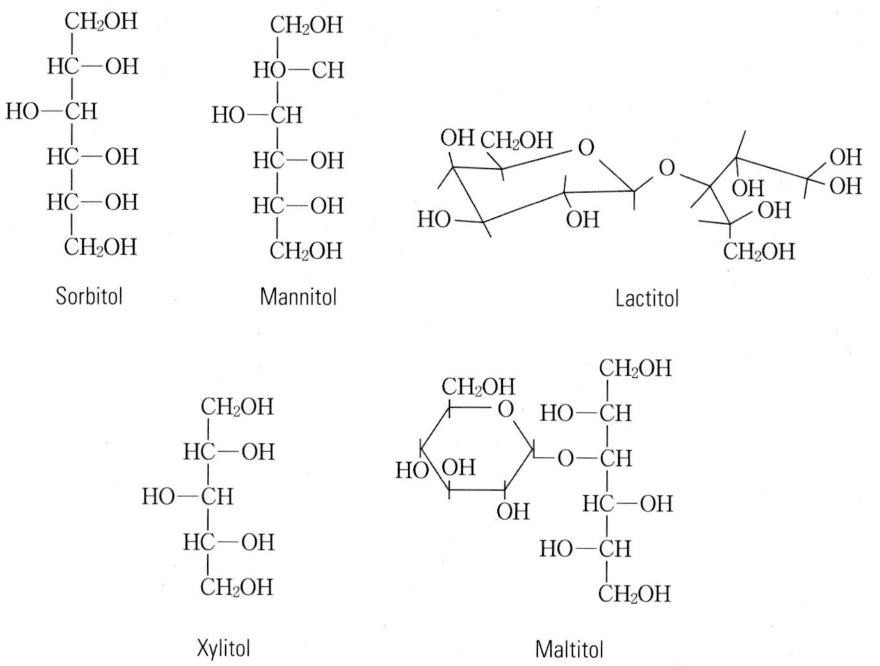

· **D-소비톨액(D-Sorbitol solution)**

D-소비톨의 제조공정 중 최종의 농축에서 70% 전후로 농축한 것으로 수산가공품, 과일통조림, 주류, 된장, 간장 등에 이용된다.

· **만니톨(Mannitol)**

Mannose의 수소 첨가로 얻은 당알코올이고 sorbitol의 이성체이다. 백색의 결정성 분말로 감미도는 설탕의 0.4~0.5 정도이다.

감미질이 상쾌하고 부드럽고 소비톨 같은 냉감이 혀에 느껴지지 않아 츄잉껌, 캔디, 건과류 등에 이용된다.

· 락티톨(Lactitol)

젖당을 수소첨가 하여 얻은 환원 젖당으로 감미도는 설탕의 30~40%로 낮으나 설탕과 아주 비슷한 감미질을 갖는다. 내열성, 내산성이 좋고, Maillard반응에 의한 갈변도 일으키지 않는다. 과자류, 냉과, 잼 등에 이용되며 탁상 감미료로도 이용된다.

· 자일리톨(Xylitol)

자일로오스를 환원하여 얻은 당알코올이다. 설탕과 비슷한 정도의 청량감 나는 단맛을 갖는다. 구강미생물에 의해 발효하지 않으므로 충치를 일으키지 않는다. 츄잉껌, 초콜릿, 잼, 젤리, 푸딩 등에 이용된다.

· 말티톨(Maltitol)

맥아당을 환원하여 얻은 당알코올로 설탕의 80~90%의 감미를 갖는다. 열량이 낮아 미용식, 당뇨병식, 건강식품 등에 사용되며 충치예방 효과가 있어 껌, 과자류, 아이스크림, 초콜릿 등에 사용된다. 탄산음료에 사용하면 뒷맛이 없고 산뜻하여 청량감을 한층 높일 수 있고 향료의 좋지 않은 맛을 없앨 수 있다.

· 말티톨 시럽(Maltitol syrup)

소비톨, 수소화 올리고당류, 다당류가 함유된 말티톨을 주성분으로 한 혼합물로서 말티톨과 비슷하게 사용된다.

· 이소말트(Isomalt)

약간의 흡습성이 있는 백색의 결정으로 감미도는 설탕의 0.45배이다. 당알코올의 성질인 내열성, 내산성, 내알칼리성, 난발효성을 갖고 있으며 비부식성에 의한 충치 예방 효과가 있다.

13) 팽창제(Leavening agents, blowing agents, baking powders)

팽창제는 빵이나 과자 등을 제조할 때 제품을 부풀게 하여 연하고 맛이 좋고 소화가 잘되도록 하기 위해 첨가되는 물질을 말하는데 가열 가공 시 사용하면 열에 의해 분해되어 탄산가스나 암모니아가스가 발생되어 밀가루 반죽이 팽창된다. 팽창제에는 효모와 같은 천연품과 탄산염, 암모늄염 등과 같은 합성팽창제가 있다.

효모에 비하여 합성팽창제는 팽창력이 약하지만, 발효시간이 단축되기 때문에 널리 쓰인다. 합성팽창제는 표 9-18과 같이 탄산수소나트륨을 비롯한 10여종이 단용 또는 혼용되고 있다.

단용되는 것으로는 탄산수소나트륨, 탄산수소암모늄, 탄산암모늄 등이 있는데, 이들은 가열에 의해서 분해되어 탄산가스나 암모니아 가스를 발생함으로써 팽창작용을 하는 것이다. 그러나 탄산수소나트륨은 탄산가스가 발생한 다음에 알칼리성이 강한 탄산나트륨이 잔류하여 빵을 누렇게 하거나 맛을 나쁘게 하는 결점이 있다. 그러므로 산성물질 등을 병용하여 그 결점을 개선한 이른 바 합성팽창제가 사용되고 있다.

표 9-18 허용 합성팽창제

팽창제	대상식품	작용
황산알루미늄칼륨(aluminum potassium sulfate)	빵, 과자 등	산제
황산알루미늄암모늄(aluminum ammonium sulfate)	빵, 과자 등	산제, NH_3
염화암모늄(ammonium chloride)	비스킷, 전병 등	NH_3
D-주석산수소칼륨(potassium D-bitartrate)	빵, 과자 등	산제
DL-주석산수소칼륨(potassium DL-bitartrate)	빵, 과자 등	산제
탄산수소칼륨(potassium bicarbonate)	빵, 전병, 비스킷 등	CO_2
탄산수소나트륨(sodium bicarbonate)	빵, 전병, 비스킷 등	CO_2
탄산수소암모늄(ammonium bicarbonate)	비스킷, 과자 등	CO_2, NH_3
탄산암모늄(ammonium carbonate)	비스킷, 과자 등	CO_2, NH_3
산성피로인산나트륨(disodium dihydrogen pyrophosphate)	빵, 과자 등	산제
제1인산칼슘(calcium phosphate monobasic)	빵, 과자, 비스킷 등	산제
글루코노-δ-락톤(glucono-δ-lactone)	케이크, 도넛, 비스킷, 식빵 등	산제
탄산마그네슘(magnesium carbonate)	빵, 과자 등	CO_2
염기성 알루미늄탄산나트륨(basic aluminum sodium carbonate)	빵, 과자 등	CO_2

이와 같은 합성팽창제는 원료 성분이나 형태에 따라서 암모니아계 합성팽창제, 1제식 합성팽창제와 2제식 합성팽창제의 세 종류로 분류된다.

• 암모니아계 합성팽창제

탄산암모늄, 탄산수소암모늄, 염화암모늄, 황산알루미늄암모늄 등의 암모니아염류를 주성분으로 하는 팽창제를 말한다.

열분해할 때에는 암모니아 가스를 발생하여 팽창작용을 나타내지만 후에 암모니아취가 잔류하여 불쾌감을 주므로 사용 후 수증기를 충분히 통하거나 열을 가하여 가스를 뽑아내야 하는 결점이 있고, 습기를 흡수하면 분해하므로 밀폐된 병이나 관에 보존 하여야 한다. 주로 중급 이하의 빵이나 과자류에 이용된다.

• 1제식 합성팽창제

알칼리성인 탄산염류 또는 중탄산염류를 함유한 팽창제로서 산성 성분을 혼합하여 제조한 것을 말한다. 다만, 암모니아계합성팽창제는 제외한다. 백색이나 회백색의 분말 또는 부서지기 쉬운 분말덩이며, 물에 녹이면 탄산가스가 활발하게 발생한다.

산성 물질로는 D- 및 DL-주석산수소칼륨, 제1인산칼슘, 산성피로인산나트륨, 황산알루미늄칼륨, glucono-δ-lactone 등이 사용된다.

• 2제식 합성팽창제

탄산염류 또는 중탄산염류를 함유한 팽창제로서 산성 성분을 별도로 포장하여 사용 직전에 혼합하여 사용하도록 제조한 것을 말한다. 보존 중에 반응을 일으키지 않아서 효력의 저하를 막을 수 있고 1제식 합성팽창제보다 오래 보존할 수 있는 것이 특징이지만 사용하는 데 불편하다(표 9-19).

표 9-19 2제식 합성팽창제의 배합예(%)

구분	원료	배합비
A제	탄산수소나트륨 전분	60 40
B제	제1인산칼슘 명반 전분	50 20 30

14) 강화제(Dietary supplements, nutrients)

식품에 영양소를 강화할 목적으로 사용되는 첨가물로서 비타민류, 필수아미노산을 위주로 한 아미노산류, 칼슘제, 철제 등의 무기염류가 강화제로서 사용된다.

이들은 보통 식품 중에 함유되어 있으나 제조·가공·조리 또는 보존 중에 파괴되기도 하고, 또 식품의 종류에 따라서는 함유되어 있지 않거나 부족한 것도 있으므로 이들 부족한 영양소나 원래 함유되어 있지 않은 영양소를 첨가하여 식품의 영양가를 높여 줄 필요가 있는 곳에 사용한다.

식품용으로 지정되어 있는 강화제는 다음과 같다.

- **비타민류**

분말 비타민 A(dry formed vitamin A)

유성 비타민 A 지방산 에스테르(vitamin A fatty acid ester in oil)

비타민 B_1 나프탈린-1,5-디설폰산염(thiamine naphthalene-1,5-disulfonate)

비타민 B_1 나프탈린-2,6-디설폰산염(thiamine naphthalene-2,6-disulfonate)

비타민 B_1 라우릴 황산염(thiamine dilaurylsulfate)

비타민 B_1 로단사염(thiamine thiocyanate)

비타민 B_1 염산염(thiamine hydrochloride)

비타민 B_1 질산염(thiamine mononitrate)

비타민 B_1 프탈린염(thiamine phthalinate)

디벤조일 치아민(dibenzoyl thiamine)

디벤조일 치아민 염산염(dibenzoyl thiamine hydrochloride)

비타민 B_2(riboflavine)

비타민 B_2 인산 에스테르 나트륨(riboflavine phosphate sodium)

비타민 B_6 염산염 (pyridoxine)

엽산(folic acid)

니코틴산(nicotinic acid) : 식육 및 선어패류(경육 포함)에는 사용금지

니코틴산 아미드(nicotinamide) : 식육 및 선어패류(경육 포함)에는 사용금지

이노시톨(inositol)

염화콜린(choline chloride)

주석산 수소콜린(choline bitartrate)

비타민 B_{12}(cyanocobalamine)

판토텐산 나트륨(sodium pantothenate)

비타민 C(L-ascorbic acid)

L-아스코브산 칼슘(calcium L-ascorbate)

L-아스코브산 나트륨(sodium L-ascorbate)

아스코빌 팔미테이트(ascorbyl palmitate)

아스코빌 스테아레이트(ascorbyl stearate)

비타민 D_2(calciferol)

비타민 D_3(cholecalciferol)

비타민 E(DL-α-tocopherol)

비타민 E 초산에스테르(vitamin E acetate ester)

용성 비타민 P(methyl hesperidin)

비오틴(biotin) : 영양의 목적외에는 사용금지

비타민 K_1(phylloquinone) : 이유식류 및 조제우유류 이외에는 사용금지

- **아미노산류**

L-라이신 염산염(L-lysine monohydrochloride)

L-바린(L-valine)

DL-메치오닌(DL-methionine)

L-메치오닌(L-methionine)

DL-트레오닌(DL-threonine)

L-트레오닌(L-threonine)

L-이소로이신(L-isoleucine)

DL-트립토판(DL-tryptophan)

L-트립토판(L-tryptophan)

L-페닐알라닌(L-phenylalanine)

L-히스티딘 염산염(L-histidine monohydrochloride)

L-시스테인 염산염(L-cysteine hydrochloride) : 빵과 천연과즙 이외에는 사용금지

L-시스틴(L-cystine)

L-아르기닌(L-arginine)

L-아스파라긴(L-asparagine)

L-아스파르트산(L-aspartic acid)

L-티로신(L-tyrosine)

DL-페닐알라닌(DL-phenylalanine)

L-세린(L-serine)

L-로이신(L-leucine)

L-알라닌(L-alanine)

L-프롤린(L-proline)

L-히스티딘(L-histidine)

· **철제**

구연산철(ferric citrate)

구연산철 암모늄(ferric ammonium citrate)

인산철(ferric phosphate)

환원철(reduced iron)

전해철(electrolysed iron)

젖산철(ferrous lactate)

황산제1철(ferrous sulfate)

푸마르산제1철(ferrous fumarate)

피로인산제2철(ferric pyrophosphate)

피로인산철 나트륨(sodium ferric pyrophosphate)

글루콘산철(ferrous gluconate) : 올리브, 모유 대체식품, 이유식류 및 임산 수유부용 분유 이외에는 사용금지, 올리브에는 철로서 0.15 g/kg 이하를 사용할 것

· **칼슘제**

식품의 제조, 가공상 필요불가결한 경우와 영양의 목적 외에는 사용금지

사용량은 식품의 1% 이하. 다만 껌에 탄산칼슘을 사용할 경우에는 2%까지 사용가능

또 특수영양식품과 건강보조식품에는 사용량에 제한이 없음

구연산칼슘(calcium citrate)

글루콘산칼슘(calcium gluconate)

수산화칼슘(calcium hydroxide)

염화칼슘(calcium chloride)

젖산칼슘(calcium lactate)

제1인산칼슘(calcium phosphate monobasic)

제2인산칼슘(calcium phosphate dibasic)

제3인산칼슘(calcium phosphate tribasic)

탄산칼슘(calcium carbonate)

판토텐산칼슘(calcium pantothenate) : 비타민이기도 함

황산칼슘(calcium sulfate)

글리세로인산칼슘(calcium glycerophosphate) : 식품의 제조·가공상 필요한 경우에만 칼슘으로서 1% 이하로 사용. 영양의 목적만으로 특수영양식품 및 건강기능식품에 사용량의 제한이 없이 사용

· 기타

산화아연(zine oxide) : 영양의 목적외에는 사용금지

황산아연(zinc sulfate) : 조제유류와 이유식에 한하여 그 표준 조유농도에 대하여 아연으로서 6 mg/L 이하

요오드칼륨(potassium iodide) : 영양의 목적외에는 사용금지

황산동(copper sulfate) : 조제유류와 이유식에 한하여 그 표준 조유농도에 대하여 동으로서 0.6 mg/L 이하

글리세로인산칼륨(potassium glycerophosphate)

황산망간(maganese sulfate)

제3인산마그네슘(magnesium phosphate, tribasic) : 영양 및 pH 조절용 이외에는 사용금지

제2인산마그네슘(magnesium phosphate, dibasic) : 영양 및 pH 조절용 이외에는 사용금지

글루콘산동(copper gluconate) : 조제유류에 영양목적에 한하여 사용할 것

글루콘산망간(manganese gluconate) : 조제유류, 빵류, 비알코올성음료, 어육제품, 식육제품, 유가공품 및 유사낙농품에 대하여 영양의 목적에 한하여 사용할 것

글루콘산나트륨(sodium gluconate)

글루콘산아연(zinc gluconate) : 조제유류에 한하여 아연으로서 6 mg/L 이하 사용할 것

이들 강화제 중에는 산화방지제(비타민 C, sodium L-ascorbate, 비타민 E), 두부응고제(황산칼슘, 염화칼슘) 등 다른 용도로 사용되는 것도 있다.

15) 유화제(Emulsifiers)

물과 기름같이 서로 잘 혼합되지 않는 두 종류의 액체를 혼합할 때 분리되지 않고 분산시키는 기능을 갖는 물질을 유화제 또는 계면활성제라고 한다.

유화제는 물과 기름의 경계면에 작용하고 있는 힘(표면장력)을 저하시켜서 물 중에 기름을 분산시키거나(수중유적형), 또는 기름 중에 물을 분산시키고(유중수적형), 또 분산된 입자가 다시 응집하지 않도록 안정화시키는 작용을 갖고 있다.

식품은 필요에 따라 제조·가공상 물과 기름을 유화시킬 때가 많으며, 식품산업상 유화제의 사용범위는 상당히 넓다. 그러나 어느 유화제를 사용하는 것이 가장 효과적인가는 식품의 종류에 따라 달라지므로 그 선택에는 중요한 검토가 필요하다. 유화제는 일반적으로 단용으로 사용하는 것보다 다른 것과 적절히 배합하여 친수성과 친유성을 알맞게 조정하면 상승효과를 얻는 경우가 많다.

유화제는 또 유화 이외에도 기포, 소포 등의 작용이 있어서 제조공정의 합리화를 꾀하며, 제품의 용적을 크게 하고, 조직을 개량하며 전분의 노화를 방지하기도 한다.

현재 식품에 사용할 수 있는 화학적 합성품은 다음과 같은 것이 있다.

· 글리세린지방산에스테르(Glycerine fatty acid ester)

Mono-, di-, tri-glyceride의 3종이 있으나 monoglyceride가 유화제로 사용된다. 구성된 지방산의 탄소수와 포화도에 따라 백색~담황색의 분말, 박편이거나 또는 반유동성~점조한 액체로서 유취가 강한 것도 있다.

비스킷, 캬라멜, 츄잉껌, 초콜릿, 마가린, 아이스크림 등의 유화목적에 사용되며 빵이나 케이

크의 노화방지에 효과가 있고, 간장, 유산균음료의 거품제거제로도 사용된다.

· 소르비탄지방산에스테르(Sorbitan fatty acid ester)

백색~황갈색의 액체 또는 왁스상의 물질로서 결합하는 지방산의 종류 및 수에 따라서 여러 종류가 있다(표 9-20).

츄잉껌에 5~10%, 버터크림이나 빵크림에 0.4~0.6%, 비스킷, 쿠키, 크래커에 4~7% 정도 사용하고 0.01~0.1% 농도에서 거품제거제로도 사용한다.

표 9-20 주요한 소르비탄지방산에스테르

종류	HLB	외관	용해성 및 유도
Sorbitan monolaurate	8.6	담갈색, 유상	물에 불용, 유화제
Sorbitan monopalmitate	6.7	담황갈색, 왁스상	식물유에 가용, 화장품, 살충제용, 유화제
Sorbitan monostearate	4.7	담황색, 왁스상	식물유에 가용, 식품, 화장품용 유화제
Sorbitan tristearate	2.1	담황색, 왁스상	알코올에 불용, 화장품용 유화제
Sorbitan monooleate	4.3	황갈색, 유상	식물유, 알코올에 가용 유화제
Sorbitan trioleate	1.8	황갈색, 유상	벤제, 식물유에 가용 유화제

*HLB : hydrophilic lipophilic balance(친수성과 친유성의 균형)

· 자당지방산에스테르(Sucrose fatty acid ester)

백색~담회색의 분말 또는 무색~미황색의 점조한 액체로서 냄새가 없거나 약간 특이한 냄새가 있다. 약간의 감미가 있으며 찬물에는 녹기 어려우나 온수에 잘 녹는다. 시판품은 monoester, diester 및 자당(설탕)의 혼합물로서 palmitate, stearate 및 그 혼합 ester가 주로 사용된다. 또한 식품유화제 중 가장 친수성이 크다.

주스, 분말주스에 정유의 1~10%, 초콜릿에 0.1%, 양갱에 0.1~0.15%, 카스테라에 0.1% 정도 첨가한다.

· 프로필렌글리콜지방산에스테르(Propylene glycol fatty acid ester)

백색~담황갈색의 왁스상 덩어리 또는 점조한 액체로서 온수에 용해되고 기름, 알코올에 녹는다. 시판품은 monoester 및 diester에 다른 propylene glycol이 섞여 있으며 친유성이 가장 큰 유화제이다.

케이크, 마가린, 아이스크림, 쇼트닝 등에 사용되는데 단용보다 다른 유화제와 혼용하면 효과가 더 커진다.

· 대두인지질(Soybean phospholipids)

천연물인 대두로부터 얻는 대표적인 유화제이며 주성분은 인지질(lecithin 약 24%, cephalin 약 25%, phosphoinositide 33%)이고 그밖에 유지(30~40%), 유리지방산, 탄수화물 등도 존재하며, 대두레시틴(soybean lecithin)이라고도 부른다.

담황색~갈색의 투명 또는 반투명의 점조한 물질로서 약간 특이한 취기와 맛을 가진다. ether, benzene, chloroform에 잘 녹고 알코올에는 약간 녹으며 acetone에 잘 녹지 않는다. 물에는 녹지 않으나 팽윤하여 콜로이드 용액으로 된다. 용도는 마가린, 빵, 아이스크림, 초콜릿, 캬라멜 등에 다른 유화제와 함께 사용된다.

· 폴리소르베이트 20(Polysorbate 20)

Sorbitan monolaurate ester과 sorbitol 또는 그의 1~2탈수물 각 1몰에 대하여 약 20몰의 ethylene oxide가 축합된 무수 sorbitol과의 혼합물로서 황색~적갈색의 액체이고 약간 특이한 냄새와 불쾌하고 약간 쓴맛이 있다.

수중유적형의 유화제로서 제과제빵, 아이스크림류, 초콜릿, 드레싱 등에 사용된다.

· 폴리소르베이트 60, 65, 80(Polysorbate 60, 65, 80)

Polysorbate 20과 성질이 비슷하며 독성이나 용도도 같다.

· **효소분해 레시틴(Enzymatic decomposed lecithin)**

Lecithin을 효소로 분해하여 얻은 것으로 주성분은 lysolecithin과 phosphatidic acid 등이다. 내열성, 내산성, 내염성이 뛰어나 마가린, 쇼트닝, 초콜릿, 수산연제품, 면류, 드레싱, 마요네즈 등에 사용한다.

16) 품질개량제(Texturizers, texture modifying agents)

식품 특히 햄, 소시지 등의 식육훈제품류에 사용하여 그 결착성을 높여서 씹을 때의 식감을 향상시키고 식품의 탄력성, 보수성 및 팽창성을 증대시켜서 조직을 개량함으로써 맛의 조화와 풍미의 향상을 가져오며 변질, 변색을 방지하게 하는 효과를 갖는 첨가물이 품질개량제이다. 일명 결착제라고도 하는데 이러한 목적에 사용되는 것은 다음과 같은 것이 있다.

· **인산염**

제1인산나트륨(sodium phosphate monobasic)
제2인산나트륨(sodium phosphate dibasic)
제3인산칼륨(potassium phosphate tribasic)

· **중합 인산염 또는 축합 인삼염**

피로인산염 : 피로인산나트륨(sodium pyrophosphate)
피로인산칼륨(potassium pyrophosphate)
폴리인산염 : 폴리인산나트륨(sodium polyphosphate)
폴리인산칼륨(potassium polyphosphate)
메타인산염 : 메타인산나트륨(sodium metaphosphate)
메타인산칼륨(potassium metaphosphate)

• **기타**

폴리덱스트로오스(polydextrose)

이들 인산염들은 단독으로 사용하는 것보다는 여러 종을 혼합하여 사용하는 것이 상승효과를 나타내서 좋은 결과를 얻을 수 있으므로, 식품에 따라 여러 가지 배합의 제제가 사용되고 있다. 이들은 사용기준이 없다.

17) 피막제(Glazing agents, coating agents, film formers, glazes)

과일이나 채소류를 수확한 후 그 선도를 장시간 유지시키기 위하여 표면에 피막을 만들어 호흡작용을 적당히 제한하고, 수분의 증발을 방지하는 목적으로 사용하는 것이 피막제이며 현재 허용되어 있는 것은 표 9-21과 같다.

표 9-21 허용 피막제와 그 사용기준

피막제	사용기준
몰포린 지방산염(morpholine fatty acid salt)	과일류 또는 채소류 표피에 피막제 목적에 한하여 사용하여야 한다.
초산비닐수지(polyvinyl acetate)	추잉껌 기초제 및 과일류 또는 채소류 표피의 피막제 목적에 한하여 사용하여야 한다.
유동파라핀(liquid paraffin)	과일류, 채소류 표피의 피막제로서 사용하여야 한다.

Morpholine fatty acid salt로는 왁스를 유화시켜 그 액을 사용하고, polyvinyl acetate 수지는 한천과 고무류와 물을 가하여 유제로 하고, 이 액에 과일이나 채소류를 침적하거나 도포하고 자연건조시킨다.

Morpholine fatty acid salt는 과일과 채소류 표피면의 피막제 이외의 용도에는 사용할 수 없게 규정되어 있고, vinyl acetate 수지는 껌기초제로도 사용할 수 있다.

Shellac은 초콜릿, 캔디, 카카오제품, 껌 등의 피복제로 사용된다.

18) 껌 기초제(chewing gum bases)

껌 기초제는 껌에 적당한 점성과 탄력성을 갖게 하여 그 풍미를 유지하는데 중요한 구실을 하는 것으로 원래는 천연수지인 치클이 사용되었으나 현재는 화학적 합성품인 합성수지가 많이 사용되고 있다. 식품위생법에서 지정하고 있는 것은 다음과 같다(표 9-22).

Polyvinyl acetate 수지는 과일, 채소류, 표피의 피막제로도 사용할 수 있다.

표 9-22 허용 껌 기초제 및 그 사용기준

껌 기초제	사용기준
에스테르검(ester gum)	추잉껌 기초제로서 사용하여야 한다. 탄산음료, 기타 음료에 0.10 g/kg 이하로 사용하여야 한다.
초산비닐수지(polyvinyl acetate)	추잉껌 기초제 및 과일류 또는 채소류 표피의 피막제 목적에 한하여 사용하여야 한다.
폴리부텐(polybutene) 폴리이소부틸렌(polyisobutylene)	추잉껌 기초제 목적에 한하여 사용하여야 한다.

19) 거품제거제(Defoaming agents)

식품제조·가공공정 중에서 많은 거품이 발생하여 지장을 주는 경우에 거품을 없애기 위하여 사용되는 첨가물이 거품제거제이며, 규소수지(silicone resin)만이 허용되고 있다.

규소수지는 회색색의 반투명한 점조성 액체로 거의 무취이며, 양조공정이나 과즙, 잼, 엿 등의 농축공정에 사용되며, 용기 내벽에 도포하거나 유화시켜 살포 또는 한 방울씩 떨어 뜨린다. 사용량의 최대한도는 0.05 g/kg으로 규정하고 있다.

표 9-23 거품제거제 및 그 사용기준

거품제거제	사용대상	사용량	사용제한
규소수지(silicone resin)	일반식품	0.05 g/kg 이하	거품을 없애는 목적에 한하여 사용하여야 한다.

20) 추출용제(Extracting solvents)

추출제는 일종의 용매로서 천연식물 등에서 그 유용한 성분 등을 추출하거나 용해시키기 위해서 사용되는 것이다.

현재 지정되어 있는 것은 메틸알코올(methyl alcohol), 부탄(butane), 아세톤(acetone), 이소프로필알코올(isopropyl alcohol), 초산에틸(ethyl acetate), 헥산(hexane) 등이다. 헥산은 식용유지를 제조할 때 유지를 추출하는데 사용되며, 그 이외의 목적에는 사용하여서는 안되고 또 최종제품의 완성 전에 제거하도록 규정되어 있다. 헥산은 수증기 증류에 의하여 제거할 수 있다.

21) 이형제(Release agents)

빵의 제조과정에서 빵 반죽을 분할기에서 분할할 때나 구울 때 달라붙지 않게 하고 모양을 그대로 유지하게 하기 위하여 사용되는 것으로 유동 파라핀만이 허용되어 있다.

유동파라핀은 석유에서 얻어진 탄화수소류의 혼합물로서 탄소수가 15~35 정도이고 고도로 정제된 제품이므로 보존 중에 산화를 일으키기 쉽다.

표 9-24 허용 이형제 및 그 사용기준

이형제	사용식품	사용기준
유동파라핀(liquid paraffin)	빵류	0.15% 이하
	캡슐류	0.6% 이하
	건조과일류, 건조채소류	0.02% 이하

22) 식품제조용제 및 기타(Miscellaneous)

앞에서 설명한 식품첨가물과 같이 어느 특정한 목적에 사용되는 것이 아니고 식품의 제조·가공공정이나 기타에서 널리 사용되는 것을 식품제조용제 및 기타로 일괄하였으며, 이들은 다음과 같은 것이 지정되어 있다.

- **사용기준이 없는 것**

염화마그네슘(magnesium chloride)

인산(phosphoric acid)

초산나트륨(sodium acetate)

탄산나트륨(sodium carbonate)

제1인산암모늄(ammonium phosphate monobasic)

제1인산칼륨(potassium phosphate monobasic)

제2인산암모늄(ammnium phosphate dibasic)

제2인산칼륨(potassium phosphate dibasic)

제3인산나트륨(sodium phosphate tribasic)

황산나트륨(sodium sulfate)

황산마그네슘(magnesium sulfate)

황산암모늄(ammonium sulfate)

탄산칼륨(potassium carbonate anhydrous)

활성탄(active carbon)

염화칼륨(potassium chloride)

구연산칼륨(potassium citrate)

- **사용기준이 있는 것**

물질	사용기준
이온교환수지(ion exhange resin)	최종식품의 완성 전에 제거하여야 한다.
수산(oxalic acid)	
수산화나트륨(sodium hydroxide)	
수산화칼륨(potassium hydroxide)	
염산(hydrochloric acid)	
황산(sulfuric acid)	

규조토(diatomaceous earth) (소성품, 용제소성품 포함) 백도토(kaolin) 벤토나이트(bentonite) 산성백토(acid earth) 탈크(talc) 염기성 알루미늄탄산나트륨 (basic sodium aluminum carbonate) 퍼라이트(perlite)	식품의 제조·가공상 필요불가결한 경우 이외에 식품에 사용하여서는 안되며, 식품 중의 잔존량은 0.5% 이하이어야 한다.(두 물질을 병용할 때에는 그 합계가 0.5% 이하이어야 한다. 다만 껌에 탈크만을 사용할 때는 5% 이하이어야 한다.)

피틴산(phytic acid) : 이유식 및 영양제에 사용금지

실리코알루민산나트륨(sodium aluminosilicate) : 식품에 2% 이상 사용금지

초산칼슘(calcium acetate) : 치즈에 0.02% 이하, 소스류와 당시럽류에는 0.15% 이하, 빵류, 젤라틴, 푸딩, 필링 등에는 0.2% 이하, 기타 식품에는 0.0001% 이하를 사용할 것

옥시스테아린(oxystearin) : 효모 제조 시 및 식용유지 이외에는 사용금지, 식용유지에는 0.125% 이하 사용할 것

메톡사이드나트륨(sodium methoxide) : 정제가공유지 이외의 식품에는 사용금지, 최종식품 완성전에 분해 제거하고 분해 생성물인 메틸알코올은 제거할 것

산화마그네슘(magnesium oxide) : 분말유크림(자동판매기용) 이외에는 사용금지, 사용기준은 1 g/kg

젖산나트륨(sodium lactate) : 이유식 및 조제유류에는 사용금지

아크릴아미드아크릴산수지(acrylamide acrylic acid resin) : 당의 정제에 한해서 당액 1 kg에 대하여 10 mg 이하 사용할 것

이산화규소(silicon dioxide) : 식품의 제조가공상 필요불가결한 경우 식품의 2% 이하를 사용하되 최종식품 완성 전에 제거할 것

스테아린산마그네슘(magnesium stearate) : 식품의 1% 이하

수산화마그네슘(magnesium hydroxide) : 영양 및 pH 조절의 목적에만 사용할 것, 완두콩 통조림에는 pH 8을 초과하지 않게 사용할 것

지베렐린산(gibberellic acid) : 발효주용 또는 증류주용 맥아제조 이외에 사용금지

이들 중에서 두부 응고제로서의 용도도 갖고 있는 염화마그네슘을 비롯하여 황산마그네슘(마그네슘원), 제1인산칼륨, 제2인산칼륨(인원), 황산암모늄(질소원), 제1인산암모늄, 제2인산암모늄(질소원, 인원) 등은 발효조성의 목적으로 사용되며 젖산, 인산 등은 pH 조절의 목적으로 사용되는 첨가물이다.

활성탄은 탈색, 탈취의 목적으로 양조 등의 식품산업에서 흡착제로 이용되며 규조토, 백도토, 벤토나이트, 산성백토, 탈크 등의 불용성 광물질이나 도소나이트로 알려져 있는 염기성 알루미늄탄산나트륨도 흡착제 또는 여과보조제로 사용된다. 이 중 탈크만은 껌의 씹는 맛을 개선하기 위하여도 사용된다.

중국면에 끈기를 주고, 쫄깃쫄깃한 맛이 나게 하기 위하여 사용되는 면류첨가 알칼리제로는 탄산칼륨, 탄산나트륨, 탄산수소나트륨, 제2인산칼륨, 제3인산나트륨 등과 결착제로도 사용되는 제2인산나트륨이나 제3인산칼륨 등의 혼합물이 사용된다. 초산나트륨은 완충제로서 초산과 병용하여 그 신맛을 부드럽게 하는데 사용되고, 초산나트륨은 분말 식초의 원료가 된다.

염산, 황산, 수산은 전분을 가수분해하여 포도당을 제조하거나, 단백질을 가수분해하여 아미노산 간장을 제조하는데 사용되며, 수산화나트륨은 식품의 제조과정에서 중화제로 이용된다. 또 황산과 수산화나트륨은 식용색소의 과산화벤조일의 희석제로 사용되고, 이온교환수지는 물의 연화에 사용된다.

Phytic acid는 식품의 변색과 변질 방지 및 해산물 통조림의 struvite의 방지 등 품질 개량의 목적으로 사용된다.

실리코알루민산나트륨(sodium silicoalluminate)은 인스턴트커피 제조과정에서 응고방지제로 이용되고 아크릴아미드아크릴산수지(acrylamide-acrylic acid resin)는 당의 정제에 사용하며 10 mg/kg 이하로 사용한다.

9.3. 천연첨가물

후추를 비롯한 각종 향신료와 홍화, 치자나무 등에서 추출한 염료 등 오래전부터 사용된 천연첨가물은 적지 않다. 그러나 요즈음 식품가공의 발전에 따라 이들 천연첨가물을 대신해서 화학적으로 합성된 식품첨가물을 많이 사용하게 되었다. 그 이유는 가공식품이 대량생산이기 때문에 공급이 충분하지 못하고 더욱이 일정한 품질이 유지되기 어려운 경우가 많고 특히 착색료는 색조의 안정성이 부족하는 등의 결점이 있음을 들 수 있다.

그러나 최근 화학적 합성품에 비판이 강해지면서 천연첨가물의 수요가 갑자기 증가하였다. 이것은 가공식품에 사용해도 식품위생법에서는 규제의 대상 밖이 되는 수가 많기 때문이다. 결국 이것을 사용해도 식품위생법에 의한 표시의무가 없다는 점, 일반적으로는 화학적 합성품보다 안전성이 높다고 생각하는 점이 사용을 늘리는 이유가 되고 있다. 그 중에도 vanila, pepermint 등의 향료, caramel, anato 등의 착색료, arabian gum, carageenan 등의 증점제는 여러 식품에 널리 이용되고 있으며 현재 우리나라에서 사용되고 있는 천연첨가물이다. 그러나 천연첨가물이라도 무조건 안전하다고 생각하면 아니 된다.

2018년 7월 현재 기준 및 규격이 공포된 식품첨가물 중 천연첨가물은 201품목이며 이것을 용도별로 구분하면 표 9-25와 같다.

표 9-25 기준 및 규격이 공포된 천연첨가물의 분류

용도(기능)	품목수	용도(기능)	품목수
감 미료	6	유화제	10
착색료	48	식품제조용제	4
향미증진제	7	영양강화제	12
여과보조제	7	껌기초제	2
피 막제	7	효소제	41
보존료	4	기타	15
산화방지제	11		
증점제·안정제	27	합계	201

9.4. 기구 등의 살균·소독제

기구 등의 살균·소독제는 식품의약품안전처장이 지정한 성분만을 사용할 수 있다. 다만, 우리나라에서 허용된 식품첨가물(최종제품 완성 전에 중화 또는 제거하여야 하는 것은 제외)이거나 식품원료로 인정된 경우에는 사용할 수 있다.

기구 등의 살균·소독제는 유해 미생물에 대해 살균·소독 작용을 하는 유효성분을 함유하여야 하고, 개별 품목별 성분규격에 적합하여야 하며 기구 등의 살균·소독제의 제조에 사용하는 물은 「먹는물관리법」의 먹는물 수질기준에 적합한 것이어야 한다.

기구 등의 살균·소독제는 기구 및 용기·포장의 살균·소독 목적으로 개별품목에서 정해진 사용기준에 적합하게 사용하여야 하고, 사용한 살균·소독제 용액은 식품과 접촉하기 전에 자연건조, 열풍건조 등의 방법으로 제거하여야 한다.

기구 등의 살균·소독제는 다음의 요건을 충족하여 보관 및 유통하여야 한다.

① 제품의 보관 및 판매 장소는 청결하고 통풍이 잘되는 곳에 위치하여야 한다.

② 제품은 변질되지 않도록 직사광선 및 열을 피한 서늘하고 건조한 곳에서 밀봉하여 보관하여야 한다.

③ 제품은 식품, 식품첨가물 등을 오염시키지 않도록 분리 보관하여야 한다.

④ 제품은 화공약품, 농약, 독극물 등 다른 제품과 함께 보관하지 말아야 한다.

⑤ 제품의 운반 및 포장과정에서 용기·포장이 파손되지 않도록 하여야 하며, 가능한 한 심한 충격을 주지 않도록 주의하여야 한다.

⑥ 보관과정 중 부주의로 인하여 변질 또는 파손된 제품은 판매하지 말아야 한다.

참고문헌

강성태외 1인, 식품미생물학, 형설출판사, 2002

강영재, HACCP 제도를 활용한 단체급식 위생관리 실무, 수학사, 1999

금종회외 4인, 이론과 실무 식품위생학, 효일, 2017

권훈정외 3인, 식품위생학, 교문사, 2011

김덕웅외 2인, 해썹 제도와 실무·평가, 도서출판 효일, 2015

김덕웅외 4인, 21C 식품위생학, 수학사, 2015

박홍헌, 실무를 위한 식품위생학, 광문각, 2009

방병호외 4인, 식품미생물학, 진로, 2014

방병호외 4인, 최신 식품위생학, 진로, 2016

배현주외 4인, 급식 외식관리자를 위한 HACCP 이론 및 실무(2판), 교문사, 2017

백형희, 재미있는 식품첨가물, 수학사, 2016

우이식외 2인, 식품위생학, 한올, 2016

문창규외 4인, 식품위생학, 보문각, 2017

서울대학교 농생명과학대학, 생각이 필요한 HACCP, 수학사, 2016

식품의약품안전처, 식중독 표준업무 지침 2019, 진한엠앤비, 2019

식품의약품안전처, 식중독 원인조사 시험법(2015) , 진한엠앤비, 2015

심창환외 3인, 포인트 식품위생학, 문운당, 2014

이정훈외 4인, 식품위생학, 백산출판사, 2016

정동선외 2인, HACCP을 위한 식품미생물 실험, 교문사, 2019

정덕화외 1인, HACCP 원리에 기초한 식품위생안전성학, JMK, 2013

주난영 외 5인, 식품위생과 HACCP, 실무 2009

조형용외 3인, 식품분석실험, 광문각, 2010

최석영외 1인, 식품독성학, 효일, 2015

최해연 외 5인, 식품위생학 및 법규, 파워북, 2014

하영득외 1인, 식품독성학, 효일, 2005

하재남, 위생사필시·실기시험문제, 크라운출판사, 2018

한국식품영양학회, 식품위생관계법규, 문운당, 2018

Mcswane외 1인, 이해하기 쉬운 식품위생학, 라이프사이언스, 2006

교육인적자원부, 학교급식 위생관리 지침서, 2010

미국 질병관리통제센터(CDC), 2008년도 식중독 발생 보고서, 2008

식품의약품안전청, 소규모 업소용 HACCP 표준관리기준서, 2010

식품의약품안전처, 병원성미생물도감, 2013

식품의약품안전처, 식품 및 축산물 안전관리인증기준, 식품의약품안전처 고시 제2019-12호(2019. 3. 개정)

식품의약품안전처, 식품안전관리인증기준(HACCP)평가(심사) 매뉴얼(심사,지도관용), 2015, 2018

식품의약품안전처, 손씻기에 대한 과학적 근거(제 24회 식중독 예방 전문 교육), 2010

식품의약품안전처, 알기쉬운 HACCP 관리(개정판 2018), 2018

식품의약품안전처, 집단급식소 위생관리매뉴얼, 2009

식품의약품안전처, 집단급식소 HACCP 관리기준서, 2014

식품의약품안전청, HACCP 적용 가이드라인, 2005

식품의약품안전처, HACCP 선행요건 개선 우수사례집, 2014

식품의약품안전처, 식품위생법, 법률 제16431호(2019. 4. 30., 일부개정)

식품의약품안전처, 위생용품의 기준 및 규격, 식품의약품안전처 고시 제2018-80호(2018. 10. 개정)

통계청, 한국의 사회지표, 2018

환경부, 먹는물관리법, 법률 제16079호(2018. 12. 24., 일부개정)

한국쓰리엠(주), 3M Microbiology Products Technical Guidebook

식품의약품안전처, 식품안전나라, https://www.foodsafetykorea.go.kr

식품의약품안전처, 식품 및 식품첨가물공전, http://www.foodsafetykorea.go.kr

질병관리본부, 감염병포털, http://www.cdc.go.kr

한국식품안전관리인증원, https://www.haccp.or.kr

농림축산식품부, http://www.mafra.go.kr

보건복지부, http://www.mohw.go.kr

환경부, http://me.go.kr

법령정보센터, http://www.law.go.kr

INDEX

INDEX

찾아보기

찾아보기

인지
생략

식품위생학

인　쇄 : 2019년 8월 12일 초판 인쇄
발　행 : 2019년 8월 21일 초판 발행
저　자 : 허남윤·김창남·이정선·강창수
발행인 : 임종철
발행처 : 도서출판 진로
등　록 : 제305-2003-28호
주　소 : 서울 동대문구 고미술로 49(의증빌딩 3층)
전　화 : 02-2215-0203
팩　스 : 02-2216-0208
디자인 : 디자인86
이미지 : ©123RF.com, Gettyimages BANK, Shutterstock
ISBN : 979-11-89464-03-5 (93590)
정　가 : **26,000**원